最新最全天然气市场知识盛宴

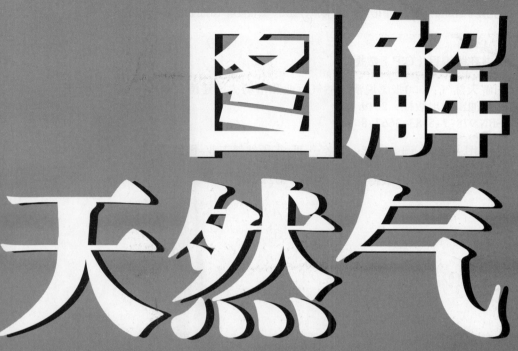

图解天然气

600张图说清天然气行业和市场

闫建涛　刘小丽　姜学峰◎著

Top Charts for Natural Gas & LNG

| 获取上百家
国际权威机构
第一手的珍贵资料 | 快速读懂
天然气市场基本面
掌握实操技巧 | 聆听能源与金融
行业大咖的观点和
成功经验 |

石油工业出版社

U0242111

内 容 提 要

作为国内第一本将天然气产业与金融高度融合的专业书籍，本书从全产业链的角度，通过天然气与液化天然气市场最重要的600多张图，探讨了国际天然气市场和气价的十大影响因素，厘清了全球天然气市场和气价的分析逻辑，参照国际金融业务规则，立足于中国市场的特点，帮助读者把握基础知识、搭建和量化气价分析体系，做出一套很接地气的分析逻辑和操作模式。

图书在版编目（CIP）数据

图解天然气：600张图说清天然气行业和市场 / 闫建涛，刘小丽，姜学峰著.
北京：石油工业出版社，2019.10
ISBN 978-7-5183-3667-8

Ⅰ.①图… Ⅱ.①闫…②刘…③姜… Ⅲ.①天然气工业–图解 Ⅳ.①TE–64

中国版本图书馆CIP数据核字（2019）第217507号

图解天然气：600张图说清天然气行业和市场
闫建涛 刘小丽 姜学峰 著

出版发行：石油工业出版社
　　　　　（北京市朝阳区安华里二区 1 号楼 100011）
网　　　址：http://www.petropub.com
编 辑 部：(010) 64255933　图书营销中心：(010) 64523633
经　　销：全国新华书店
印　　刷：北京晨旭印刷厂

2019年10月第1版　2019年10月第1次印刷
740×1060毫米　开本：1/16　印张：31.5
字数：450千字

定　价：88.00元
（如发现印装质量问题，我社图书营销中心负责调换）
版权所有，翻印必究

《图解天然气》编委会

（排名不分先后，按姓氏拼音排序）

主 编： 谢 丹（中国石化天然气分公司）

副主编：

陈进殿（中国石油规划总院）

刁夏楠（上海国际能源交易中心）

吕 淼（北京市燃气集团有限责任公司）

孙 利（中国华电集团清洁能源有限公司）

唐永祥（中海石油气电集团有限责任公司）

田 磊（国家发展和改革委员会能源研究所）

王家亮（中国华电集团清洁能源有限公司）

胥东梅（中国石油化工集团公司发展计划部）

杨春海（中国石化销售股份有限公司）

编 委：

蔡 铭（Poten 咨询公司）

丁涵之（华泰金融控股（香港）有限公司）

杜 雷（广东大鹏液化天然气有限公司）

关 滨（中国国际金融股份有限公司）

韩晶晶（金砖国家新开发银行）

黄蜀芳（卡塔尔天然气公司）

姜学峰（中国石油集团经济技术研究院）

李 伟（中国石化石油勘探开发研究院）

梁海珊（广东油气商会）

刘小丽（国家发展和改革委员会能源研究所）

柳卫江（中国石油天然气集团公司原外事局）

彭　雪（南华期货股份有限公司）

亓　波（雪佛龙石油公司）

王　凯（国家能源集团国电科学技术研究院）

王　旻（北京市燃气集团有限责任公司）

武　松（中国石油规划总院）

谢明华（中国国际工程咨询有限公司）

邢　晔（振华石油控股有限公司）

闫建涛（上海钢联／隆众资讯）

杨建红（北京世创能源咨询有限公司）

姚达明（广东油气商会）

张　安（中国石油天然气集团公司政策研究室）

张晓革（广东油气商会）

周　涛（新奥能源控股有限公司）

中国油气改革红利逐渐释放、气价不断市场化、气源多样化、参与者众多、行业规模扩大、市场竞争趋于充分。2018年3月26日，上海原油期货成功上市，这是中国石油市场具有重要里程碑意义的事件，是中国建立高效石油市场体系、提升国际影响力的重要举措。原油和燃料油期货的上市提升了市场对天然气价格的兴趣。为此，本书作者推出国内第一本天然气产业与金融高度融合的专业书籍，总结了多年积累沉淀的经验和知识，分享最有价值的信息。

另外，30多位行业大咖组成的编委会涵盖了国内外市场和上中下游全产业链。共30位能源和金融行业专家分享从业经验和真知灼见。他们有效地弥补了作者的不足和短板。

本书通过天然气和液化天然气（Liquefied Natural Gas，以下简称LNG）市场最重要的600多张图表，分享行业专家多年经验及对天然气市场和金融衍生品的理解。作者基于国内外工作实践，完全拿数据说话，通过图表客观描述，尽量不带观点。既然是图解，就不适宜长篇大论、灌输作者的想法，而是留给读者足够的空间，以读者各自的逻辑，按照读者自己的思路去读图、解图。

产业、贸易和金融市场中的所有要素均在不断合约化和标准化，唯一难以标准化的就是价格，而价格正是本书的聚焦点。油气价格是全球性的，美国对油气价格影响大，所以重点分析美国气价。本书探讨的是亨利港（Henry Hub）天然气价格的影响因素，所以，落脚在各因素与亨利港价格的相关性。

影响天然气和LNG价格的因素众多，本书围绕影响天然气价格的十大因素展开论述，包括（1）市场供需基本面的平衡；（2）贸易的平衡；（3）金融市场的平衡；（4）生产经营的平衡；（5）能源替代竞争可持续发展的平衡；（6）宏观、市场情绪、心理因素；（7）季节性和天气因素；（8）系统运营的平衡；（9）政策、地缘政治的平衡；（10）任何油气冲击、意外、黑天鹅事件。任何一个因素只要影响气价，就会尝试探究相关性，不以物小而不为。

天然气市场建设是个复杂而长期的系统工程，市场的成熟和功能发挥需要一个渐进培育的过程。为了让读者更理性地参与实体经济和金融市场，本书尝试利用图解方式让读者快速了解天然气现货和金融衍生市场，形成系统的研究框架和体系，加快培育市场主体，助力中国能源产业和金融市场行稳致远。

书中引用了上百家国际权威机构第一手的珍贵资料。为了便于读者理解和查阅，本书编写了名词对照表和机构名称对照表。

本书由闫建涛、刘小丽、姜学峰合著，谢丹主编，闫建涛统筹执笔。第1章编写人员还有王家亮、孙利、吕淼、陈进殿、武松、王旻、谢明华、杨春海、周涛；第2章编写人员还有王家亮、孙利、陈进殿、武松、胥东梅、李伟、亓波、杨春海；第3章编写人员还有唐永祥、陈进殿、武松、王旻、杨春海、周涛；第4章编写人员还有吕淼、陈进殿、武松、王凯、王旻、谢明华、杨春海、杨建红、周涛；第5章编写人员还有陈进殿、武松、杨春海；第6章编写人员还有吕淼、胥东梅、蔡铭、杜雷、黄蜀芳、亓波、王旻、杨春海、周涛；第7章编写人员还有唐永祥、田磊、蔡铭、黄蜀芳、邢晔、杨春海；第8章编写人员还有王家亮、孙利、刁夏楠、蔡铭、黄蜀芳、亓波、王旻、邢晔、杨春海、周涛；第9章编写人员还有刁夏楠、彭雪、丁涵之、关滨、韩晶晶；第10章编写人员还有刁夏楠、王家亮、孙利；第11章编写人员还有王家亮、孙利、田磊、丁涵之、关滨、杨春海；第12章编写人员还有田磊、丁涵之、关滨、杨春海；第13章和第14章编写人员还有陈进殿、王家亮、孙利、吕淼、杨春海、武松；第15章编写人员还有陈进殿、杨春海、武松、吕淼；第16章编写人员还有陈进殿、武松、黄蜀芳、张安、杨春海；第17章和第18章编写人员还有柳卫江；第19章编写人员还有王家亮、孙利、陈进殿、武松；第21章编写人员还有梁海珊、姚达明、张安、张晓革。

目录
Contents

第1章　天然气价格与特性 1

天然气成因和地质（2019） 3

天然气分类（2019） 4

天然气产业链示意图（2019） 4

美国天然气产业链参与者（2009） 5

气价百年史 6
美国天然气价格百年史（1922—2018） 6
国际能源署对国际天然气价格的展望（2000—2040） 7
美国能源信息署对美国天然气价格的展望（2000—2050） 7

气价与油价相关性 8
油价和气价投资交易的互补性（2018） 8
油气价格比（1922—2018） 9
油气价格比（1922—2050） 9
LNG 价格对气价和油价的敏感性（2019） 10

天然气市场参与者及气价影响因素 10
气价对天然气市场参与者的不同涵义（2019） 10
市场参与者对油气价格预测的自我实现性（2019） 11
天然气输出国论坛成员国产量占比全球（1965—2018） 11
影响气价的十大因素及期货价格的构成（2019） 12
中国天然气价格差的影响因素（2019） 13

天然气的主要特性（2019） 14
物理特性：天然气与 LNG 的异同 14
　・天然气组分与物理特性（2019） 14
　・LNG 组分与物理特性 15

· 全球主要液化工厂 LNG 组分（2018）......15

· 中国不同气源所产气组分（2019）......16

· 管道气与 LNG 的组分比（2018）......16

· 天然气与 LNG 的气液体积比（2019）......17

· 原料气处理和流程（2019）......17

技术特性：用户转换能力、气源置换能力和系统灵活性......18

· 上海气源燃气的高位发热量和华白指数（2018）......18

技术特性：严重依赖于基础设施，存储难......19

技术特性：气电一家，灶头气，公用性......19

技术特性：天然气全产业链的持续加工......19

商品特性：天然气产品单一化和标准化......19

市场特性：产业链自然垄断性......20

市场特性：典型的替代能源......20

第 2 章　基本面的平衡：供应......21

气价与天然气市场供需（1949—2050）......23

全球天然气供应......23

全球大油气田发现数量和储量（1860—2018）......24

全球储量和产量增幅（1961—2018）......24

全球各国储量和产量对比（2018）......25

世界天然气储采比（1960—2018）......25

世界天然气证实储量及增速（1961—2018）......26

世界天然气产量（1930—2050）......26

全球天然气产量增幅（1937—2018）......27

全球区域天然气产量（1970—2040）......27

全球区域天然气产量占比（1970—2040）......28

常规与非常规资源......28

美国墨西哥湾天然气产量（1992—2020）......28

美国非常规天然气产量及占比（1980—2050）......29

美国其他非常规天然气产量及占比（1980—2018）......29

美国天然气在产井数（1989—2017）......30

美国致密油产量（2000—2050）......30

美国伴生气产量（1979—2025）......31

中国非常规天然气产量（1990—2050）......31

基本面的平衡：供应的缓冲剂 32

气藏采收率（2019） 32

气田稳产期产量递减率（2018） 33

天然气产量与商品量（2014） 33

天然气液（NGLs） 34

　　·天然气液组分（2019） 34

　　·天然气液作为非炼厂来源（2018） 34

　　·美国天然气液用于化工原料（2014—2019） 35

　　·全球天然气液区域供应占比（2017—2040） 36

　　·美国石油产量来源（2016—2019） 36

　　·美国天然气液产量（1981—2050） 37

　　·美国天然气液出口（2004—2019） 37

　　·天然气液（NGLs）价格（2000—2040） 38

　　·乙烷价格（2010—2040） 38

　　·丙烷批发价格（1992—2020） 39

甲烷散逸、泄漏与排放 39

　　·全球生态环境关注点演变（1990—2019） 40

　　·美国温室气体排放（1990—2017） 40

　　·美国天然气行业甲烷泄漏来源（1990—2017） 41

　　·全球油气行业甲烷泄漏量（2015—2018） 41

　　·全球区域甲烷泄漏比例（2018） 42

　　·中国煤矿瓦斯抽采量和利用量（2005—2018） 42

LNG 蒸发气（BOG）蒸发 43

　　·LNG 产业链 BOG 蒸发率（2019） 43

　　·全球船舶 BOG 用气量（2015—2040） 44

　　·全球 LNG 蒸发气量（2000—2040） 44

成本与资源量 45

　　·全球天然气资源量增幅与成本降幅（2016—2050） 45

　　·美国产量增幅与天然气在钻钻机数（1987—2018） 45

　　·美国陆上在钻钻机数（1994—2019） 46

　　·美国陆上在钻钻机数油气比（1987—2019） 46

供应：各国产量与历史 47

全球前 20 产气国（2008—2018） 47

全球区域 LNG 液化能力（1990—2040） 48

美国 U.S. 49

　　·美国天然气产量及增速（1900—2050） 51

俄罗斯 Russia 51
    · 俄罗斯亚马尔 LNG 项目（2013—2020）..................52
伊朗 Iran 53
加拿大 Canada 53
卡塔尔 Qatar 54
澳大利亚 Australia 55
挪威 Norway 56
沙特阿拉伯 Saudi Arabia 56
阿尔及利亚 Algeria 57
印度尼西亚 Indonesia 58
马来西亚 Malaysia 58
土库曼斯坦 Turkmenistan 59
阿联酋 UAE 60
埃及 Egypt 60
乌兹别克斯坦 Uzbekistan 61
尼日利亚 Nigeria 62
英国 UK 62
阿根廷 Argentina 63
墨西哥 Mexico 64
阿曼 Oman 64
巴基斯坦 Pakistan 65
特立尼达和多巴哥 Trinidad & Tobago 65
委内瑞拉 Venezuela 66
荷兰 Netherlands 67
孟加拉 Bangladesh 67
巴西 Brazil 68
哈萨克斯坦 Kazakhstan 68
阿塞拜疆 Azerbaijan 69
缅甸 Myanmar 69
科威特 Kuwait 70
玻利维亚 Bolivia 71
巴林 Bahrain 71
伊拉克 Iraq 72
哥伦比亚 Colombia 72
秘鲁 Peru 73
文莱 Brunei 73
利比亚 Libya 74

越南 Vietnam 74

罗马尼亚 Romania 75

波兰 Poland 75

叙利亚 Syria 76

也门 Yemen 76

莫桑比克 Mozambique 77

赤道几内亚 Equatorial Guinea 77

巴布亚新几内亚 Papua New Guinea 78

第3章　基本面的平衡：需求 79

全球天然气总体需求 81

全球天然气消费量及中国占比（1965—2040） 81

国际机构对天然气需求增速的展望（2016—2040） 81

全球天然气消费增幅（1966—2040） 82

全球天然气区域消费（1965—2040） 83

全球天然气区域消费占比（1965—2040） 83

各国天然气需求 84

全球前 20 天然气消费国（2008—2018） 84

亚洲各国 LNG 需求（2015—2030） 85

日本 Japan 85

德国 Germany 86

意大利 Italy 86

印度 India 87

韩国 South Korea 87

泰国 Thailand 88

土耳其 Turkey 88

法国 France 89

西班牙 Spain 89

乌克兰 Ukraine 90

白俄罗斯 Belarus 90

新加坡 Singapore 91

以色列 Israel 91

智利 Chile 92

新西兰 New Zealand 92

第 4 章　基本面的平衡：需求领域 93

　　天然气消费结构 95
　　　全球天然气应用领域消费量（1990—2040）...95
　　　全球区域天然气消费结构（2018）...95
　　　全球区域需求增幅（2017—2040）...96
　　　国别天然气消费结构（2018）...97
　　　美国天然气消费结构（1997—2050）..97
　　　中国天然气消费结构（2000—2050）..98
　　　中国 LNG 消费结构（2015—2018）...98

　　城市燃气 99
　　　中国城市燃气里程碑（1860—2014）..99
　　　中国城市燃气的燃料来源（1979—2017）...99

　　居民用气 100
　　　居民用气的主要影响因素（2019）..100
　　　全球人均消费量与一次能源占比（2018）..101
　　　美国居民用气与城镇化率（1960—2020）...101
　　　中国居民用气与城镇化率（2000—2018）...102
　　　中国燃气普及率（2000—2017）..102
　　　中国区域人均用气量（2018）...103
　　　中国采暖用气需求（2015—2030）...103

　　商业用气 104
　　　商业用气的主要影响因素（2019）..104

　　发电用气 104
　　　燃气发电用气的主要影响因素（2019）...104
　　　中国燃气发电机组负荷率与气耗率（2019）...105
　　　中国火电余热供热工程案例（2018）..106
　　　燃气发电 106
　　　　• 全球区域燃气发电利用小时（2010—2050）..................................106
　　　　• 美国燃气发电年度用气量和消费量占比（1997—2018）...................107
　　　　• 美国发电利用率（2008—2019）...107
　　　　• 中国燃气发电用气量及消费量占比（1995—2018）.........................108
　　　　• 中国燃气发电装机容量与发电量（2005—2050）...........................108
　　　天然气分布式能源 109
　　　　• 美国热电联产燃料来源（2007—2050）..109

　　・美国燃气分布式发电量（2020—2050）...................109

　　・中国分布式发电装机容量（2013—2018）..............110

　　・中国天然气分布式装机容量比例（2018）..............110

　　・中国分布式天然气能源年利用小时数（2018）..........111

工业燃料 111

　工业用气的主要影响因素（2019）.......................111

　全球工业能源消费比例（1990—2040）...................112

　中国工业用能结构（2000—2050）.......................112

　天然气占比中国工业用户能源成本（2016）...............113

建筑用气 113

　全球终端建筑用能（2000—2040）.......................113

　建筑用气的主要影响因素（2019）.......................114

　中国建筑终端用能（2017—2018）.......................114

　中国建筑用能结构（2000—2050）.......................115

交通用能 115

　全球交通用能（2000—2040）...........................115

　中国交通用能（2018—2050）...........................116

　车用气的主要影响因素（2019）.........................116

　全球区域天然气汽车保有量（2000—2019）...............117

　全球区域天然气汽车保有量和加气站（2019）.............117

　中国天然气汽车保有量和车用气（1995—2030）...........118

　　・全球燃料LNG用气量（2015—2040）..................118

　LNG汽车 119

　　・全球重卡LNG用气量（2015—2040）..................119

　　・全球区域重卡LNG用气量（2015—2040）..............119

　压缩天然气（CNG）汽车 120

　　・世界CNG汽车保有量（2009—2018）..................120

　　・美国CNG汽车保有量和用气量（2003—2018）..........120

　　・中国CNG汽车保有量和用气量（1999—2018）..........121

　船舶用气 121

　　・全球LNG加注船和加注站（2018）...................121

　　・船舶用气的主要影响因素（2019）..................122

　　・全球船舶LNG用气量（2015—2040）.................122

化工用气 123

　化工用气的主要影响因素（2019）.......................123

美国尿素产量与需求（2008—2016）..............................124

中国甲醇来源产能和产量（2011—2021）..........................124

中国化工用气量（2014—2030）....................................125

第 5 章　基本面的平衡：库存..127

大宗商品价格波动率与库存 129

国际大宗商品价格波动率（2018）................................129

中国大宗商品价格波动率（2018）................................130

全球储气库 130

全球区域天然气调峰方式（2017）................................130

中国主要天然气调峰方式及来源（2005—2017）..................131

全球区域储气库数量与工作气量（2017）........................131

欧洲储气库工作气量（2018）....................................132

各国储气量占比消费量（2017）................................132

各国储气量相当消费天数（2017）..............................133

欧洲国家天然气战略储备要求（2016）..........................133

全球 LNG 浮仓容量（2018—2019）..............................134

LNG 船速与浮仓（2019）......................................134

美国储气库 135

美国储气库数量和库容（1999—2017）..........................135

美国储气库工作气量（2008—2017）............................135

美国储气库周度工作气量（1993—2019）........................136

美国周度储气量与历史均值比（1994—2019）....................136

美国月度储气量与历史均值比（1975—2019）....................137

美国储气库工作气量与垫底气（1975—2019）....................137

美国采出工作气量占比消费量（1949—2019）....................138

美国区域储气库库容利用率（2019）............................138

气价与储气量 139

期货价格与储气量变化（1994—2019）..........................139

天然气价差与储气量（1994—2019）............................139

气价与储气量变化（2015—2020）..............................140

美国夏冬价差与储气量（2015—2020）..........................140

第6章　基本面的平衡：供应链基础设施 141

运输方式经济性比较（2019） 143

陆上管道气运输 143

天然气输配管线类型（2019） 143

全球天然气管道里程和密度（2018） 144

全球天然气长输管道里程与消费量在全球占比（2018） 145

美国集输管道里程与天然气消费量和产量（1984—2018） 145

美国配售管道里程与天然气消费量和产量（1984—2018） 146

美国管道里程增幅与期现基差（1994—2018） 146

美国天然气管道建设单位成本（2000—2035） 147

中国运输里程增幅（2000—2017） 147

中国油气管道里程（1980—2018） 148

中国城市燃气管道里程和供应量（1978—2017） 148

LNG 运输船舶 149

·全球海运船舶（2017） 149

·LNG 运输船舶数量和运力（1996—2040） 149

·全球 LNG 运输船交货船次（2003—2014） 150

·LNG 运输船舱容与船型（1959—2014） 150

·LNG 运输船舶船型比例（1996—2018） 151

·全球 LNG 运输船船龄（2004—2018） 151

·LNG 罐式集装箱物流图（2019） 152

LNG 船运租金 152

·全球区域 LNG 运费（2012—2018） 152

·中国到港 LNG 不同船型运费（2019） 153

·中国到港 LNG 运费国别（2015—2019） 153

·全球 LNG 运输船现货年度租金（2009—2021） 154

·全球和亚太 LNG 运输船现货季度租金（2016—2019） 154

·LNG 运输船现货月度租金（2009—2019） 155

·LNG 新船造价（2000—2018） 155

中国 LNG 槽车运费估价（2019） 156

美国 LNG 配售环节成本构成（2019） 156

全球液化能力和出口设施 157

全球 LNG 液化单条生产线规模（1964—2025） 157

全球区域液化设施占比全球（2018） 157

全球液化能力（1990—2040） 158

全球 LNG 液化能力与需求（2000—2040）...158

全球 LNG 液化设施利用率（2000—2040）...159

全球区域液化厂利用率（2018）...159

全球 FLNG 浮式液化能力（2017—2030） 160

进口再气化设施 160

全球液化能力与接收站输出能力（2004—2018）............................160

全球区域再气化接收站占比全球（2018）...161

全球 LNG 再气化接收能力（2004—2050）......................................161

全球 LNG 接收站输出能力与利用率（2004—2018）......................162

欧洲 LNG 接收站利用率（2009—2018）...162

中国 LNG 接收站再气化能力（2006—2019）..................................163

中国 LNG 接收能力与炼油能力增幅（2007—2018）......................164

广东大鹏 LNG 接收站里程碑（1998—2019）..................................164

中日韩 LNG 接收站储罐周转率（2006—2017）..............................165

LNG 接收站第三方开放（TPA）程度（2015）...............................165

LNG 接收站槽车外输运量占比接受能力（2018）..........................166

LNG 浮式储存再气化装置（FSRU） 166

全球 FSRU 再气化能力占比全球（2005—2025）............................167

FSRU 项目再气化费用（2018）..167

第 7 章　贸易的平衡 169

全球天然气贸易（管道气和 LNG） 171

全球大宗商品海运贸易量（2016—2050）......................................171

全球天然气贸易量占比消费量（1990—2018）..............................172

全球天然气贸易增速（1990—2018）..172

全球天然气贸易量（2000—2040）..173

全球天然气出口前 20 国（2018）..173

全球天然气进口前 20 位国家及地区（2018）................................174

全球管道气贸易 174

全球管道气贸易量与增幅（1991—2018）......................................174

全球管道气出口前 15 国（2018）..175

全球管道气进口前 20 国（2018）..175

全球 LNG 贸易 176

全球大宗商品交易量与毛利（2013）..176

LNG 船运吨 – 英里需求（2013—2017）......................................176

全球 LNG 贸易量与增幅（1990—2018）......................................177

全球区域 LNG 出口（1990—2040）..177

全球区域 LNG 进口（1990—2040）..178

全球 LNG 出口前 15 国（2018）..178

全球 LNG 进口前 20 位国家及地区（2018）..................................179

全球国别天然气贸易 179

北美天然气贸易 179

· 北美管道气出口流向（2003—2018）......................................179

· 美国 LNG 出口流向（2011—2018）..180

· 美国 LNG 出口及占比天然气出口（1973—2018）............................180

· 美国 LNG 液化能力和出口量（2015—2040）................................181

· 美国 LNG 液化能力（2019）..181

· 美国 LNG 出口亚洲（1973—2018）..182

· 加拿大 LNG 液化能力和出口量（2020—2040）..............................182

拉美天然气贸易 183

· 拉美管道气出口流向（2003—2018）......................................183

· 拉美 LNG 出口流向（2003—2018）..183

· 特立尼达和多巴哥 LNG 出口流向（2003—2018）............................184

独联体天然气贸易 184

· 独联体管道气出口流向（2003—2018）....................................184

· 土库曼斯坦管道气出口流向（2008—2018）................................185

· 俄罗斯管道气出口流向（2003—2018）....................................185

· 俄罗斯 LNG 出口流向（2009—2018）......................................186

中东天然气贸易 186

· 中东管道气出口流向（2003—2018）......................................186

· 中东 LNG 出口流向（2003—2018）..187

· 卡塔尔 LNG 出口流向（2003—2018）......................................187

非洲天然气贸易 188

· 非洲管道气出口流向（2003—2018）......................................188

· 阿尔及利亚管道气出口流向（2003—2018）................................188

· 非洲 LNG 出口流向（2003—2018）..189

· 阿尔及利亚 LNG 出口流向（2003—2018）..................................189

· 尼日利亚 LNG 出口流向（2003—2018）....................................190

亚太天然气贸易 190
· 亚太天然气贸易量占比全球（2003—2018） 190
· 亚太管道气出口流向（2003—2018） 191
· 亚太 LNG 出口流向（2003—2018） 191
· 澳大利亚 LNG 出口流向（2003—2018） 192
欧洲天然气贸易 192
· 欧洲天然气供应来源（2010—2040） 192
· 欧洲管道气出口流向（2003—2018） 193
· 欧洲 LNG 出口流向（2007—2018） 193
· 欧洲在 LNG 市场中的地位（2019） 194

第 8 章　贸易的平衡：LNG 贸易趋势 195

LNG 合约公式 197
日本清关原油价格（JCC）示意图（2018） 197
新 LNG 合约油价挂钩公式的斜率（2011—2018） 197

LNG 新合约合同量（2011—2018） 198

LNG 合约期限 198
LNG 合约期限（2008—2018） 199
全球 LNG 短期与现货进口量（2004—2018） 199
全球 LNG 短期与现货进口量（2004—2018） 200
全球区域 LNG 短期与现货进口量（2004—2018） 200
全球区域 LNG 现货与短期累计进口量（2004—2018） 201
全球区域 LNG 短期与现货出口量（2004—2018） 201
全球区域 LNG 短期与现货累计出口量（2004—2018） 202

LNG 再转港 202
全球 LNG 再转港量（2008—2019） 202
LNG 再转港出口量（2018） 203
LNG 再转港进口量（2018） 203

LNG 合约灵活性 204
LNG 贸易风险与费用（2019） 204
LNG 合约目的地条款占比长约（2015—2020） 205

LNG 卖方"资源池" 205

LNG 现货短期与资产组合贸易量（1999—2018）......................................205

国际石油公司液化能力权益（2018—2025）......................................206

第 9 章　金融市场的平衡......................................207

油气市场体系......................................209

国际天然气贸易方式（2019）......................................209

天然气定价主要方式（2018）......................................210

·天然气产业链定价方式（2018）......................................210

·全球不同区域的定价方式（2018）......................................211

·亚洲 LNG 合同计价方式（2019）......................................211

天然气市场与价格演变......................................212

大宗商品市场与价格成熟度（2019）......................................212

天然气贸易价格参考来源（2019）......................................212

天然气交易市场发展阶段（2019）......................................213

现货与期货市场的关系（2019）......................................214

现货运营与交易枢纽......................................214

美国区域现货运营与交易枢纽要素（2019）......................................214

美国区域现货运营与交易枢纽数量（1990—2009）......................................215

美国亨利港交易枢纽概览（2018）......................................215

区域现货运营与交易枢纽模式（2019）......................................216

管道枢纽与 LNG 枢纽模式的不同（2019）......................................216

英国国家平衡点 NBP 交易枢纽（2015—2019）......................................217

荷兰所有权转移设施 TTF 交易枢纽（2003—2019）......................................217

上海石油天然气交易中心现货交易量（2015—2018）......................................218

重庆石油天然气交易中心会员构成（2019）......................................218

基准价交易量与实际交割量比值（2018）......................................219

欧洲交易枢纽运营评价排名（2018）......................................219

现货价格指数......................................220

现货价格指数要素（2019）......................................220

国际贸易价格指数（2018）......................................220

期货市场......................................221

天然气贸易定价体系参考点（2019）......................................221

全球主要油气交易所和期货品种（2019）......................................222

基准期货合约 223
　　• 基准期货合约：美国 NYMEX Henry Hub 223
　　• 基准期货合约：英国 ICE NBP 224
　　• 基准期货合约：荷兰 ICE TTF 225
　　• 基准期货合约：新加坡 SGX LNG 226

期货合约表现 226
　　• HH 期货合约未平仓分布情况（2019） 227
　　• HH 期货日成交量与未平仓量（2015—2019） 227
　　• HH 期货投机者持有净多头头寸（2006—2019） 228
　　• 油气期货未平仓金额（2018） 228
　　• 欧洲 NBP 和 TTF 期货未平仓量（2016—2018） 229
　　• 期货合约远期曲线结构（2019） 229
　　• HH 天然气期货合约远期曲线（2017—2018） 230

期权合约 230
　　• 美国 HH 天然气期权合约规格（2019） 231
　　• HH 期货与期权日成交量（2019） 231
　　• 期权价格风险指标（2019） 232

其他金融工具 232
　　• 天然气交易所交易基金 ETF（2007—2019） 232
　　• 美国期货合约迭期价格（2019—2022） 233

第 10 章　金融市场的平衡：价差、套利、套期保值和交易策略 235

原油与天然气价差 237

价差与期货套利 237

期货套利的类型（2019） 237

跨市套利 238
　　• 全球天然气基准价相关性（2005—2019） 238
　　• 跨市套利：NBP–HH 价差（2005—2019） 239
　　• 跨市套利：NBP–TTF 价差（2005—2019） 239
　　• 跨市套利：NBP 与中国 LNG 码头销售价格（2016—2019） 240
　　• HH 价格波动性（2005—2019） 240
　　• NBP 与 TTF 价格波动性（2005—2019） 241

跨期套利 241
　　• 跨期套利：HH 跨期价差与库存（1994—2019） 242
　　• 跨期套利：HH 跨期价差（1994—2019） 242

跨品种套利 243

· 跨品种套利：原油 Brent 与天然气 NBP（2000—2019）.............243

· 跨品种套利：Brent 与中国 LNG 码头销售价格（2016—2019）..........244

· 跨品种套利：天然气 HH 与尿素（2011—2019）........................244

期现基差 245

· 现货价格和期货合约价格间的理论基差（2019）.....................245

· 现货价格与期货价格的趋同性（2019）...............................246

· 基差对套期保值效果的影响（2019）.................................246

· 美国 HH 天然气期货与现货价差（2018）.............................247

· 美国 HH 天然气期货与现货价差（1994—2019）....................247

套期保值 **248**

套期保值的概念 248

理解保值的本质（2019）...248

风险敞口 249

制定套期保值方案（2019）..249

天然气期货套期保值案例分析 249

· 案例：卖出套期保值（库存保值）（2019）...........................249

· 案例：买入套期保值（采购保值）（2019）...........................250

第 11 章　生产经营的平衡 **251**

全球天然气与 LNG 实货贸易价格 **253**

全球区域天然气价格（2005—2040）..253

全球区域 LNG 价格（2006—2019）..254

LNG 现货价格与长约价格（2004—2040）..254

全球 LNG 到岸价格（2014—2019）..255

欧洲 LNG 与管道气价格（2007—2018）..255

欧洲现货气价的支撑点（2020）..256

亚洲 LNG 进口价格（2006—2018）..256

美国 LNG 出口价格（2016—2019）..257

美国 LNG 出口亚洲 FOB 价格（2015—2018）..257

美国墨西哥湾 LNG 出口净回值价格（2017—2019）.................................258

美国出口 LNG 到岸价格构成（2019）...258

油气田和 LNG 项目成本与盈亏平衡点 **259**

美国天然气边际项目盈亏平衡点（2020）...259

美国页岩气项目盈亏平衡点（2011—2040）.................................259

美国致密油项目盈亏平衡点（2019）.................................260

美国瓦哈（Waha）天然气现货价格（1995—2040）.................................260

美国瓦哈枢纽现货气价负值（1991—2019）.................................261

全球天然气边际开发项目盈亏平衡点（2019）.................................261

全球区域 LNG 项目 FOB 盈亏平衡点（2019）.................................262

全球国别 LNG 项目盈亏平衡点（2019）.................................262

全球 LNG 项目盈亏平衡点（2019）.................................263

全球 LNG 项目盈亏平衡点（2025）.................................263

油气生产商和资源国所需气价 **264**

美国油气企业产量对冲价位（2014—2020）.................................264

资源国和进口商使用原油套期保值天然气（2009—2019）.................................264

产气国财政收支盈亏平衡点所需气价（2019）.................................265

国际石油公司天然气产量增幅（2011—2018）.................................266

国际石油公司天然气产量占比油气产量（2011—2018）.................................266

公司天然气实现价格与油气生产成本（2011—2018）.................................267

油气公司项目投资决策隐含气价水平（2019）.................................267

油气公司盈利对气价变化的敏感性（2019）.................................268

上市公司自由现金流所需气价水平（2018）.................................268

天然气上游公司估值隐含气价水平（2019）.................................269

第 12 章 宏观、市场情绪、心理因素 **271**

宏观经济、供需与就业 **273**

世界经济（GDP）（1966—2020）.................................273

中国经济（GDP）（1966—2020）.................................274

工业生产指数（IP）（1930—2020）.................................274

工业生产者出厂价格指数（PPI）（2009—2019）.................................275

采购经理人指数（PMI）（2012—2019）.................................275

就业率（1960—2023）.................................276

居民消费者价格指数、信心与可支配收入 **276**

消费者信心指数（1976—2019）.................................276

居民消费者价格指数（CPI）（1922—2018）.................................277

美国燃气费用占比消费者价格指数（2019）.................................277

房价指数（1975—2019）.................................278

个人可支配收入与美国气价（1959—2019）..........................278

个人可支配收入与居民气价（1967—2019）..........................279

恩格尔系数（1998—2018）...279

通货膨胀率（1922—2018）...280

利率、债券市场、股市与资产回报..............................280

美国联邦利率（1955—2018）...280

10 年期国债收益率（1962—2019）....................................281

国债收益率 10 年期与 2 年期利差（1976—2019）...............282

天然气产量对应的信用评级（2018）.................................282

高收益油气债券息差（2014—2019）.................................283

高收益能源指数（2014—2019）.......................................283

股票和债券市场（2014—2019）.......................................284

股价（1976—2019）...284

全球投资资产风险偏好（2019）.......................................285

全球资产投资理财回报（2008—2018）.............................285

贸易与美元...286

经常账户平衡（1962—2022）...286

美元指数（2006—2019）...286

大宗商品...287

粮食（大豆）价格（2010—2022）....................................287

粮食（小麦）价格（2010—2022）....................................288

黄金价格（1979—2019）...288

钢材价格（2005—2018）...289

铁矿石价格（2010—2022）...289

动力煤价格（2010—2022）...290

铀矿价格（2010—2022）...290

电动车原材料价格..291

铝价格（2010—2022）...291

镍价格（2010—2022）...292

铜价格（2010—2022）...292

市场情绪与恐慌指数...293

市场波动率指数（VIX）（1990—2019）............................293

原油 ETF 波动率指数（OVX）（2007—2019）...................294

第 13 章　能源替代竞争与可持续发展的平衡 295

全球能源消费结构 297

全球能源结构（1900—2040）...297

全球能源结构（2017—2040）...298

国际机构预测天然气占比能源消费结构（2035）.............................298

全球区域一次能源消费结构（2040）..299

一次能源格局演变的速度及领域（2017）....................................299

美国能源供应来源与消费领域（2018）......................................300

中国能源消费结构（1995—2040）..301

中国能源消费结构（2016—2050）..301

中国终端能源支出（1990—2016）..302

电能占比世界终端用能（1980—2050）......................................302

发电燃料来源 303

燃气发电在各国总发电量占比（2016）......................................303

全球发电燃料来源（2000—2040)...303

美国发电燃料来源（2007—2017）..304

美国发电燃料来源（2007—2050）..304

中国发电燃料来源（2000—2050）..305

清洁能源 305

可再生能源在全球电源中占比（1995—2040）...............................306

可再生能源在区域电源中占比（1995—2040）...............................306

可再生能源在区域电源中占比（1995—2040）...............................307

核电占比国家总发电量（2017）..307

全球核能装机容量和发电量（1999—2050）.................................308

全球区域核电发电量（1990—2040）..308

全球区域核电消费量（2000—2040）..309

全球水电装机容量和发电量（2015—2040）.................................309

全球区域水电发电量增幅（1995—2040）....................................310

全球区域水电消费增速（2000—2040）......................................310

全球太阳能光伏装机容量和发电量（2006—2040）..........................311

全球光热能装机容量和发电量（2015—2040）...............................311

全球风能装机容量和发电量（2006—2040）.................................312

全球海洋能装机容量和发电量（2015—2040）...............................312

全球地热能装机容量和发电量（2015—2040）...............................313

全球生物燃料产量（1990—2018）..313

全球生物质装机容量和发电量（2015—2040）..............................314

氢能..314

氢元素存在形式（2019）..314

能源热值对比（2019）..315

氢气占比终端能源需求（2015—2050）..315

全球加氢站（2017—2018）..316

全球燃料电池数量与容量（2012—2018）..316

碳排放对能源供需的影响..316

气候计划对天然气需求的影响（1965—2050）..317

世界气候变化 2100 年 2℃目标（2018）..317

碳成本对传统化石燃料发电的影响（2015—2050）....................................318

碳成本对传统燃油车的影响（2015—2050）..318

交通用能与电气化..319

电气化在交通领域对油气的冲击（2019）..319

交通领域用电量变化（2016—2018）..320

美国交通用能结构（2010—2050）..320

全球交通用能比例（2000—2040）..321

国际机构预测全球电动车市场份额（2040）..321

全球用电人口比例及人均用电量增幅（1990—2016）..................................322

第 14 章　替代与竞争：终端用能价格..........................323

天然气销售产业链价格..325

全球天然气批发价格（2018）..325

美国终端天然气价格（1985—2018）..326

美国终端用能价格（2018）..326

中国终端能源价格（2017）..327

交通用能替代竞争价格..327

美国车用气价格（1989—2050）..327

美国替代燃料零售价格（2019）..328

美国交通用能替代能源价格（2008—2050）..328

美国终端汽油价格（1976—2020）..329

美国交通柴油价格（1979—2020）..329

中国不同车型用气量与续航里程（2018）..330

发电替代竞争价格 330
美国发电用能替代能源价格（2008—2050）.....................................330
全球发电项目投资成本（2018—2050）...331
美国电厂运营成本（2007—2017）...331
美国新建联合循环燃气发电成本（2018）..332
气价与燃气发电用气量...332
　• 美国气价与发电用气量（2002—2019）.....................................332
　• 美国气价与发电用气量敏感性分析（2019）..............................333
气价与煤价..333
　• 美国发电气价和用煤量（2008—2019）.....................................333
　• 美国气价与发电用煤量敏感性分析（2019）..............................334
　• 美国发电气价和煤价（2008—2019）...334
　• 美国气价与煤价（2014—2022）...335
　• 美国气价和燃煤电厂煤炭价格（2007—2050）..........................335
　• 美国气价与燃煤电厂煤价价差（2009—2019）..........................336
气价与电价..336
　• 全球区域工业与居民电价（2018）...336
　• 美国气价与燃气电厂销售价格（1990—2050）..........................337
　• 美国东部气价与电价敏感性分析（2008—2019）......................337
　• 美国气价与电价敏感性分析（2019）...338
　• 美国气价与电价价差（2008—2019）...338
　• 美国气价与电价点火价差（2019）...339

居民用能替代竞争价格 339
气价与美国居民气价（1967—2020）..339
美国居民用能替代能源价格（2008—2050）.....................................340
美国居民电价（1967—2020）...340
美国终端取暖油价格（1979—2020）..341
美国居民丙烷零售价格（1990—2020）..341
工业与居民终端气价比（2018）..342

美国商业用能替代能源价格（2008—2050）.......................342

美国工业用能替代能源价格（2008—2050）.......................343

化工原料 343
天然气化工原料消费（2017—2050）..344
化肥价格（1976—2018）...344

第 15 章 季节性和天气因素 345

气价季节性 347
美国 HH 价格的月度季节性（1976—2018）.............................347
美国天然气价格的小周期（1976—2018）................................348
欧洲 NBP 与 TTF 季节性价差（2018）....................................348

需求季节性 349
美国天然气需求季节性 349
· 天然气终端消费季节性（2001—2018）.............................349
· 用气量季节性（1976—2019）...350
· 居民用气量季节性（1994—2019）....................................350
· 商业用气量季节性（1994—2019）....................................351
· 工业用气量季节性（2001—2019）....................................351
· 燃气发电用气量季节性（2001—2019）.............................352
· 车用气量季节性（1997—2019）.......................................352
中国天然气需求季节性 353
· 中国天然气消费季节性（2005—2019）.............................353
· 中国华北日消费量峰谷差（2008—2018）.........................353
· 中国采暖用气与非采暖用气增速（2009—2019）...............354
· 中国 LNG 需求季节性（2007—2017）..............................354

天气气温与自然现象 355
美国采暖度日数（2009—2019）...355
美国采暖度日数和制冷度日数（2017—2018）..........................356
中国三地气温（2016—2020）..356
飓风与美国墨西哥湾天然气产量（1960—2018）.......................357
美国自然灾害导致人员损失比例（1900—2016）.......................357

设施检修 358
LNG 设施检修 358
· 全球 LNG 液化厂检修占比液化能力（2012—2019）..........358
· 全球 LNG 再气化接收站检修影响（2018—2019）..............358
· 中国陆上液化工厂检修减产（2014—2018）.......................359
美国火电机组检修 359
· 美国电厂数量（2007—2017）...359
· 美国燃气发电检修及占比装机容量（2014—2020）............360
· 美国燃煤发电检修及占比装机容量（2014—2020）............360

美国核电机组检修 361
· 美国核电机组每日检修量（2014—2019）.............................361
· 美国核电机组计划外检修次数（2000—2018）.........................361

美国天然气管道检修减产（2019）.................................362

第16章　系统运营的平衡 363

油气管道安全风险因素（2019）.................................365

美国天然气管道严重事故（2005—2018）.........................366

美国天然气管道严重事故原因（2005—2018）.....................366

中国油气管道泄漏原因（2003—2018）...........................367

中国北方长输管道负荷率（2014—2018）.........................367

中国 LNG 海运往返天数（2018）...............................368

LNG 应急采购周期（2010—2040）..............................368

能源化工产品爆炸极限范围（2019）.............................369

第17章　政策、地缘政治的平衡 371

国际地缘事件 373

全球主要地缘事件与气价（2018）...............................373

企业面临合规的约束和治理的成本（2019）.......................374

国内政策 374

美国气价、产量与市场化进程（1926—2019）.....................374

欧洲气价、消费量与市场化进程（1988—2018）...................375

中国天然气价格市场化改革历程（2011—2018）...................376

中国天然气产量、消费量与市场化进程（1965—2018）.............376

中国国产气就近消费与长输气量（2000—2018）...................377

能源税赋 377

国家税收占 GDP 比例（2017）.................................377

国际能源署成员国终端居民天然气税赋（2018）...................378

国际能源署成员国终端居民电力税赋（2018）.....................378

全球区域能源补贴（2017）.....................................379

油气开采外部环境成本（2019）.................................379

第18章　任何油气冲击、意外、黑天鹅事件 …………………… 381

全球风险趋势关联图（2019） ……………………………… 383

全球安全风险（2006—2018） …………………………… 384

全球贸易形势 ……………………………………………… 384
全球能源净进口占比能源消费（1960—2018） ……………… 384
全球区域加权关税税率（2017） ……………………………… 385

中国能源化工进出口 ………………………………………… 385
中国能源化工产品进口量占比消费量（2018） ……………… 385
美国出口中国商品价值（2017—2018） ……………………… 386
中美出口结构对比（2017） …………………………………… 386
中国占比美国能源产品出口（2017） ………………………… 387
美国占比中国能源化工产品进口（2017） …………………… 387
中国天然气对外依存度（2005—2019） ……………………… 388

第19章　中国天然气和LNG市场供需与进口 ……………… 389

中国供需总体形势 …………………………………………… 391
中国在全球大宗商品消费占比（2016） ……………………… 391
中国天然气供需总体形势（1965—2050） …………………… 391
中国天然气产量及增幅（1949—2050） ……………………… 392
中国天然气需求及增幅（1965—2050） ……………………… 392
中国LNG消费量及增速（2015—2018） ……………………… 393

中国天然气进口趋势 ………………………………………… 393
中国天然气供应来源多元化 …………………………………… 393
・中国天然气供应来源（2000—2040） ……………………… 393
・中国陆上液化工厂供应（2014—2018） …………………… 394
・进口LNG与国产LNG量（2014—2018） …………………… 394
中国天然气进口总体形势 ……………………………………… 395
・中国LNG进口来源国（2018） ……………………………… 395
・中国LNG短期与现货进口来源国（2018） ………………… 395
・中国天然气进口量（2006—2040） ………………………… 396
中国管道气进口总体形势 ……………………………………… 396
・中国进口管道气累计量（2010—2018） …………………… 396

中国 LNG 进口（长约、短期、现货）...397
 · 中国进口 LNG 累计量（2006—2018）.................................397
 · 中国 LNG 进口量占比全球（2006—2018）.........................397
 · 中国 LNG 短期与现货进口量占比全球（2006—2018）........398
 · 短期与现货占比中国 LNG 进口量（2006—2018）................398
中国天然气进口来源国...399
 · 中国从美国进口 LNG（2016—2018）..................................399
 · 中国从拉美进口 LNG（2009—2018）..................................399
 · 中国从独联体进口 LNG（2009—2018）..............................400
 · 中国从独联体进口管道气（2010—2018）............................400
 · 中国从中东进口 LNG（2007—2018）..................................401
 · 中国从非洲进口 LNG（2007—2018）..................................401
 · 中国从亚太进口 LNG（2006—2018）..................................402
 · 中国从亚太进口管道气（2013—2018）................................402
 · 中国从欧洲进口天然气（2009—2018）................................403
中国天然气液（NGLs）进口...403
 · 美国天然气液（NGLs）出口中国（2002—2017）..................403
 · 美国 LPG 出口中国（1994—2018）......................................404
中国天然气进口价格...404
 · 国际油气价格与中国天然气进口量波动（2009—2018）........404
 · 中国天然气进口来源及均价（2017—2018）........................405
 · 中国 LNG 进口价格与油气价格（2006—2019）....................405
 · 中国接收站 LNG 进口价格（2011—2018）..........................406
中国不同气源供应成本（2018）...406

第 20 章　能源与金融行业专家经典观点与经验分享.................407

经典观点与经验分享之第 1 章　天然气价格与特性 409
 · 侯创业（中国石油天然气销售东部公司总经理）..................409

经典观点与经验分享之第 2 章　基本面的平衡：供应 409
 · 周吉平（世界石油理事会副主席、中国石油天然气集团有限公司
 原董事长）..409
 · 戴彤（中国海油天然气销售公司副总经理）..........................410

经典观点与经验分享之第 3 章　基本面的平衡：需求 412
 · 杨雷（国家能源局油气司副巡视员）....................................412
 · 刘志坦（国家能源集团国电科学技术研究院常务副院长）.....413

经典观点与经验分享之第 4 章 基本面的平衡：需求领域..............415
- 李雅兰（北京燃气集团董事长、中国城市燃气协会执行理事长、
国际燃气联盟 2021—2024 年主席）...415
- 刘贺明（中国城市燃气协会理事长）...416

经典观点与经验分享之第 5 章 基本面的平衡：库存 416
- 朱健颖（港华燃气集团高级副总裁）...416

经典观点与经验分享之第 6 章 基本面的平衡：
供应链基础设施 417
- 陈新华（新奥集团原首席战略官、国际燃气联盟协调委员会副主席、
北京国际能源专家俱乐部总裁）...417
- 郭焦锋（国务院发展研究中心资源与环境政策研究所所长助理、研究员）.....418
- 杨光（深圳燃气集团副总裁）..419

经典观点与经验分享之第 7 章 贸易的平衡.................................420
- 金淑萍（中海石油气电集团有限责任公司副总经理）.......................420

经典观点与经验分享之第 9 章 金融市场的平衡............................421
- 张玉清（国家能源局原副局长）...421
- 孙贤胜（国际能源论坛秘书长）...423
- 祝昉（中国石油和化学工业联合会信息与市场部主任）...................423
- 付少华（上海石油天然气交易中心副总裁）.......................................424
- 熊垠州（重庆石油天然气交易中心副总裁、重庆能源大数据中心）.......426

经典观点与经验分享之第 10 章 金融市场的平衡：
价差、套利、套期保值和交易策略 427
- 陆丰（上海期货交易所副总经理）...427
- 曲建（中国（深圳）综合开发研究院副院长）...................................427
- 罗旭峰（南华期货股份有限公司总经理）...429
- 朱军红（上海钢联电子商务股份有限公司董事长、隆众资讯董事长）.......429

经典观点与经验分享之第 11 章 生产经营的平衡............................430
- 郭宗华（陕西省燃气设计院原院长、全国石油天然气标准委员会委员）.........430

经典观点与经验分享之第 13 章 能源替代竞争与
可持续发展的平衡 431
- 王颂秋（重庆燃气（集团）有限责任公司董事长）...........................431
- 王震（中国石油集团经济技术研究院国家高端智库首席专家）.........431

　　　　·余皎（中国石油化工集团公司经济技术研究院副院长）..................431

　　　　·许勤华（中国人民大学国家发展与战略研究院副院长、
　　　　中国能源研究会可再生能源专委会秘书长）..................432

　　经典观点与经验分享之第 17 章 政策、地缘政治的平衡 433

　　　　·朱兴珊（中国石油天然气集团有限公司规划计划部副总经济师）..................433

　　　　·赵公正（国家发展和改革委员会价格监测中心处长）..................434

　　**经典观点与经验分享之第 19 章 中国天然气和
　　LNG 市场供需与进口** 436

　　　　·张惠贞（Serene Gardiner）（托克集团亚太区高级能源分析师）..................436

　　**经典观点与经验分享之第 21 章 天然气行业大事记
　　与行业基础知识** 437

　　　　·何春蕾（中国石油西南油气田公司天然气经济研究所副所长）..................437

第 21 章　天然气行业大事记与行业基础知识..................439

　　全球油气行业里程碑（1668—2019） 441

　　中国天然气行业里程碑（1835—2019） 452

　　1 立方米天然气可以做什么（2019） 456

　　1 桶原油可以做什么（2019） 456

　　能源化工产品密度（2019） 457

　　交易计量单位换算（一） 457

　　交易计量单位换算（二） 458

　　交易计量单位换算（三） 458

　　天然气产业链各环节计量单位（2019） 459

名词对照表..................460

机构名称对照表 463

后记..................469

第 **1** 章

天然气价格与特性

天然气成因和地质（2019）

　　本书涉及的天然气主要包括常规天然气、煤层气、页岩气、致密气和其他来源的供应。在上游勘探开发时，既有油气资源共生，也有油气独立成藏；在下游终端消费的，往往气电一家。

　　油气成因的认识可归纳为无机成因和有机成因两种，争论的焦点是生成油气的母质和形成过程，前者认为油气由地层中无机质经无机反应合成，后者认为油气是由地层中有机质经热分解转化而成。其中，有机成因尚是主流说法。有机成因中包括浅层生物降解气，往往是干气。地层中有机质深埋地下，在温度和压力双重作用下，逐渐分解成油气，并随着反应强度增加，天然气增多，石油减少，直至产生沥青为止。这一过程类似于利用黄豆榨油，温度升高，黄豆逐渐炒熟，然后对黄豆加压挤出豆油，直到黄豆变成豆饼。

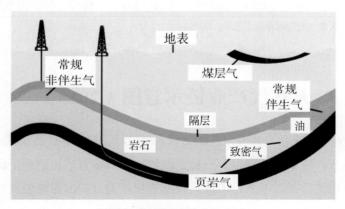

天然气成因和地质（2019）

资料来源：美国能源信息署，*Oil Sage*。

天然气分类（2019）

天然气的分类尚不统一，说法很多。

天然气分类

分类方法	名称	内容
烃类组成	干气	按液态计量，1立方米气中碳五以上天然气液含量小于13.5立方厘米的天然气。习惯将脱除水蒸气之后水露点降低的天然气称为干气
	湿气	按液态计量，1立方米气中碳五以上天然气液含量大于13.5立方厘米的天然气。习惯将脱除水蒸气之前的天然气称为湿气
	贫气	按液态计量，1立方米气中碳三以上天然气液含量小于100立方厘米的天然气。习惯将回收天然气液之后的天然气称为贫气
	富气	按液态计量，1立方米气中碳三以上天然气液含量大于100立方厘米的天然气。习惯将回收天然气液之前的天然气称为富气
硫化氢、二氧化碳含量	甜气	指硫化氢和二氧化碳等含量极少或没有，不需要脱除即可符合管输要求或达到商品气要求的天然气
	酸气	指硫化氢和二氧化碳等含量超过相关质量要求，需要脱除才能符合管输要求或成为商品气的天然气
矿藏特点	气藏气	
	凝析气藏气	
	油田伴生气	
产状	游离气	即气藏气
	溶解气	包括油溶气、气溶气、固态水合物气、致密气
经济价值	常规气	指在目前经济技术条件下值得工业开采的天然气，主要包括油田伴生气、气藏气和凝析气
	非常规气	主要包括煤层气、页岩气、水溶气、致密气、固态水合物气等

资料来源：《天然气处理原理与工艺》，Oil Sage。

天然气产业链示意图（2019）

天然气产业链的上游勘探开发包括物探采集解释、钻完井、测录试、工程建设、生产服务等环节。原料气处理后，一种是经过中游集输管道运送到下游；另一种是在陆上岸基液化工厂或者浮式LNG液化设施液化后通过LNG运输船或者槽车送到消费地。

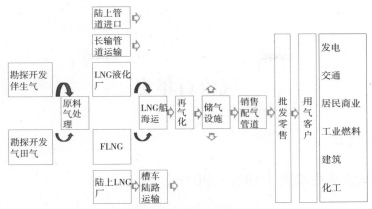

天然气产业链示意图（2019）

资料来源：BP，Oil Sage。

美国天然气产业链参与者（2009）

2006年，美国天然气产量扭转下降趋势。2008年，美国页岩革命。中国天然气行业的发展阶段更像2009年之前的美国。

美国天然气产业链参与者

进出口与调峰系统	勘探开发环节	处理与集输系统	门站与互联互通点	交易枢纽	长输系统	储气系统	地方配售系统
跨境管道接入点23	生产商6,821	运营商13,460	城市门站（座）3,000	区域现货枢纽24	管网系统（个）210	储气库业主80	地方配气公司1,200
LNG设施（座）110	大型生产商21	集输管线（条）17,665	接入点5,000	独立营销商250	管网系统（万英里）240	储气库运营公司120	配气系统（个）1,437
LNG再气化站（座）15	独立生产商6,800	处理厂（座）530	交付点11,000		长输管网（万英里）30.6	地下储气库（座）418	配气管线（万英里）127
LNG再气化能力（亿立方英尺/日）176	生产井（口）482,822	处理能力（亿立方英尺/日）647	互联互通点1,400		长输管道公司160	含水层库（座）46 盐穴库（座）39	公用事业管线（万英里）210
LNG调峰设施（座）102		压气站（座）1,200	管道进出点49		州际长输管网（万英里）21.5	枯竭油气藏库（座）328	政府燃气公司管线（万英里）30
LNG调峰能力（亿立方英尺/年）350					州内长输管网（万英里）9.1	储气库容（万亿立方英尺/周）8	投资燃气公司管线（万英里）84

资料来源：美国能源信息署，Oil Sage。

气价百年史

美国天然气价格百年史（1922—2018）

　　2003年2月25日，美国亨利港（Henry Hub，简称HH）天然气现货价格达到18.48美元/百万英热单位（下文简称美元/MMBtu）历史最高纪录；2005年12月13日，美国亨利港天然气期货价格达到15.38美元/MMBtu历史最高纪录。2005年，美国亨利港天然气期货年均价格达到9.01美元/MMBtu历史最高纪录；2008年，美国亨利港天然气现货年均价格达到8.86美元/MMBtu历史最高纪录。在近100年美国气价波动周期中，气价长期在2美元/MMBtu以下。未来天然气行业长期可以承受的气价水平在4美元/MMBtu以下。

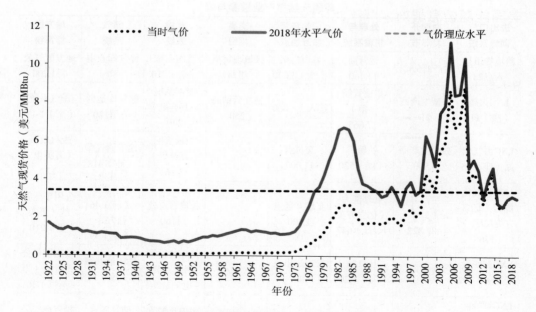

美国天然气价格百年史（1922—2018）

资料来源：美国能源信息署，BP，Oil Sage。

国际能源署对国际天然气价格的展望（2000—2040）

国际能源署（IEA）和日本能源经济研究所（IEEJ）等国际机构对美国气价的基准情景预测，在6美元/MMBtu以下。

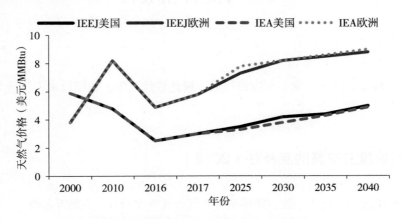

国际机构对国际天然气价格（2000—2040）

资料来源：国际能源署，日本能源经济研究所，Oil Sage。

美国能源信息署对美国天然气价格的展望（2000—2050）

美国能源信息署（Energy Information Administration, 简称EIA）基准情景显示气价长期在4~5美元/MMBtu。相对于油价的预测，市场对气价的预测要保守很多。

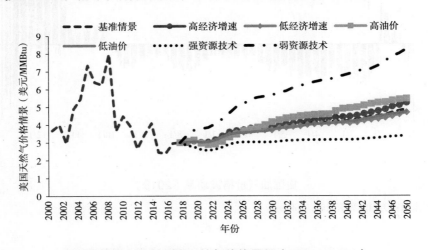

美国能源信息署对美国天然气价格展望（2000—2050）

资料来源：美国能源信息署，Oil Sage。

气价与油价相关性

在生产环节，油气一家。在应用领域，彼此替代竞争。长期以来，气价与油价相关性很强。

油价和气价投资交易的互补性（2018）

油气价格波动方向不一致，使得油价和气价投资交易有一定的互补性。

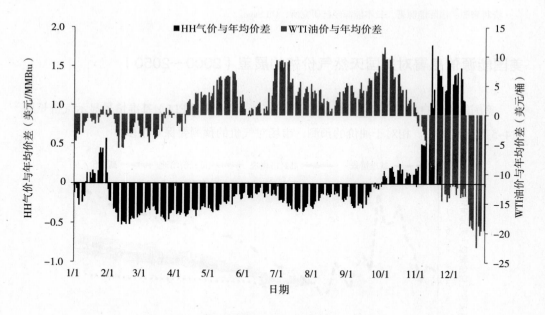

美国油气价格波动率（2018）

资料来源：美国能源信息署，Oil Sage。

油气价格比（1922—2018）

油气价格比影响着供需双方的选择，历史均值约为3。

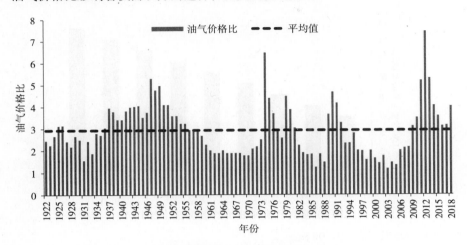

油气价格比（1922—2018）

资料来源：美国能源信息署，Oil Sage。

油气价格比（1922—2050）

油气价格比的不确定性增大。

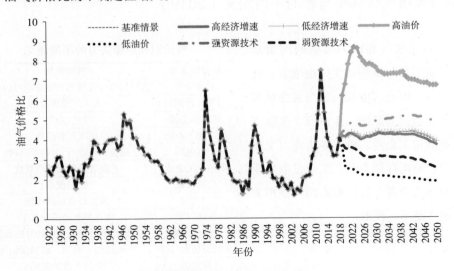

油气价格比（1922—2050）

资料来源：美国能源信息署，Oil Sage。

LNG价格对气价和油价的敏感性（2019）

与美国气价格挂钩的LNG价格和与布伦特油价挂钩的LNG价格各具竞争力。

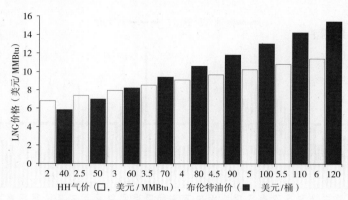

LNG价格对气价和油价的敏感性（2019）

资料来源：美国能源信息署，Oil Sage。

天然气市场参与者及气价影响因素

气价对天然气市场参与者的不同涵义（2019）

影响天然气和LNG市场的因素众多，反映了参与市场的主体也很多，玩家也很多，因此，市场的参与者会是多样化的，包括资源国、生产商、金融市场、炼油化工企业、批发零售商、交通运输业、输配存储企业、工业发电企业以及终端消费者。气价对不同利益相关方，涵义是不一样的。

气价对利益相关方的不同涵义

利益相关方	气价涵义
石油公司	公司可持续发展和开发新项目的成本
天然气营销商	天然气销售价格
终端消费者	燃气费用
城市燃气企业	燃气配售价格
燃气电厂	煤价、电价与气价的经济性
炼油化工企业	乙烷等天然气液的替代
交通行业	燃料成本
产气国	国家财政预算比例
发达国家	需求抑制油价的水平
发展中国家	维持社会、经济发展的补贴程度
金融市场参与者	期现价差、套利、套期保值等
资源国	经济、政治砝码
国际机构	供需平衡

资料来源：Oil Sage。

市场参与者对油气价格预测的自我实现性（2019）

油气、金融市场充满了阴谋论。然而，阴谋论是结果，不是起因。以高盛等投行、BP等石油公司、剑桥能源等咨询公司以及贝克公共政策研究院等学术机构为代表的国际机构都预测油气价，但各家出发点、利益相关性和时间周期很不一样。当任何一家机构对市场有一定影响力之后，它对油气价的预测会有一定的自我实现性。它们与其他市场参与者充分互动，彼此影响，一道作用于市场、行业、国家政策。

市场参与者对油气价格预测的自我实现性（2019）

资料来源：Oil Sage。

天然气输出国论坛成员国产量占比全球（1965—2018）

天然气输出国论坛（Gas Exporting Countries Forum，简称GECF)于2001年在伊朗德黑兰成立。成员国包括阿尔及利亚、玻利维亚、埃及、赤道几内亚、伊朗、利比亚、尼日利亚、卡塔尔、俄罗斯、特立尼达和多巴哥、阿联酋和委内瑞拉等国。GECF成员国控制了全球近70%的天然气储量、近40%的产量和管道气贸易量以及85%的LNG产量。GECF力图成为天然气行业的欧佩克组织，通过调控产量配额来影响天然气价格。

资源丰富不一定对价格有影响力。相对于全球化的石油市场，天然气市场更侧重于区域市场和合作。LNG项目融资需要提前锁定长约合同，LNG的产量一般都事先有了买家，所以通过国际组织来调节市场供需的作用就不如石油强烈。LNG贸易更多是点对点，以长约合同为主。天然气产业链长且复杂，需长期稳定的合作关系作保障，因此供需方彼此依赖，长约合同仍将主导贸易市场。天然气和石油一样都是以美元为计价币种，欧佩克原油贸易也是以美元计价，如果天然气不以美元计价，会限制了金融属性的影响力。天然气与石油相比，运输成本高，短期内天然气很难达到与石油一样的流动性，竞争性条件与石油也有很大差别。天然气市场的不成熟和上下游产业参与者的缺乏了解也限制了天然气的全球化。例如，International Gas Union（简称IGU）的中文译名，上游生产商称之为国际天然气联盟，下游城市燃气企业称之为国际燃气联盟。有人称之为国际气体联盟，而官方注册为国际煤气联盟。

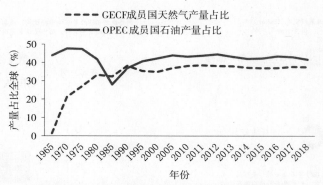

国际组织成员国油气产量占比全球（1965—2018）

资料来源：GECF，BP，Oil Sage。

影响气价的十大因素及期货价格的构成（2019）

本书的结构围绕着影响美国天然气价格的十大因素展开论述：（1）市场供需基本面的平衡；（2）贸易的平衡；（3）金融市场的平衡；（4）生产经营的平衡；（5）能源替代竞争可持续发展的平衡；（6）宏观、市场情绪、心理因素；（7）季节性和天气因素；（8）系统运营的平衡；（9）政策、地缘政治的平衡；（10）任何油气冲击、意外、黑天鹅事件。

这十大因素也影响了期货价格，包括：（1）天然气供应成本；（2）期货交易中产生和形成的费用最终也要传递和沉淀到期货价格中，包括佣金、交易手续费、保证金利息等；（3）期货交易者的预期利润，投资者的机会成本、风险回报，包括价格波动、不同价差等；（4）天然气流通、运输、仓储成本、保险等费用。

天然气价格的影响因素多，可解释价格波动的理由众多。气价的形成机制是市场不断寻求均衡点的过程。在任一时点，气价是所有十大影响因素相互作用的结果。

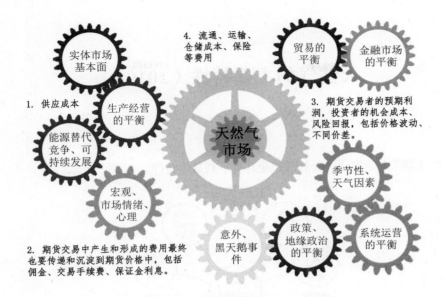

天然气价格的十大影响因素及期货价格的构成（2019）

资料来源：Oil Sage。

中国天然气价格差的影响因素（2019）

中国天然气行业还在不断演化中，供应方的价格底部与市场承受力之间的价差有待缩小。

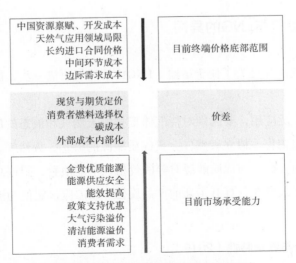

中国天然气价格差的影响因素（2019）

资料来源：Oil Sage。

天然气的主要特性（2019）

与其他能源产业相比，天然气产业具有下列显著特性。

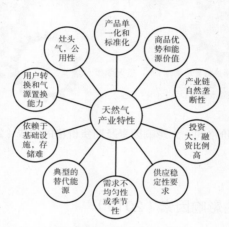

天然气产业特性（2019）

资料来源：Oil Sage。

物理特性：天然气与LNG的异同

最初，天然气液化是为了便于运输。LNG比天然气更进一步，能够增强灵活性，应对季节性需求。

随着LNG的广泛应用，要区别对待气体形式的天然气和液态的LNG，在终端上按照两个不同产品来销售。树立天然气金贵优质能源的概念，天然气，特别是LNG，使用价值上是金贵的，赋予与优质能源对等的价格，不能浪费，要提高使用效率。天然气液化后以液体形式存在，具有了新的产品属性。LNG应该定位为液态燃料，当作单独的新产品。

· 天然气组分与物理特性（2019）

天然气是以甲烷为主的混合气体的统称，是烃类和非烃类混合体。烃类基本上是气态烷烃，以甲烷为主，占80%~99%，还有乙烷、丙烷、丁烷、戊烷、己烷等低温液体。在碳六中，有时含极少量的环烷烃（如甲基环戊烷、环己烷）和芳香烃（如苯、甲苯）。非烃类气体主要是少量的二氧化碳、硫化氢等酸性气体以及氧气、氢气、一氧化碳、氨、汞、水蒸气以及微量的惰性气体，如氦气、氩气和氙气等杂质组分。在净化阶段，脱除杂质组分分离甲烷与其他气态轻烃，留下的甲烷成为商品天然气。天然气从井口出来时，初始状态时无色、无味、

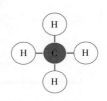

甲烷化学分子式（CH$_4$）（2019）
资料来源：Oil Sage。

无毒。天然气在送到最终用户之前，为检测泄漏还要用硫醇、四氢噻吩等来给天然气添加气味。终端用户使用的天然气中95%或以上是甲烷。

·LNG组分与物理特性

液化天然气（liquefied natural gas，简称LNG）是指，气态的天然气在净化和脱除杂质组分后，在常压下，采用节流、膨胀和外加冷源制冷的工艺，冷却至其沸点温度（通常为–166℃到–157℃，一般使用–161.5℃）后，凝结形成的低温液体。天然气液化的实质就是通过换热不断从天然气中取走热量最后达到液化的过程，因此天然气液化过程的核心是制冷系统。再气化后的LNG与天然气具有相同的热力学特性。LNG的主要成分是甲烷、微量的硫、二氧化碳、还有少量的乙烷、丙烷、氮气以及其他天然气中通常含有的物质。LNG无色、无味、无毒、无腐蚀性。

·全球主要液化工厂LNG组分（2018）

取决于不同的气源和处理方式，LNG的组分和特性也略有不同。

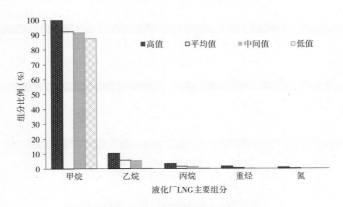

全球液化厂LNG主要组分（2018）

资料来源：国际液化天然气进口商联盟组织，Oil Sage。

·中国不同气源所产气组分（2019）

中国不同气源所产气的甲烷含量从60%到98%以上，氮含量可在8%以上。

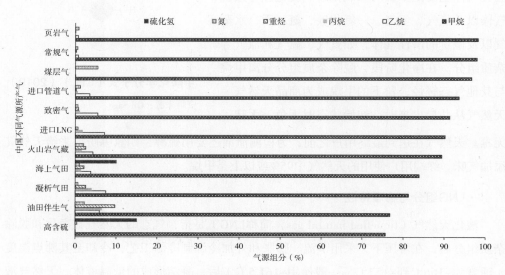

中国不同气源所产气组分（2019）

资料来源：美国能源信息署，Oil Sage。

·管道气与LNG的组分比（2018）

LNG贫气、富气和管道天然气的组分不同。

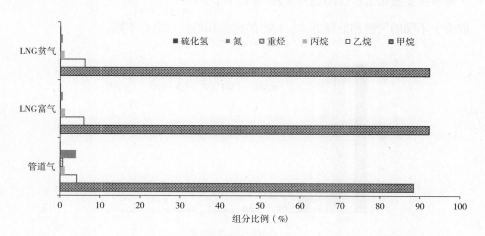

管道气与LNG组分比例（2018）

资料来源：美国能源信息署，Oil Sage。

·天然气与LNG的气液体积比（2019）

天然气是气体，LNG是液体。LNG体积比同质量的天然气要小625倍。可以装满一个排球的天然气容量，被液化成LNG后，可以塞进一个乒乓球。天然气液化后，气液比大，具有低温、热值大、性能高、易于运输和储存等特点。

天然气与LNG气液体积比（2019）
资料来源：埃克森美孚，Oil Sage。

·原料气处理和流程（2019）

井口原料气外输前和天然气液化时，都要预处理杂质。

原料气处理和流程

原料气处理	处理主要目的
脱液	除去密度较重的液体（水和油等），防止积液或形成段塞流，满足管输和商品气质量要求，提高管道输送能力
脱酸性组分	除去酸性气体（二氧化碳、硫化氢和硫醇等有机硫化合物)，防止腐蚀、冻堵、影响天然气热值，满足管输或后续加工对天然气质量的要求
脱二氧化碳	以避免冻堵，固化生成干冰，影响热效率，防管材腐蚀
脱硫化氢	以避免致命毒性，满足天然气质量标准和销售规格
脱水	防止腐蚀和形成水合物，满足气体后续加工工艺、管输和商品天然气对水含量的要求，提高管道输送能力和气体热值
脱氦	以获取价值不断上升的商品氦，天然气是氦气现实可行的主要来源
脱氮	防止影响天然气热值、液化时避免在LNG储罐内发生分层和翻滚并增加液化过程的能量消耗
脱氨	天然气中一般不存在氨，作为冷却剂，加进去，一般不属于原料气处理范畴
脱硫醇	减少异味，加进去，一般不属于原料气处理范畴
脱汞	避免汞对铝制换热设备腐蚀，导致设备减薄甚至穿孔
脱芳香烃	防止深冷过程中可能形成固体（结蜡）而造成设备和管线的堵塞
轻烃回收	除去丙烷、丁烷等轻烃，提高甲烷纯度，满足管输要求、满足商品气的质量要求、追求最大经济效益，一般不属于原料气处理范畴，属于天然气加工范畴
重烃提取回收	避免重烃冻结而堵塞设备。重烃是高附加值，重烃回收或提取是有选择的，取决于工艺、回收成本和商品销售规格
硫回收	防止大气污染，以满足硫排放标准，同时得到硫磺，增加项目经济性，一般不属于原料气处理范畴
加臭添味	为了安全而添加甲硫醇或乙硫醇等人工气味，一般不属于原料气处理范畴

资料来源：中国石化，天然气工业，中海石油气电，Oil Sage。

技术特性：用户转换能力、气源置换能力和系统灵活性

天然气是系统工程，天然气各环节自身能力的不足需要依靠系统工程来补缺，体现在用户的燃料转换能力、储气能力、利用基础设施的能力以及灵活性。天然气与替代能源的竞争力体现了用户转换能源的能力。由于发热量和组成不同，不同气源的可兼容性对供气安全至关重要。不相兼容气体之间的混合将导致火焰的不稳定甚至爆炸、低质量的燃烧、一氧化碳的超额排放和燃气设备寿命的降低。华白（沃泊）指数是燃气互换性的一个判定指数。从需求角度，烧一壶水，不同气源需要达到同样燃烧效果。在同一种燃具上所使用的燃气与另一种燃气的华白指数相同，则具有互换性。一般规定，在两种燃气互换时华白指数的允许变化范围为±（5%～10%）。

· 上海气源燃气的高位发热量和华白指数（2018）

上海天然气供应气源构成包括洋山进口LNG、西气东输一线、西气东输二线、川气东送、东海气、五号沟LNG和西气崇明。

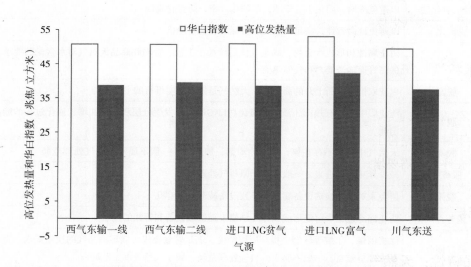

上海气源燃气的高位发热量和华白指数（2018）

资料来源：Oil Sage。

技术特性：严重依赖于基础设施，存储难

天然气的自然禀赋决定了其开发、生产、运输、储气、使用等产业链各个环节都更依赖于基础设施。一个天然气项目没有足够的资源量，没有规模效益，则不值得开发，常常为困气。天然气长期以来以需定产、以输定销。没有管道，很难运输。没有储气设施，很难存储。没有燃气设施，很难使用。特别是季节性，调峰，更依赖于基础设施。管道等基础设施建设既是天然气发展的基础条件，也是推动天然气潜在需求转化为实际消费的关键。

技术特性：气电一家，灶头气，公用性

天然气配送面向终端客户，是公用事业，是灶头气，与老百姓日常生活息息相关，涉及民生。

因为一旦用上了天然气，就很难再有别的选择，客户相当于"俘获客户"，一旦发生大面积断气，就会有影响。所以，要以合同形式来确保供气安全。在中下游，气电一家，天然气更像电力，不太像石油、煤炭。

技术特性：天然气全产业链的持续加工

石油产品的复杂生产都在炼厂环节，到了终端加油销售环节，基本不需要继续加工，下游终端销售工艺流程相对简单。在终端加工销售时，加油只是物理过程。而天然气在终端还需要增加工艺流程和设施投入，继续加工。天然气液化成为LNG后，尽量不要再气化回去。LNG应该液进液出。天然气从勘探开发，经过液化、LNG运输、再气化、管道运输，到终端，会增加额外运营成本，同时增加相关安全风险。

商品特性：天然气产品单一化和标准化

天然气的特性决定了其应用领域广泛。上中下游整个产业链，天然气产品主要就是甲烷。产品的单一性，相对于原油的善变来说，原油可以炼制成很多不同成品油或者加工成化工品，物理和化学性质有所改变。而天然气，自始至终，都是以甲烷为主，没有根本性的变化，在最终消费端，没有产品上的不同，更多是甲烷在不用领域

的应用。天然气的单一形式和同质化，始终以甲烷为主，反而要与不同形式的成品油逐一有差别化地竞争，靠服务与价格来竞争。产品标准化，再加上安全要求，限制了天然气应用的灵活性。

市场特性：产业链自然垄断性

天然气产业链自然垄断性比石油强，特别是提供燃气的基础设施的成本是沉淀性的，因此使得城市燃气的储存、输送、调配、分销具有自然垄断性与区域独占性，表现在同一地区一般不会重复建设管网，除了对先发者进行股权投资以外，新进入者无法进入已经存在燃气管网的区域。

市场特性：典型的替代能源

天然气没有自己天生的地盘，必须和其他能源抢地盘。最初，天然气替代煤油，用于照明。居民用气，天然气主要与电、液化石油气（liquefied petroleum gas，简称LPG）、人工煤气、煤炭、取暖油、生物燃料等竞争。交通用气，天然气主要与电、LPG、汽柴油、生物燃料等替代竞争。工业燃料，天然气主要与燃料油、水煤气、焦炉煤气、煤炭等竞争。

第 **2** 章

基本面的平衡: 供应

气价与天然气市场供需（1949—2050）

　　天然气价格波动的一大原因来自市场供需缺乏弹性，在供应中断或者需求扩大时，市场平衡的恢复需要一个较长周期。加上供应端的储气能力有限和需求端季节性不均匀性，供需波动对市场冲击效应明显。1949—2018年，美国天然气产量和需求比例为0.95，之后比例不断上升。

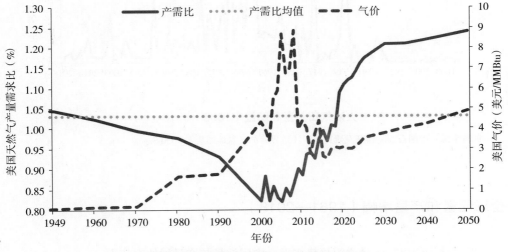

美国气价与天然气产需比（1949—2050）

资料来源：美国能源信息署，Oil Sage。

全球天然气供应

　　分析供应时，考虑资源国产量、LNG液化能力、天然气液产量、气藏采收率和气田递减率等因素。供应弹性大小影响价格。弹性足，对外部冲击容易消化吸收，价格波动小。

全球大油气田发现数量和储量（1860—2018）

　　截至2018年底，全球共发现大油气田近1,100个。大油气田（giant field）通常是指最终可采储量大于5亿桶油当量的油气田，其中大于50亿桶油当量的称为超级大油气田（super-giant field），大于100亿桶油当量的称为巨型大油气田（mega-giant field）。

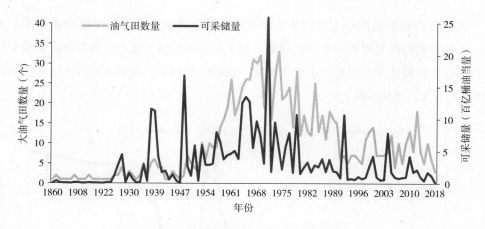

大油气田数量和储量（1860—2018）

资料来源：中国石油勘探开发研究院，《世界含油气盆地图集》，Oil Sage。

全球储量和产量增幅（1961—2018）

　　世界储量增幅与产量增幅趋势接近，中国储量与产量增幅起伏大。

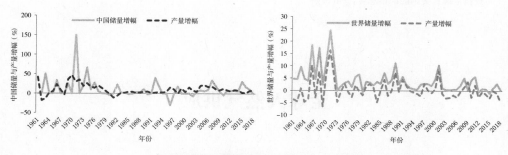

全球储量和产量增幅（1961—2018）

资料来源：BP，《世界含油气盆地图集》，石油输出国组织，Oil Sage。

全球各国储量和产量对比（2018）

全球产量高的产气国一般也是天然气储量多的国家。美国、卡塔尔、土库曼斯坦是例外。

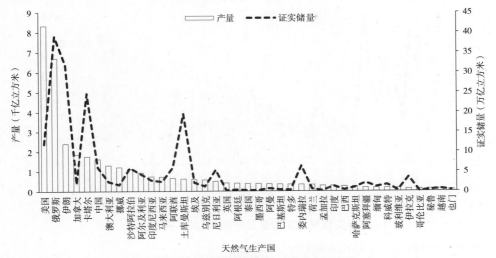

世界主要产气国证实储量和产量对比（2018）

资料来源：BP，Oil Sage。

世界天然气储采比（1960—2018）

储采比反映了资源稀缺性，但储采比50并不是说50年后资源就没了，而是一个不断滚动的概念。

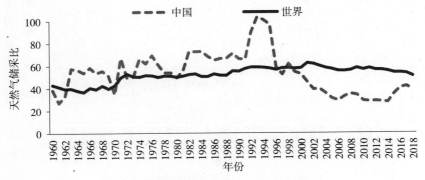

世界与中国天然气储采比（1960—2018）

资料来源：《世界含油气盆地图集》，石油输出国组织，Oil Sage。

世界天然气证实储量及增速（1961—2018）

世界天然气资源丰富，探明储量不断增长。储量增幅略低于产量增幅。

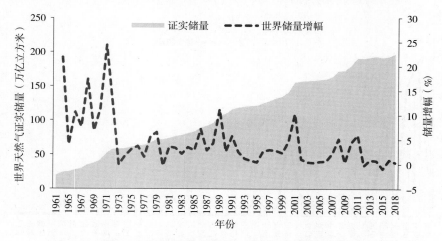

世界天然气证实储量及增速（1961—2018）

资料来源：BP，《世界含油气盆地图集》，Oil Sage。

世界天然气产量（1930—2050）

世界天然气产量不断增长，产量增幅略高于储量增幅。

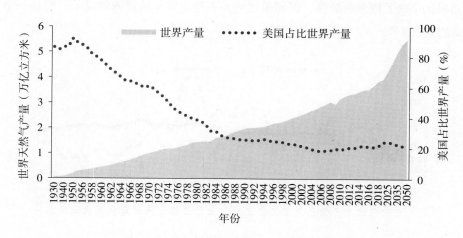

全球天然气产量和美国占比（1930—2050）

资料来源：《世界含油气盆地图集》，BP，中国石油经济技术研究院，国际能源署，Oil Sage。

全球天然气产量增幅（1937—2018）

从1937年到2018年，全球天然气产量增幅为5.06%。

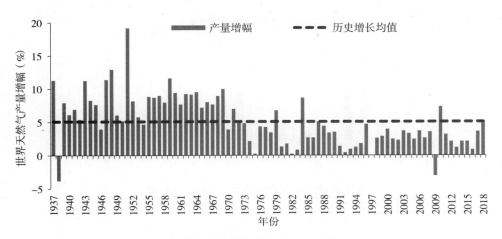

全球天然气产量增幅（1937—2018）

资料来源：BP，《世界含油气盆地图集》，Oil Sage。

全球区域天然气产量（1970—2040）

全球天然气产量主要来自北美、中东和独联体地区。

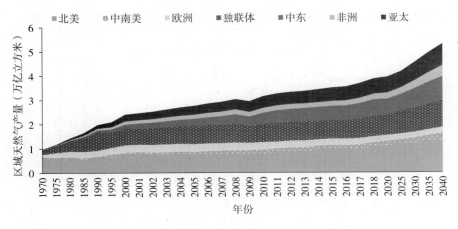

全球区域天然气产量（1970—2040）

资料来源：BP，Oil Sage。

全球区域天然气产量占比（1970—2040）

2040年，北美、独联体国家和中东仍是天然气产量的主要来源。

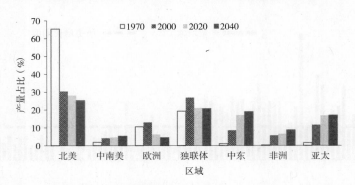

全球区域天然气产量占比（1970—2040）

资料来源：BP，Oil Sage。

常规与非常规资源

天然气分为常规天然气和非常规天然气。随着不断重新认知地下情况、技术进步、成本下降，今天的非常规可能在未来被定义为常规。

美国墨西哥湾天然气产量（1992—2020）

美国墨西哥湾海上天然气产量总体下降，近期占比美国天然气产量低于5%。

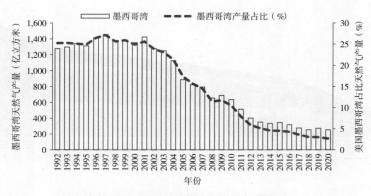

美国墨西哥湾天然气产量（1992—2020）

资料来源：美国能源信息署，Oil Sage。

美国非常规天然气产量及占比（1980—2050）

美国煤层气产量近期有所降低，而页岩气产量不断上升。

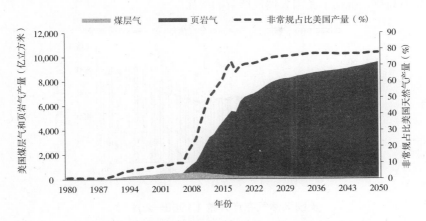

美国非常规天然气产量及占比（1980—2050）

资料来源：美国能源信息署，Oil Sage。

美国其他非常规天然气产量及占比（1980—2018）

美国天然气来源还包括合成气、炼厂气和生物质等来源，在美国天然气产量中占比较低。

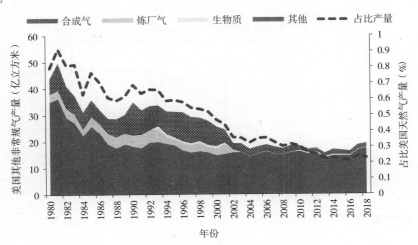

美国其他非常规天然气产量及占比（1980—2018）

资料来源：美国能源信息署，Oil Sage。

美国天然气在产井数（1989—2017）

1989年以来，美国天然气在产井数总体上升。2011年以来，生产天然气的油井数量维持相对高位，推动了美国天然气产量的增加。

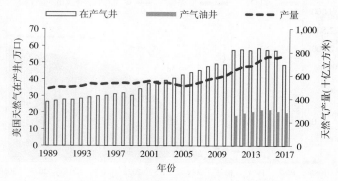

美国天然气在产井数（1989—2017）

资料来源：美国能源信息署，Oil Sage。

美国致密油产量（2000—2050）

以二叠盆地为代表的美国致密油产量支撑了美国原油产量的增长，未来占比美国原油产量可高达70%。美国将凡是赋存于低渗透砂岩、碳酸盐岩或页岩中的原油均可称之为致密油。很多人将致密油和页岩油混为一谈。

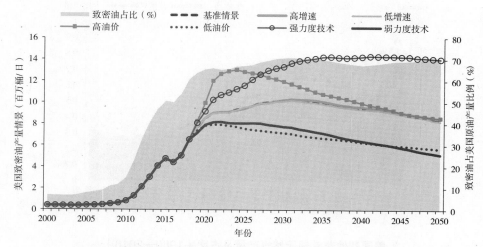

美国致密油产量情景及占比美国原油产量（2000—2050）

资料来源：美国能源信息署，Oil Sage。

美国伴生气产量（1979—2025）

随着致密油产量的不断增长，伴生气产量抑制了美国天然气价格的上涨。

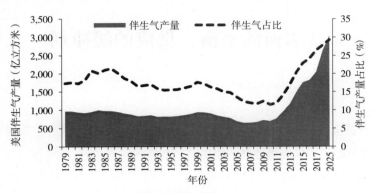

美国伴生气产量（1979—2025）

资料来源：美国能源信息署，Oil Sage。

中国非常规天然气产量（1990—2050）

1990年以来，中国致密气、煤层气和页岩气产量不断增长。致密气岩石难以渗透，岩石孔隙度只有人的一根头发的两万分之一。页岩气是指，主要以吸附或游离状态存在，赋存于富含有机质泥页岩及其夹层中的天然气，像三明治一样夹在页岩之间，而页岩不溶于水，难以渗透，花岗岩石与之相比，跟海绵体一样，所以需要水力压裂，打开气流通道。

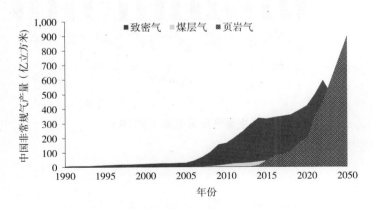

中国非常规天然气产量分类型（1990—2050）

资料来源：中国国家发展改革委，中国国家统计局，BP，Oil Sage。

基本面的平衡：供应的缓冲剂

在天然气供应端，气藏采收率、气田产量递减率、天然气液、甲烷泄漏、LNG蒸发量一定程度上起到了供应缓冲剂的作用。

气藏采收率（2019）

相对于原油，全球气田采收率平均可到70%，封闭性气藏采收率可高达90%以上，采收率与气藏地质因素、开采条件、工艺水平、水、裂缝等有关。

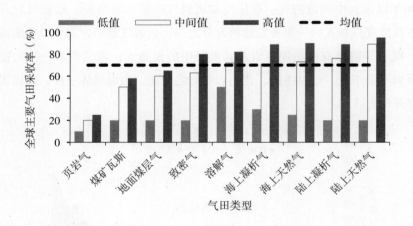

全球主要气田采收率（2019）

资料来源：中国石油勘探院，Oil Sage。

气田稳产期产量递减率（2018）

气田开发模式决定了递减率对气田没有油田那么显著的意义。变数与变化多，不同时期变化大。

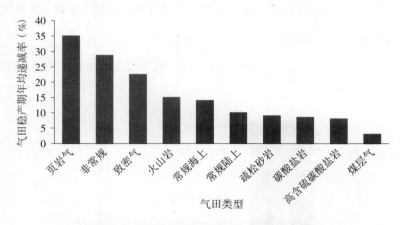

不同气田类型稳产期年均产量递减率（2018）

资料来源：中国石油勘探院，Oil Sage。

天然气产量与商品量（2014）

井口出来的天然气不一定都会供应到终端市场，有些回注到油层提高采收率，有些放空燃烧，还有其他损耗。

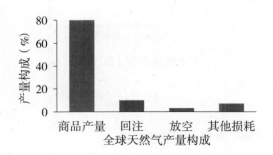

全球天然气产量构成（2014）

资料来源：国际天然气信息中心，Oil Sage。

天然气液（NGLs）

美国天然气在低气价的情况下，继续增产，一个主要原因是自然资源禀赋，天然气井富产天然气液（natural gas liquids, NGLs）。天然气液当作油来卖，天然气液价格高，补贴了气价，也抑制了气价上涨。另外，天然气液作为化工原料与天然气竞争。

·天然气液组分（2019）

气田生产出来的天然气，分为干气和湿气。当甲烷含量超过95%，天然气被定义为干气。

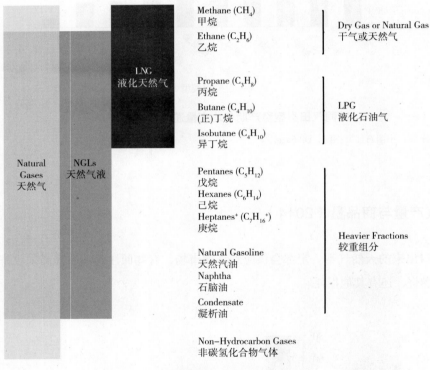

天然气液组分（2019）

资料来源：美国能源信息署，BP，Oil Sage。

·天然气液作为非炼厂来源（2018）

天然气液作为非炼厂的原料，直接供应到终端市场。非炼厂来源包括煤制油、天然气制油、生物质油、天然气液等。

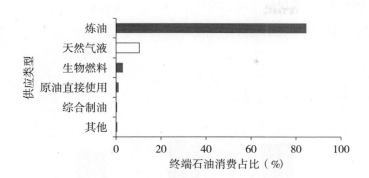

终端石油消费占比（2018）

资料来源：国际能源署，Oil Sage。

· **美国天然气液用于化工原料（2014—2019）**

在美国用于化工原料的乙烷和丙烷等天然气液不断增长。乙烷当乙烯原料，比石脑油更有竞争力。

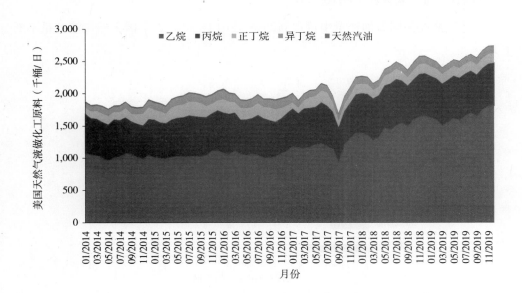

美国天然气液用于化工原料（2014—2019）

资料来源：美国能源信息署，Oil Sage。

· **全球天然气液区域供应占比（2017—2040）**

全球天然气液供应增长主要来自美国和中东。

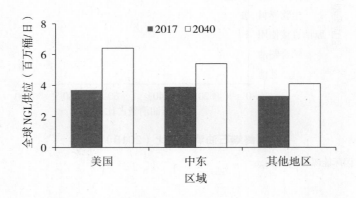

全球天然气液区域供应占比（2017—2040）

资料来源：BP，Oil Sage

· **美国石油产量来源（2016—2019）**

天然气液在美国石油产量中可占到25%。2012年以来，美国天然气液产量不断上升。

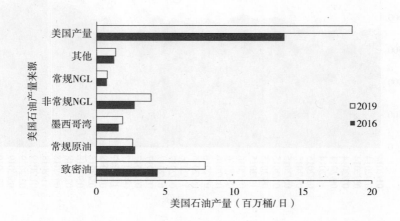

美国石油产量来源（2016—2019）

资料来源：美国能源信息署，石油输出国组织，Oil Sage。

·美国天然气液产量（1981—2050）

作为美国页岩油气革命的副产品，天然气液的产量和影响才刚刚起步。

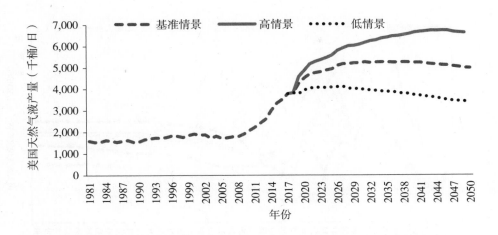

美国天然气液产量（1981—2050）

资料来源：美国能源信息署，Oil Sage。

·美国天然气液出口（2004—2019）

随着天然气产量的增长，美国乙烷、丙烷、异丁烷、正丁烷出口，特别是对亚洲的出口不断增长。

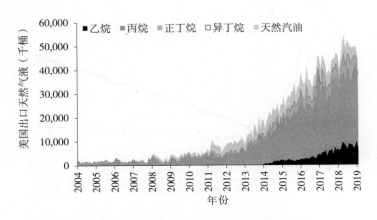

美国天然气液（NGLs）出口（2004—2019）

资料来源：美国能源信息署，Oil Sage。

·天然气液（NGLs）价格（2000—2040）

美国气价受伴生气、天然气液、燃煤电厂的影响大。美国天然气液产量支撑气价走低。

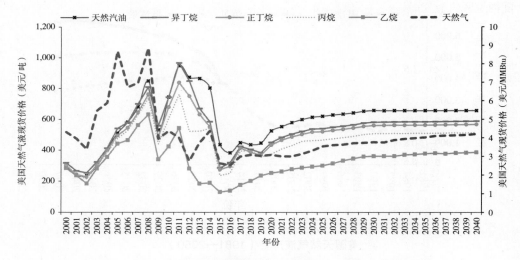

气价与天然气液价格（2000—2040）

资料来源：美国能源信息署，Oil Sage。

·乙烷价格（2010—2040）

乙烷主要用作化工原料，随着乙烷制乙烯需求的增加，按照热值，乙烷价格不断走高。

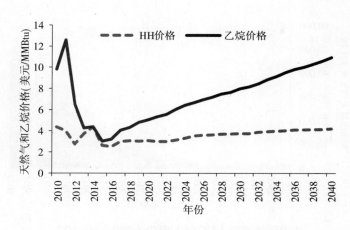

气价与乙烷价格（2010—2040）

资料来源：美国能源信息署，Oil Sage。

·丙烷批发价格（1992—2020）

原油或天然气处理后，可得到丙烷。丙烷常用作发动机、烧烤食品及家用取暖系统的燃料。在销售中，丙烷一般被称为液化石油气，其中常混有丙烯、丁烷和丁烯。随丙烷脱氢装置的兴起，丙烷从传统燃烧领域进入深加工行列。

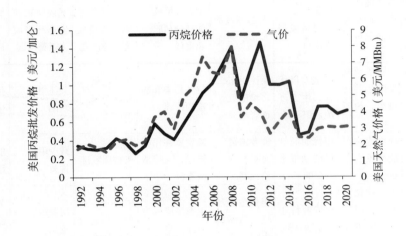

气价与丙烷批发价格（1992—2020）

资料来源：美国能源信息署，Oil Sage。

甲烷散逸、泄漏与排放

天然气发展对环境有影响，主要体现在甲烷泄漏上。天然气的主要组分是甲烷。由于油气常常共生，在油气生产、处理、存储、输配、销售和使用等环节，都有甲烷泄漏问题。甲烷无色无味，人类感官不易察觉，导致甲烷泄漏问题很容易忽视。英文中的methane emissions泛指甲烷排放，其中包括有组织的逸散排放（fugitive），设备组件等无组织的泄漏排放（leakage），有组织的但不燃烧的排放（venting），火炬燃烧排放（flaring）。

天然气甲烷泄漏，可被视为产能和成本，一旦被收集并当作天然气来卖，具有经济价值，所以甲烷泄漏排放不同于典型的环保问题。

·全球生态环境关注点演变（1990—2019）

二氧化碳减排推动了天然气的发展，但是，甲烷泄漏这样的环境生态问题，逐渐成为天然气作为清洁能源发展的障碍。

全球生态环境关注点演变（1990—2019）

1990 ————————————————————————————————————→ 2019

宏观因素	担忧能源供应，但是化石能源可控可靠	能源行业支持经济发展和出口	生态环境的日常影响	生态环境成为社会和职业责任	气候变化和生态环境成为道德问题	气候变化和生态环境成为道德问题	绿色发展与经济发展并进
生态环境	担忧脱硫脱氮除尘等污染源；投资导向	经济发展优先，生态环境意识不足	关注生态环境的负面影响	空气污染和雾霾的持续	关注二氧化碳等温室气体	关注甲烷泄漏	担忧总体生态环境
监管机构	环境成本在能源投资中较少	担忧能源价格波动带来的影响	能源消费总量和价格控制	减少依赖化石能源，支持清洁能源	支持碳减排	减少甲烷排放	能源消费结构转型
消费者	不喜欢化石能源，但是污染源不在身边即可	对能源行业的负面认知	担忧生态环境对日常的影响	生态环境成为切身问题	关注碳排放，但是没有切身体会	切身体会较少	关注清洁能源，主动尝试

资料来源：Oil Sage。

·美国温室气体排放（1990—2017）

随着美国二氧化碳排放量的降低，甲烷泄漏成了下一个生态环保的关注重点。

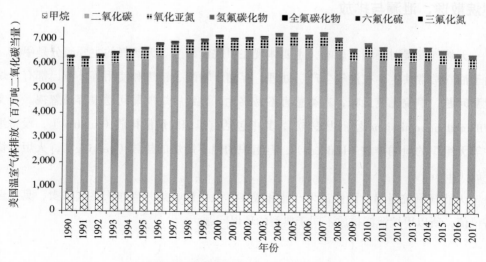

美国温室气体排放（1990—2017）

资料来源：美国能源信息署，美国环境保护署，Oil Sage。

·**美国天然气行业甲烷泄漏来源（1990—2017）**

美国页岩油气革命使得在天然气生产环节的甲烷泄漏量占比居高不下。

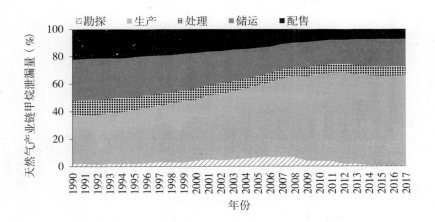

美国天然气行业甲烷泄漏和排放来源占比（1990—2017）

资料来源：美国能源信息署，美国环境保护署，Oil Sage。

·**全球油气行业甲烷泄漏量（2015—2018）**

全球油气行业甲烷泄漏和排放量，2015年，相当于阿尔及利亚天然气产量；2018年，相当于挪威天然气产量，比2015年增加了230亿立方米。

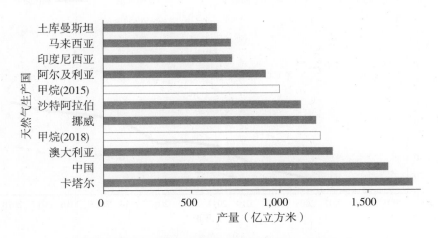

全球油气行业甲烷泄漏和排放量（2015—2018）

资料来源：美国能源信息署，BP，Oil Sage。

· 全球区域甲烷泄漏比例（2018）

机构预测，2018年全球甲烷泄漏量占比全球天然气产量的3.94%，可能估计偏高。

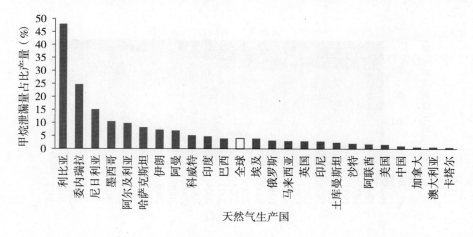

全球区域甲烷泄漏比例（2018）

资料来源：美国国家海洋和大气管理局，世界银行，Oil Sage。

· 中国煤矿瓦斯抽采量和利用量（2005—2018）

煤矿瓦斯（煤层气）在煤炭生产过程中是安全隐患，需要排放并加以利用。

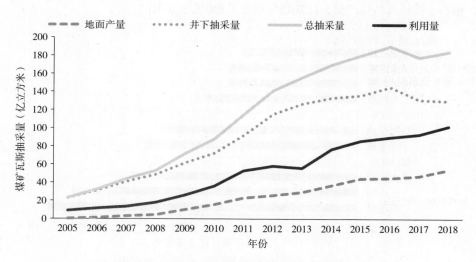

煤矿瓦斯（煤层气）抽采量和利用量（2005—2018）

资料来源：中国国家发展改革委，中国国家统计局，Oil Sage。

LNG蒸发气（BOG）蒸发

低温储罐等设备，只要有热交换，就会产生蒸发气（boil off gas，简称BOG）。有时，称为闪蒸气（flash gas）。BOG会造成气损，增加成本和安全隐患。液态LNG产生的BOG和气态天然气甲烷的泄漏，日益引起公众和行业的重视。

·LNG产业链BOG蒸发率（2019）

蒸发气可再回收、燃烧或冷却再利用。用途、工艺和设施不同，BOG的蒸发量比例也不同。日蒸发率是衡量LNG储罐等设备绝热性能的重要指标。

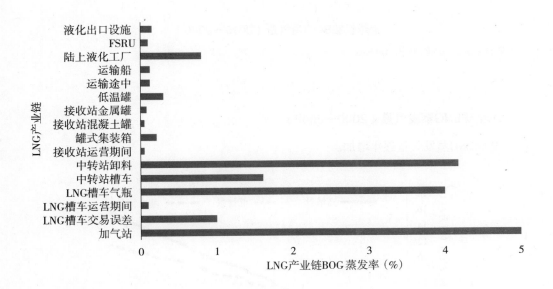

LNG产业链BOG蒸发率（2019）

资料来源：Oil Sage。

· 全球船舶BOG用气量（2015—2040）

全球船舶蒸发气用气量逐年增加。

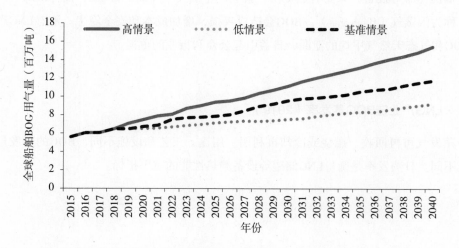

全球船舶BOG用气量（2015—2040）

资料来源：国际能源署，Oil Sage。

· 全球LNG蒸发气量（2000—2040）

全球LNG蒸发气量逐年增加。

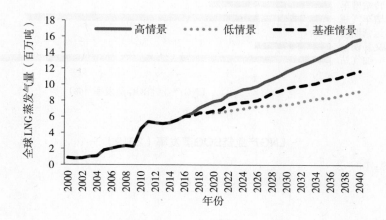

全球LNG蒸发气量（2000—2040）

资料来源：国际能源署，国际液化天然气进口商联盟组织，Oil Sage。

成本与资源量

· **全球天然气资源量增幅与成本降幅（2016—2050）**

2016年至2050年，北美页岩气和超深水天然气资源量增幅最大，北极和超深水成本降幅最大。致密气和煤层气成本降幅有限。

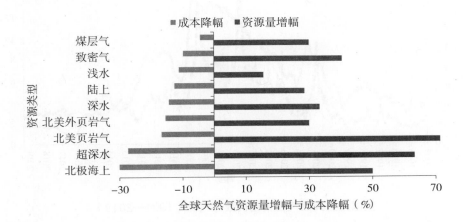

全球天然气资源量增幅与成本降幅（2016—2050）

资料来源：BP，Oil Sage。

· **美国产量增幅与天然气在钻钻机数（1987—2018）**

美国在钻钻机数的变化与产量增幅有相关性，但是相关性在减弱。

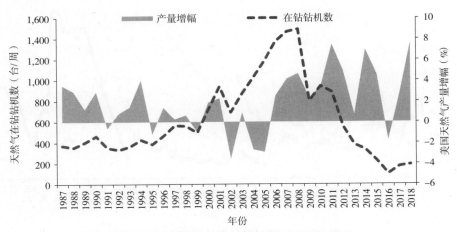

美国产量增幅与天然气在钻钻机数（1987—2018）

资料来源：贝克休斯公司，美国能源信息署，Oil Sage。

·美国陆上在钻钻机数（1994—2019）

美国陆上在钻（从开钻至目标层）钻机数与气价相关性较高，但是对油气价格反应不像过去那么敏感。

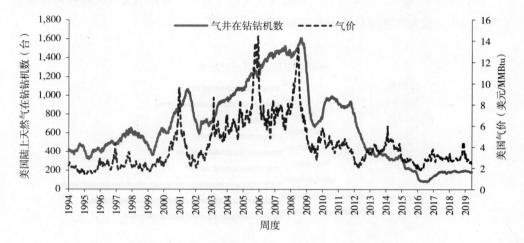

美国陆上天然气在钻钻机数与气价（1994—2019）

资料来源：贝克休斯公司，美国能源信息署，Oil Sage。

·美国陆上在钻钻机数油气比（1987—2019）

美国陆上在钻钻机中，油井钻机数高于气井钻机数。

美国陆上在钻钻机数油气比（1987—2019）

资料来源：贝克休斯公司，美国能源信息署，Oil Sage。

供应：各国产量与历史

全球前20产气国（2008—2018）

全球天然气供应自然集中，84.6%的产量被前20个国家所拥有，因此，影响气价的国家也很集中。

全球主要产气国　　　　　　　　　　（单位：亿立方米/年）

国家及地区	2008	2009	2010	2011	2012	2013	2014	2015	2016	2017	2018
美国	5,461	5,576	5,752	6,174	6,491	6,557	7,047	7,403	7,293	7,458	8,318
俄罗斯	6,115	5,362	5,984	6,168	6,019	6,145	5,912	5,844	5,893	6,356	6,695
伊朗	1,289	1,416	1,501	1,575	1,637	1,643	1,831	1,914	2,032	2,202	2,395
加拿大	1,665	1,550	1,496	1,511	1,503	1,519	1,591	1,609	1,716	1,776	1,847
卡塔尔	797	924	1,239	1,504	1,625	1,677	1,691	1,752	1,770	1,724	1,755
中国	809	859	965	1,062	1,115	1,218	1,312	1,357	1,379	1,492	1,615
澳大利亚	417	467	540	557	595	618	666	760	964	1,128	1,301
挪威	994	1,036	1,064	1,005	1,139	1,079	1,080	1,162	1,158	1,232	1,206
沙特阿拉伯	764	745	833	876	944	950	973	992	1,053	1,093	1,121
阿尔及利亚	826	766	774	796	784	793	802	814	914	930	923
印度尼西亚	748	780	870	827	783	776	764	762	707	729	732
马来西亚	692	669	676	670	693	729	720	739	756	745	725
土库曼斯坦	691	380	443	623	651	652	702	728	669	620	647
阿联酋	490	476	500	510	529	532	529	587	596	587	615
埃及	568	603	590	591	586	540	470	426	403	488	586
乌兹别克斯坦	604	581	569	539	539	539	542	546	531	534	566

续表

国家及地区	2008	2009	2010	2011	2012	2013	2014	2015	2016	2017	2018
尼日利亚	344	247	355	386	411	344	428	476	426	481	492
英国	728	612	579	461	392	370	374	407	418	419	406
阿根廷	428	403	390	377	367	346	345	355	373	371	394
泰国	298	320	375	383	429	433	436	412	404	387	377

资料来源：BP，Oil Sage。

全球区域LNG液化能力（1990—2040）

2040年，全球LNG液化能力主要来自美国、卡塔尔、澳大利亚、俄罗斯、莫桑比克和加拿大等国。各国贸易都有各自特点，卡塔尔市场参与者单一，以长约和现货合同为主。澳大利亚以长约合同为主。美国多挂靠气价。莫桑比克依赖于资源池。

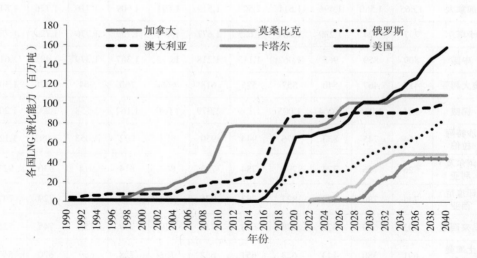

全球区域LNG液化能力（1990—2040）

资料来源：美国能源信息署，公开材料，Oil Sage。

美国 U.S.

1821年，威廉·哈特在宾夕法尼亚州佛雷多尼亚市开始商业性开采天然气，用竹木管道输送到城镇供街道和住宅照明。1821年被定为现代世界天然气工业的诞生年代。1859年，美国陆上第一口油井出现在宾夕法尼亚州，德雷克上校在阿巴拉契亚盆地成功钻探第一口油井，开启美国石油工业时代。1871年，发现布莱德福油气田，1872年，美国从井口到工厂，修建铸铁管道，运输天然气作为锅炉燃料，天然气开始成为商品。1873年，美国原油产量首次超过100万吨。1874年，从宾夕法尼亚州油区到匹兹堡建成第一条原油长输管道。1881年，美国从印第安纳州格林顿到芝加哥，修建第一条输气管道。1882年，铺设天然气管道。1885年，罗伯特·本生发明本生灯，天然气开始用于烹饪和取暖。1886年，第一条天然气管线在美国宾夕法尼亚州凯恩和纽约州布法罗之间建成。1891年，世界上第一条高压天然气管道建成，从美国印第安纳州到芝加哥。1901年，在美国得克萨斯州博蒙特，打出美国第一口万吨井。1902年，美国原油产量首次超过1000万吨。1912年，世界第一座LNG厂在美国西弗吉尼亚州建成。1912年3月，库欣地区附近发现了油田，此后8年时间，库欣油田成为全美最大的油田。1916年，世界上第一座枯竭气田储气库，康克德（Concord）在美国纽约州布法罗市建成。1916年，世界上第一个大型非伴生气田，美国路易斯安那州门罗（Monroe）大气田发现。1916年，第一个墨西哥湾海上油田发现。1917年，在俄克拉荷马州巴特斯维尔附近的哈密尔顿，建成第一座从天然气中回收天然气液的工厂。1918年，美国建造一座钢质储油罐。1920年，采用注水方法进行二次采油。1922年，在堪萨斯州胡果顿城苏华德县发现潘汉德胡果顿气田，1928年投产，开启美国现代天然气工业的开发。1923年，美国在阿拉斯加北坡开始地质调查工作。1925年，世界上第一条全钢长距离天然气输送管道建成。1929年，第一口水平井建成。1931年，世界上第一条千千米以上州际天然气管线建成，输往芝加哥，标志着美国天然气跨州贸易的开始。1936年，在得克萨斯州建立第一座天然气回注油井工厂。1937年，在墨西哥湾钻探世界第一口外海油井。1938年，发现世界第一个外海油田克里奥尔油田。1941年，世界第一套工业规模的LNG装置在美国俄亥俄州克利夫兰建成，是典型的调峰设施。1944年，美国东俄亥俄气体公司的LNG储罐爆炸。1946年，在美国肯塔基州利用含水层储气。1947年，第一次水力压裂试验，在美国堪萨斯州胡果顿油气田开采天然气。1947年，在路易斯安那州钻探了第一口海上油井，水深18英尺。1948年，美国开始从中东进口石油，变为净进口国。1951年，美国从墨西哥湾使用驳船把天然气通过密西西比河运抵芝加哥炼厂。1954年，美国在墨西哥湾建成第一条海底输油管道。

1954年之前，美国原油产量占世界原油产量的60%以上，之后比例开始下降。1957年，在阿拉斯加，发现第一个有工业价值的油气田斯温松河油田。1958年，美国在肯塔基建成世界第一个含水层储气库。1958年，美国在路易斯安那州查尔斯湖建成第一座双壁平底液化气储罐。1959年1月，世界第一次越洋LNG船运，由第二次世界大战时期由补给船改装的"甲烷先锋号"，从美国墨西哥湾路易斯安那州查尔斯湖运到英国泰晤士河口坎维岛，成为世界海运史的天然气横渡海洋首例，是世界上最早的LNG贸易，标志着LNG进入了商业化国际贸易阶段。1963年，美国建成世界第一个废弃矿坑储气库。1964年，美国建成科洛尼尔成品油管道，从得克萨斯州休斯顿到亚特兰大，终点在东海岸的林登。1969年，世界上第一座基本负荷型天然气液化装置在美国阿拉斯加基奈半岛建成。1969年，美国阿拉斯加基奈半岛出口LNG到日本，日本和亚洲第一次进口LNG。1970年，在密西西比州建成第一座溶解盐穴储气库。1970年代，美国第一次从阿尔及利亚进口LNG，同时，开始煤层气开发。1971年，美国第一座LNG再气化接收站投运。1977年7月，世界上第一条进入北极地区的输油管道，美国阿拉斯加输油管道建成，从北坡普拉德霍湾到阿拉斯加湾瓦尔迪兹港。1986年12月，美国东西大管道一期建成，运输西海岸重质原油到墨西哥湾炼厂。1987年，阿拉斯加波弗特海德恩迪科特油田投产，成为世界第一个北极海上油田。2007年，美国页岩革命。2010年，墨西哥湾"深水地平线"钻井平台爆炸，钻井漏油。2016年2月，美国从路易斯安那州萨宾帕斯（Sabine Pass）开始出口LNG。2016年3月，美国开始第一次大规模在区域间装运乙烷。2017年，美国重返天然气净出口国。

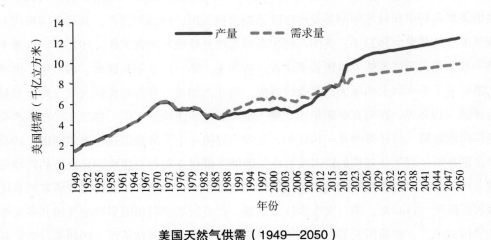

美国天然气供需（1949—2050）

资料来源：美国能源信息署，*Oil Sage*。

· **美国天然气产量及增速（1900—2050）**

美国页岩油气革命推动了天然气产量的不断上涨。

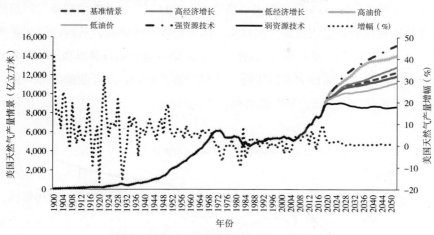

美国天然气产量及增速（1900—2050）

资料来源：美国能源信息署，Oil Sage。

俄罗斯 Russia

俄罗斯是世界上主要的能源生产国和出口国。1846年，现代石油工业的第一口钻井出现在巴库地区。1858年，顿钻发现比比埃巴特油田，采用人工挖井方式开采。1864年，在北高加索阿纳普以机械化方式钻探第一口油井，发现库达科油田，开启了石油工业。1901年，发现和开发油田23个，年产量1150万吨，为世界第一大产油国。1928年，从格罗兹尼到图亚普特建成世界第一条焊接的原油管道。1932年，从阿尔马维尔到特鲁多瓦亚建成第一条成品油长输管道。1944年，发现杜马兹油田。1946年，从秋明气田输气至华沙，第一次出口天然气，开启了国际天然气管道贸易。同年，从萨拉托夫到莫斯科建成第一条天然气长输管道。这一年被定为该国现代天然气工业的诞生年代。1948年，发现罗马什金特油田，该油田独创了世界上第一个大规模注水开采石油工艺。1959年，在巴什卡衰竭气田建成世界第一个盐下地下储气库。1960年，在西西伯利亚盆地北部发现第一个天然气水合物气藏麦索雅哈气田。1965年，发现萨莫特洛尔油田，采取人工井场丛式钻井。1966年，发现奥伦堡凝析气田。1966年，在鄂毕河下游发现乌连戈伊凝析气田。1967年，世界上第一条大口径管道建成投产，起自俄罗斯西部纳德姆气田，经乌克兰至斯洛伐克，之后分为两路。1969年，发现亚姆堡气田。1985年，乌连戈伊气田—中央输气管道系统建成。1996年，亚马尔—欧洲天然气管道一期建成。2002年，从俄罗斯到土耳其的兰溪天然气管道全线竣工。2005年，俄罗斯里海发现油气田。2009年，从萨哈林液化项目开始出口LNG。2009年，东西伯利亚—太平洋（ESPO）原油管道一期建成。2011年，从西西伯利亚气田到德国和北欧的北溪天然气管道建成投运。2017年，南方走廊管线建成，从西西伯利亚产区气田，经土耳其到达欧洲。2017年12月8日，世界上第一条极地自破冰型LNG运输船在萨贝塔港接收第一批亚马尔LNG项目货物，俄罗斯第二个LNG出口设施投运。2019年，西伯利亚力量东线建成投运，从东西伯利亚产区到中国。

俄罗斯天然气供需（1970—2050）

资料来源：国际能源署，美国能源信息署，BP，Oil Sage。

·俄罗斯亚马尔LNG项目（2013—2020）

亚马尔在当地涅涅茨语中为"土地的尽头"的意思。夏季通航窗口期一般为7月至11月。2018年，亚马尔项目出口111船LNG，其中，中国采购4船，其余均进入欧洲市场。

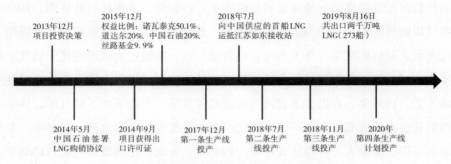

俄罗斯亚马尔LNG项目（2013—2020）

资料来源：公司报告，Oil Sage。

伊朗 Iran

伊朗是世界油气资源大国。伊朗天然气资源丰富，油田伴生气和非伴生气相对占比高。伊朗油气工业始于1855年。1906年，第一口探井完成。1908年，第一次发现油气，也是中东的第一口油井，发现第一个大油田马斯杰德伊苏莱曼油田。1911年，开始产油。1928年，发现加奇萨兰大油气田。1938年，发现阿加贾里油气田。1958年，发现阿瓦士油气田。1963年，发现马荣油气田。1965年，从南部油气区到阿斯塔那，建成南北输气干线。1973年，发现坎甘气田。1976年，发现达兰气田。1990年，伊朗在波斯湾发现南帕斯海上气田。1997年，伊朗—土库曼斯坦天然气管道开通，从土库曼斯坦进口天然气。2002年3月，南帕斯气田一期投产。伊朗大量天然气回注油井，提高采收率。伊朗是天然气消费大国，30%以上的天然气用于燃气发电，在冬季供暖季节，进口天然气。伊朗所在的霍尔木兹海峡是世界主要油气贸易通道，占全球原油海运贸易的近30%，全球LNG贸易的30%以上。

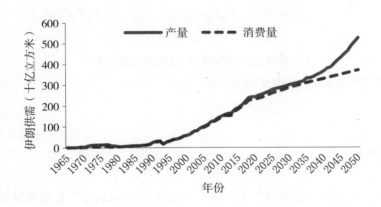

伊朗天然气供需（1965—2050）

资料来源：国际能源署，美国能源信息署，BP，Oil Sage。

加拿大 Canada

1858年，加拿大第一口油井钻探。1861年，发现油泉子油田。1871年，开建炼厂，1875年，开始铺设原油管道。1909年，发现波岛气田。1912年，从波岛到卡尔加里铺设天然气管道。1915年，在安大略省威伦气田，建设世界第一座地下储气库。

1920年，加拿大在北极钻探世界上第一口北极陆上油井。1950年，建成从西部埃尔伯塔省埃德蒙顿到东部苏必利尔湖的沿湖原油输送管道。1967年，在阿萨巴斯卡油砂工厂开始商业性露天开采油砂，加工成合成原油，油砂商业生产开始。1978年3月，冷湖油田第一次采用水平井热采油砂。1985年，阿萨巴斯卡注蒸汽开采沥青砂。2013年，第一次用槽车拉LNG到美国新英格兰。2009年6月，第一次从进口LNG。2014年，第一次出口CNG到美国。2017年，第一次出口罐箱LNG到中国。2024年，预计开始出口LNG。加拿大和美国油气管网高度互联互通。

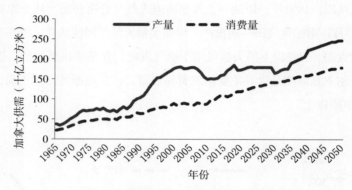

加拿大天然气供需（1965—2050）

资料来源：国际能源署，美国能源信息署，BP，Oil Sage。

卡塔尔 Qatar

　　1935年，卡塔尔开始勘探。1939年，开始生产。1940年，发现杜汉油田。1949年，开始商业性生产石油，出口第一批原油。1971年，在波斯湾海域发现北方大气田。1996年，第一座液化厂投运。1997年，开始出口LNG。2007年，"海豚"天然气管线投运，从卡塔尔到阿曼和阿联酋。2008年，世界上第一条Q-Max船在卡塔尔投运，装载量为26.6万立方米LNG。2011年初，全球第一个上下游一体化天然气制油项目投产和出口。近年来油气产量不断上升，天然气是其支柱产业，是重要的LNG出口国。天然气主要用于燃气发电和水处理。

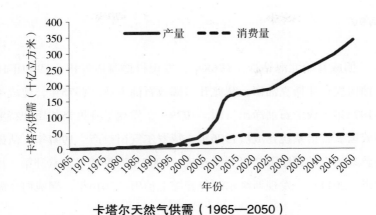

卡塔尔天然气供需（1965—2050）

资料来源：国际能源署，美国能源信息署，BP，Oil Sage。

澳大利亚 Australia

澳大利亚是世界重要的矿产品生产和天然气出口国。同时，进口原油和成品油。1900年，在昆士兰州钻水井时，意外发现第一个油气田，建立第一座天然气处理厂。1953年，第一次发现石油资源。1954年，在昆士兰州发现第一个天然气田。1967年，在外海发现王鱼油田。1989年，开始出口来自西北大陆架项目的LNG。1996年，世界上第一个煤层气液化天然气项目在昆士兰投产。2014年，昆士兰开始出口LNG。2019年，"前凑号"（Prelude）浮式LNG投产，澳大利亚超过卡塔尔，成为世界上第一大LNG出口国。

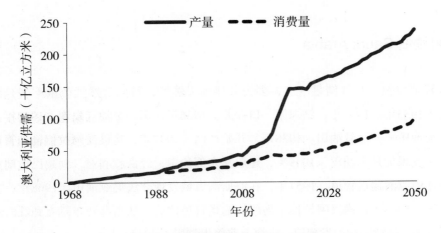

澳大利亚天然气供需（1968—2050）

资料来源：国际能源署，美国能源信息署，BP，Oil Sage。

挪威 Norway

　　1966年，挪威开始北海钻探。1968年，发现科德凝析气田。1969年10月，发现北海第一个油田埃科菲斯克油田，从此开启挪威石油工业。1975年，建成第一条海底输油管道。1975年，成为石油净出口国。1979年，发现奥赛贝格油田和特罗尔油田。1986年，挪威国家管道系统建成。1996年，特罗尔气田投产。1997年，从挪威特罗尔气田到法国敦刻尔克的挪法天然气管线建成。2007年，挪威以及欧洲第一座大型LNG液化工厂投产。2011年，发现斯维尔德鲁普海上油田。2016年，挪威白令海海域第一个油田投产。

挪威天然气供需（1974—2040）

资料来源：国际能源署，BP，Oil Sage。

沙特阿拉伯 Saudi Arabia

　　沙特阿拉伯天然气储量巨大，多为非伴生天然气，目前天然气产量不多。油气工业始于1933年。1935年，钻探第一口探井。1936年，第一个油气发现。1938年，发现第一个油田——达曼油田。1938年，开始产油。1947年，建设泛阿拉伯输油管道。1948年，发现加瓦尔油田。1949年，建成从东部油田，经由叙利亚，到黎巴嫩地中海港口赛达的原油输送管道。1951年，在波斯湾海域发现萨法尼亚油田。1968年，发现谢拜油田。1983年，横贯阿拉伯半岛原油输送管道建成，从东部阿布凯克到红海边延布。2006年，沙特阿拉伯发现第一个海上非伴生气田。

沙特阿拉伯天然气供需（1965—2050）

资料来源：国际能源署，美国能源信息署，BP，Oil Sage。

阿尔及利亚 Algeria

阿尔及利亚是世界主要的天然气生产国之一，也是第一个LNG出口国。公元前，沥青被用来涂船。1892年，钻探第一口浅井，发现稠油。1956年，第一次发现油气。1958年，开始生产石油。1956年，在撒哈拉大沙漠发现哈西梅萨乌德大油田和哈西鲁梅勒气田。1964年，世界上第一座商业化LNG液化厂在阿尔泽投产。1964年，向英国供应第一船LNG，成为世界上第一个LNG出口国，领先地位维持了15年。1964年，签署世界上第一份LNG供应合同，合同期为15年。1969年，首次出口LNG到亚洲。1983年，世界第一条跨洲天然气管道穿越地中海输气管道建成，从阿尔及利亚哈西梅勒气田，经由突尼斯、西西里岛，到达意大利博洛尼亚。1996年，GPDF天然气管道投运，经摩洛哥，到达西班牙。2018年，阿赫奈特天然气管道投运。

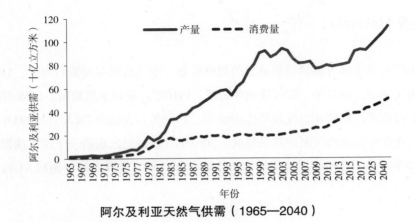

阿尔及利亚天然气供需（1965—2040）

资料来源：国际能源署，BP，Oil Sage。

印度尼西亚 Indonesia

　　印度尼西亚的石油勘探历史悠久。公元8世纪，使用原始采油方式在苏门答腊开采原油。1859年，开始石油调查。1872年，在西爪哇马贾第一口井钻探。1885年，在北苏门答腊钻探出石油，第一个油田发现，开启印尼石油工业。1941年，发现杜里油田。1944年，发现米纳斯油田。1971年，发现阿隆凝析气田。1977年，第一次出口LNG，供应日本，曾作为世界上第一大LNG出口国长达20多年。2009年，东固LNG液化厂投产。2015年，第一座LNG再气化接收站投运。2016年，深水开发项目（IDD）投产。生物质在居民用气和地热在发电中有着重要的地位。

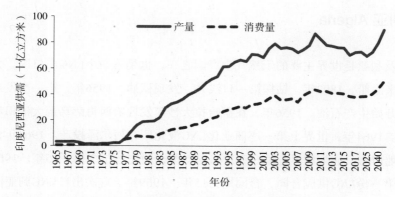

印度尼西亚天然气供需（1965—2040）

资料来源：国际能源署，BP，Oil Sage。

马来西亚 Malaysia

　　马来西亚处于世界能源贸易通道的战略位置。油气资源主要来自海上。1882年，第一次油气显示。1897年，第一口油井钻探。1910年，发现米里油田。1968年，第一个海上油田投产。1969年，发现塔皮斯油田。1983年，开始出口LNG。1993年，世界第一个商业化运营天然气制油项目建成。2002年，在沙巴发现第一个深水油田基卡油田。2013年，第一座LNG再气化接收站投运。2017年，世界上第一座FLNG投入商业运营。

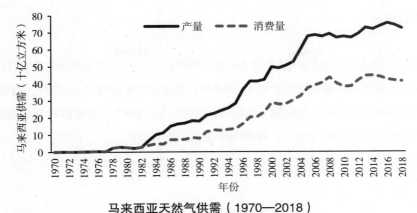

马来西亚天然气供需（1970—2018）

资料来源：国际能源署，BP，Oil Sage。

土库曼斯坦 Turkmenistan

　　土库曼斯坦石油工业历史悠久，天然气资源丰富。1875年，第一口井钻探。1876年，获得第一个发现。1877年，开始产油，石油产量逐年提高。1956年，在里海发现科图泰帕油田。1964年，发现萨曼特佩气田。1988年，中亚天然气管网系统投运。2004年，发现尤勒坦−奥斯曼气田，2013年，投产。2006年，发现南约罗坦−奥斯曼气田。

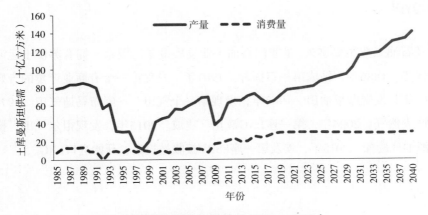

土库曼斯坦天然气供需（1985—2040）

资料来源：国际能源署，BP，Oil Sage。

阿联酋 UAE

阿联酋国家虽小，但是油气资源非常丰富。1950年，阿布扎比开始生产并出口石油。1958年，阿布扎比发现乌姆谢夫海上油气田。1963年，发现上扎库姆油田。1977年，阿联酋及波斯湾第一座LNG液化厂投运，LNG第一次出口，供应日本。2008年，阿联酋从卡塔尔进口管道气，成为天然气净进口国。2010年，建成FSRU设施，进口LNG。

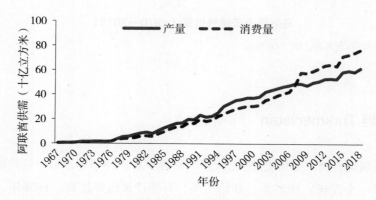

阿联酋天然气供需（1967—2018）

资料来源：国际能源署，BP，Oil Sage。

埃及 Egypt

埃及石油工业历史悠久，是非洲石油工业发展最早的国家。拥有苏伊士运河和管网战略优势。1886年，钻成第一口探井。1907年，发现第一个有商业产量的吉姆沙油田。1965年，发现摩根油田。1967年，发现第一个气田——阿布马迪气田。1975年，开始生产天然气。2004年，第一座LNG液化厂建成。2015年，发现祖尔气田，推动了环地中海油气勘探。2015年，埃及第一座FSRU接收站投运，开始进口LNG。

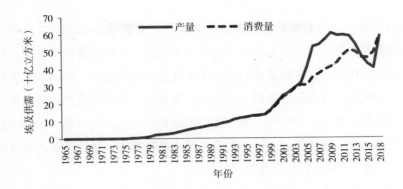

埃及天然气供需（1965—2018）

资料来源：国际能源署，BP，Oil Sage。

乌兹别克斯坦 Uzbekistan

乌兹别克斯坦油气勘探历史悠久，但产量一直不高。1880年，在费尔干纳盆地油气勘探。1904年，发现第一个油田——奇米昂油田。1953年，在阿姆河盆地发现第一个气田——谢塔兰捷气田。1956年，在西部发现加兹林气田。1967年，投入开发。20世纪80年代以来，天然气产量持续增长，是中亚管道气的主要供应国。

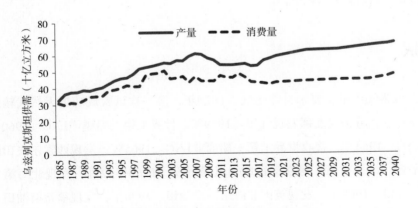

乌兹别克斯坦天然气供需（1985—2040）

资料来源：国际能源署，BP，Oil Sage。

尼日利亚 Nigeria

尼日利亚油气勘探始于20世纪初，走过了近半个世纪的弯路。原油产量非洲第一，天然气资源丰富优质。1956年，发现第一个油田——奥洛伊比里油田。1958年，发现博穆油田。1958年，开始产油。1963年，开始天然气生产。1964年，发现第一个海上油田。1996年，发现邦加油田。1998年，奥索LNG液化厂投产。1998年，在尼日尔三角洲发现海上油田。1999年，第一座LNG液化厂投运，出口第一船LNG到法国。2011年，西非天然气管线投运。近年来受其国内局势影响，国外投资者举棋不定，陆上投资难有突破，而海上投资力度也亟待加大。

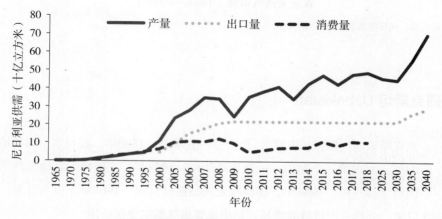

尼日利亚天然气供需（1965—2040）

资料来源：国际能源署，BP，Oil Sage。

英国 UK

英国天然气产量主要来自伴生气。1820年，第一次试验成功把天然气转换成液态。1938年，在苏格兰北部发现气田。1959年，世界上第一船越洋LNG。1960年，开始使用LNG。1964年，接收世界上第一船商业LNG。1965年，发现西索尔气田的半潜式钻井平台"海上宝石"号在动迁中遇风暴沉没。1965年12月，发现北海第一个气田西索尔气田。1969年，发现英国北海第一个油田。1970年，发现福蒂斯油田。1971年，发现布伦特油田。1974年，发现尼尼安油田。1978年，石油产量第一次超过消费量，成为石油净出口国。1985年，在苏格兰阿伯丁建成世界第一座海上地下储气库，1988年，布里坦尼亚气田投产。1998年，从英国到欧洲大陆天然气海底管道开通。

2005年，英国第一座再气化接收站投运。

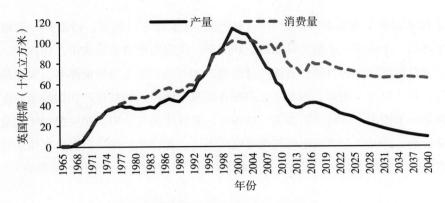

英国天然气供需（1965—2040）

资料来源：国际能源署，BP，Oil Sage。

阿根廷 Argentina

1886年，在库约盆地钻探，产出重质原油。1904年，钻获少量天然气。1907年，发现了工业价值的科莫多罗—里瓦达维亚油田。1977年，在内乌肯盆地发现天然气和凝析油油气田。1985年，开始出口石油。2008年，率先采用FSRU，第一座再气化接收站建成。2017年，阿根廷页岩油开始大发展。2019年，开始出口LNG。

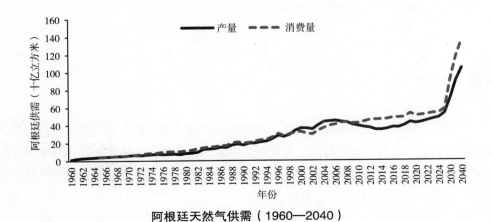

阿根廷天然气供需（1960—2040）

资料来源：国际能源署，BP，Oil Sage。

墨西哥 Mexico

墨西哥石油工业始于19世纪末。1869年，打了第一口探井。1901年，在坦皮科盆地发现第一个油田——帕努科油田。1904年，发现埃巴诺页岩油田。1910年，发现石油"金色甬道"。1921年，石油产量达到2700万吨，成为当时世界第二大产油国。1963年，第一口海上钻井。1976年，发现坎塔雷尔油田。1977年，在坎佩切湾海域海岸找到第一个油田——阿卡尔油田。1979年，发现库马扎油田。20世纪70年代末，开始出口石油。2006年，第一座再气化接收站投运。2013年，第一口页岩气井出气。天然气产量主要来自伴生气。原油生产多集中在海上，受飓风等季节性因素影响大。

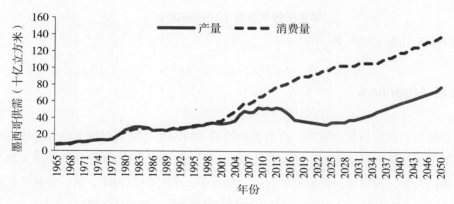

墨西哥天然气供需（1965—2050）

资料来源：国际能源署，美国能源信息署，BP，Oil Sage。

阿曼 Oman

1924年，阿曼开始地面地质调查。1960年代之前，未获商业油气发现。1962年，发现耶巴尔油田，揭开阿曼石油工业发展的序幕。1967年，开始产油。1984年，开始加大天然气勘探，大力寻找非伴生气。1988年，开始海上勘探。2000年，第一座LNG液化厂投运，开始出口LNG，发现致密气田。

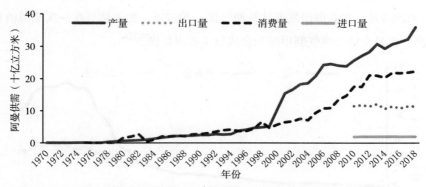

阿曼天然气供需与进出口量（1970—2018）

资料来源：国际能源署，OPEC, BP, Oil Sage。

巴基斯坦 Pakistan

巴基斯坦油气勘探始于19世纪中叶，但发展缓慢。1915年，发现第一个油田。1952年，发现苏伊气田。20世纪90年代后，天然气发现增多。2015年，巴基斯坦第一座FSRU浮式设施投运，开始进口LNG。

巴基斯坦天然气供需（1960—2035）

资料来源：国际能源署，美林研究部，BP, Oil Sage。

特立尼达和多巴哥Trinidad & Tobago

1860年，特立尼达和多巴哥（简称特多）调查沥青湖。1867年，开钻第一口钻井，1901年，浅钻获得石油。1942年，开始海上勘探。1954年，开钻第一口海上钻井。1955年，发现海上索尔达多油田。1999年，第一座液化厂投产，主要向美国供应LNG。2002年9月，在东海岸发现铁马油气田。2017年，为天然气在一次能源消费中最多的国家。也是全球天然气制甲醇和合成氨主要出口国。

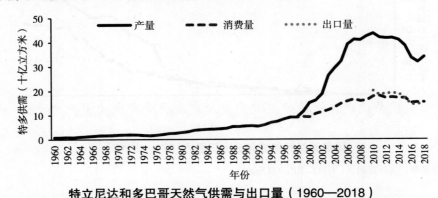

特立尼达和多巴哥天然气供需与出口量（1960—2018）

资料来源：国际能源署，OPEC，BP，Oil Sage。

委内瑞拉 Venezuela

委内瑞拉的超重原油和天然气储量丰富，多为油田伴生气。1883年，第一口顿钻浅井产油。1914年，开钻第一口探井。同年发现第一个油田，在马拉开波盆地发现梅尼格兰德油田，并开始产油。1928年，发现基里基雷油田。1960年，石油产量达到1.5亿吨，出口石油1.05亿吨，成为当时世界最大的石油出口国。2008年，泛加勒比海管道投运，从哥伦比亚到委内瑞拉。作为传统的产油大国，受其国内局势影响和油田开发成本挑战，石油产量出现下滑。委内瑞拉天然气产量主要来自伴生气，基本用于油田提高采收率。

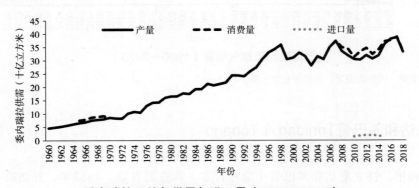

委内瑞拉天然气供需与进口量（1960—2018）

资料来源：国际能源署，BP，Oil Sage。

荷兰 Netherlands

荷兰天然气资源较多，是欧洲主要的油气运输、仓储和炼油加工中心。1943年，发现斯库尼贝克油田。1959年，发现格罗宁根气田。1977年，开始注蒸汽采油。2011年，第一座LNG再气化接收站投产。

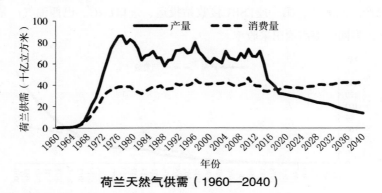

荷兰天然气供需（1960—2040）

资料来源：国际能源署，BP，Oil Sage。

孟加拉 Bangladesh

孟加拉石油资源有限，天然气资源潜力较大。油气勘探始于第一次世界大战之前。1910年至1933年，在东部地区共钻6口探井，均无重大发现。1962年，发现蒂塔斯油田。1995年，在恒河三角洲发现气田。1998年，发现比比亚纳气田。2018年，第一座再气化接收站投运，开始进口LNG。

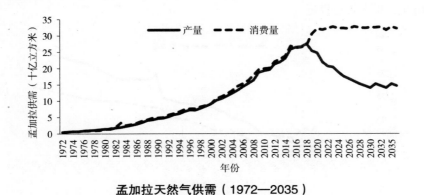

孟加拉天然气供需（1972—2035）

资料来源：国际能源署，美林研究部，BP，Oil Sage。

巴西 Brazil

巴西石油勘探始于1865年。1920年，开钻第一口钻井。1939年，第一次在陆上发现石油。同年，在陆上雷康卡沃盆地发现第一个油田——瓜瑞西玛油田。1971年以来，鼓励甘蔗制生物乙醇。1985年，在坎普斯盆地发现马利姆油田。2007年，发现卢拉油田，2010年，投产。2009年，第一座FSRU接收站投运，进口LNG。巴西油气产量主要来自海上伴生气，多回注提高油田采收率。

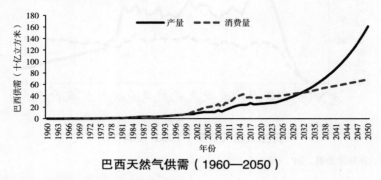

巴西天然气供需（1960—2050）

资料来源：国际能源署，美国能源信息署，BP，Oil Sage。

哈萨克斯坦 Kazakhstan

哈萨克斯坦油气资源丰富。1899年，发现卡拉贡古尔油田。1911年，在阿迪劳州马加特地区获得第一口高产自喷油井。同年，发现多索尔油田。1961年，发现乌津油田。1979年，在里海大陆架发现田吉兹油田。2000年，在里海大陆架发现卡沙甘油田。2001年，里海管道投运。

哈萨克斯坦天然气供需（1985—2040）

资料来源：国际能源署，BP，Oil Sage。

阿塞拜疆 Azerbaijan

阿塞拜疆石油工业历史悠久。历史上，阿塞拜疆被誉为圣火之地，源于天然气田的火苗。1858年，顿钻发现比比埃巴特油田，采用人工挖井方式开采，开启了阿塞拜疆石油工业。1869年，发现巴拉汉—萨蓬奇—拉马纳油田。1872年，在巴库以机械化方式钻井，形成了巴库采油区。1901年，巴库油区原油年产量达到1092万吨，居世界第一。1925年，钻探里海第一口海上油井。1940年，原油产量达到高峰，占当时苏联石油产量72%。1985年，在里海阿塞拜疆海域发现ACG油田。1999年，在里海发现沙赫德尼兹海上气田。2007年，成为天然气净出口国。同年，南高加索管道投运。

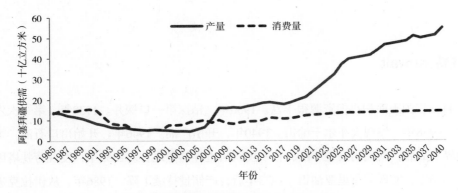

阿塞拜疆天然气供需（1985—2040）

资料来源：国际能源署，BP，Oil Sage。

缅甸 Myanmar

缅甸石油工业历史悠久，曾是世界上首批产油国，但总体勘探程度还较低。从11世纪起，一直用人工挖井生产石油。13世纪开始采油。仁安羌（缅语意为"油河"）是亚洲最早开采石油的地区之一。1759年，仁安羌油田开始出口原油。1887年，开始用蒸汽机驱动的顿钻打井。1893年，发现仁安吉油田；主要开发海上油气田。1983年，发现耶德那海上气田。

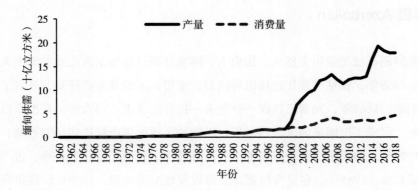

缅甸天然气供需（1960—2018）

资料来源：OPEC，BP，Oil Sage。

科威特 Kuwait

　　科威特国土面积小但资源很丰富。1936年，钻探第一口探井。1938年，第一次发现油气。1938年，发现大布尔干油田。1940年，开始产油。1946年，开始出口石油。第二次世界大战后，新油田发现不断，曾一度跃居世界储量之首。1955年，发现劳扎塔因油田。1956年，发现萨布里亚油田。1973年后，产储量持续下降。1986年，从伊拉克进口天然气。2006年，发现侏罗纪非伴生气田。天然气储量大，多为油田伴生气。

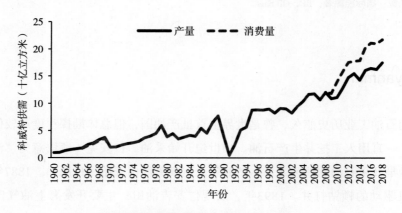

科威特天然气供需（1960—2018）

资料来源：国际能源署，BP，Oil Sage。

玻利维亚 Bolivia

1867年，开始调查安第斯山麓南部油苗。1923年，钻探第一口钻井。1924年，第二口钻井发现拜尔麦赫油田，开始产油。天然气产量集中在塔里哈地区。1998年，从玻利维亚到巴西天然气管道建成。天然气主要出口到巴西和阿根廷。

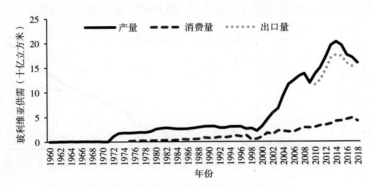

玻利维亚天然气供需与出口量（1960—2018）

资料来源：GECF，OPEC，BP，Oil Sage。

巴林 Bahrain

巴林是波斯湾岛国。1930年，巴林发现石油。1932年，发现阿瓦利油气田，是阿拉伯地台上发现和产油最早的国家。2018年，浮式再气化设施投产。天然气储量丰富，主要是油田伴生气，大多用于发电。近年来，开始向多元化经济发展，建立了炼油、石化及铝制品工业，大力发展金融业，成为海湾地区银行和金融中心。

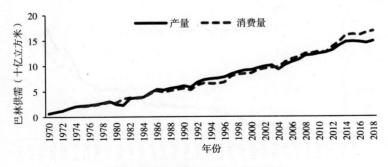

巴林天然气供需（1970—2018）

资料来源：国际能源署，BP，Oil Sage。

伊拉克 Iraq

    伊拉克油气工业历史悠久, 经历坎坷。公元前3000年, 发现油气苗。1904年, 有了第一个油气发现。1927年, 发现基尔库克油田。1930年, 开始产油。1933年, 从基尔库克油田到地中海滨海法港的原油输送管道建成。1949年, 发现祖拜尔油田。1953年, 发现鲁迈拉油田。天然气储量巨大, 产量主要来自伴生气, 部分回注提高油田采收率。

伊拉克天然气供需（1960—2050）

资料来源：国际能源署，美国能源信息署，BP，Oil Sage。

哥伦比亚 Colombia

    1918年, 哥伦比亚发现因范塔斯油田, 1921年投产。1926年, 建成通往卡塔赫纳的原油输送管道, 进入石油出口国行列。1963年, 发现奥里托大油田。1979年, 在加勒比海发现丘丘帕海上气田。1983年, 开始出口石油。2007年, 泛加勒比海天然气管道投产。2008年, 出口天然气到委内瑞拉。2016年, 哥伦比亚第一座FSRU接收站投运。天然气多回注提高油田采收率。

哥伦比亚天然气供需（1960—2018）

资料来源：国际能源署，BP，Oil Sage。

秘鲁 Peru

1864年，秘鲁钻探南美第一口井。1869年，发现南美第一个油田拉布雷亚—巴里纳斯油田。1870年，开发了南美第一个油田——祖里托斯油田。1896年，生产石油0.6万吨，成为南美第一个产油国。1977年，北秘鲁输油管道建成，成为秘鲁石油工业的转折点。1994年，塔拉拉油田7区块成为中国公司在海外运作的第一个油田开发项目。2008年9月，帕戈瑞尼凝析气田投产。2009年，发现页岩气。2010年，秘鲁以及南美洲第一座基荷LNG出口设施投运，首次出口天然气。

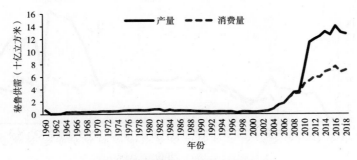

秘鲁天然气供需（1960—2018）

资料来源：国际能源署，BP，Oil Sage。

文莱 Brunei

文莱油气勘探始于20世纪初。1924年，发现第一个油田——诗里亚油田。1972年，文莱以及西太平洋地区第一座大型LNG液化厂投产。1975年，发现马格佩海上油田和甘尼特海上气田。文莱是东南亚主要产油国和世界主要液化天然气生产国。天然气产量主要来自伴生气。

文莱天然气供需（1960—2018）

资料来源：国际能源署，BP，Oil Sage。

利比亚 Libya

利比亚是轻质低硫原油主要供应国。石油工业崛起较晚，但发展很快，大规模油气勘探始于20世纪50年代中期。1958年，在锡尔特盆地发现利比亚第一个油田阿特尚油田，1959年，开始产油。1961年，发现塞里尔油田，同年出口石油。1963年，发现哈提巴气田。1970年，开始出口LNG。2004年，西利比亚天然气项目投产。同年，绿流管道投产，从利比亚到意大利。

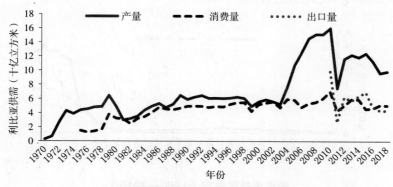

利比亚天然气供需（1970—2018）

资料来源：国际能源署，BP，Oil Sage。

越南 Vietnam

1970年前已开始海上勘探活动。1974年，越南第一口海上探井。1975年，发现白虎油田。2023年，第一座LNG接收站预计投产。

越南天然气供需（1981—2035）

资料来源：国际能源署，BP，Oil Sage。

罗马尼亚 Romania

1857年，罗马尼亚在普洛耶什蒂地区开始欧洲工业采油，在普拉霍瓦河谷钻成一口油井，成为世界上第一个有正规产油统计资料的国家。1863年，发现并开发普洛耶什蒂油田。曾是主要石油出口国，到20世纪60年代，成为原油进口国。近年来，在潘诺盆地开发煤层气，计划开发页岩气资源，以减少进口依赖。

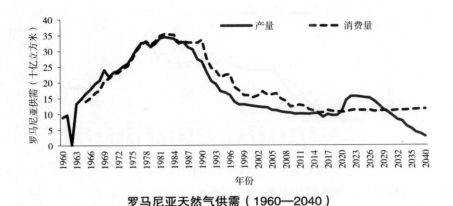

罗马尼亚天然气供需（1960—2040）

资料来源：国际能源署，BP，Oil Sage。

波兰 Poland

1858年，波兰发现第一个油田——博布尔卡油田。管道天然气进口主要来自俄罗斯。2016年，波兰第一座再气化接收站投运，第一船来自卡塔尔。

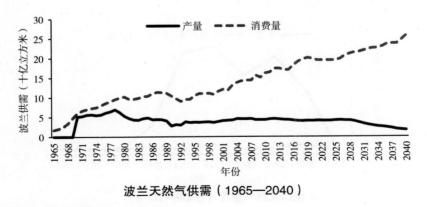

波兰天然气供需（1965—2040）

资料来源：国际能源署，BP，Oil Sage。

叙利亚 Syria

　　1948年，叙利亚开展初次地震工作。1956年，发现卡拉丘克油田。1959年，发现苏韦迪亚赫油田。1997年，成为石油净出口国。天然气产量主要来自非伴生气，多用于燃气发电，部分用于提高油田采收率。2008年，阿拉伯天然气管道投运，从埃及进口天然气，成为天然气净进口国。

叙利亚天然气供需（1969—2018）

资料来源：国际能源署，美国能源信息署，BP，Oil Sage。

也门 Yemen

　　20世纪80年代之前，也门没有重大油气发现。1984年，发现埃利夫油气田。1986年，开始产油。20世纪90年代，开始产气，但直到2009年，才开始气田商业开发。2009年，也门第一座液化厂投运。同年，开始出口LNG。也门位于曼德海峡战略要地。未参加任何石油组织，在生产上较具自主性。

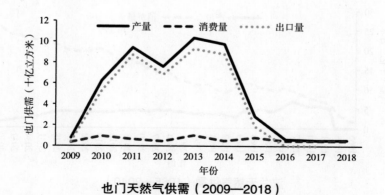

也门天然气供需（2009—2018）

资料来源：国际能源署，BP，Oil Sage。

莫桑比克 Mozambique

莫桑比克石油勘探始于20世纪初。1904年，钻探第一口探井。早期没有商业发现。1951年，发现第一个海上气田。2003年，发现泰玛尼气田。2016年后，有了一系列天然气发现。管道气从泰玛尼气田出口到南非。2023年预计开始出口LNG，将成为全球重要的LNG供应国。

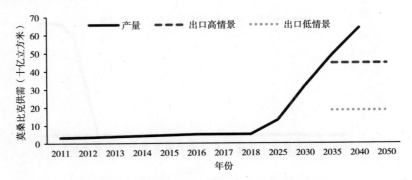

莫桑比克天然气供应与出口（2011—2050）

资料来源：国际能源署，BP，Oil Sage。

赤道几内亚 Equatorial Guinea

1991年，奥尔巴油气田投产。1995年，发现萨菲罗油气田，1996年，投产。此后，赤道几内亚油气资源得以大规模开发。2007年，赤道几内亚LNG液化工厂商业投运。

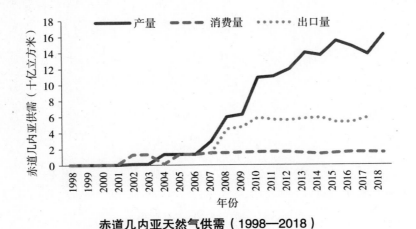

赤道几内亚天然气供需（1998—2018）

资料来源：OPEC，GECF，BP，Oil Sage。

巴布亚新几内亚 Papua New Guinea

1919年，巴布亚新几内亚（简称巴新）开始油气勘探。1968年，在中新统礁体发现天然气和凝析油。1992年6月，库图布油田投产。2014年，第一座LNG液化项目投产，开始出口。

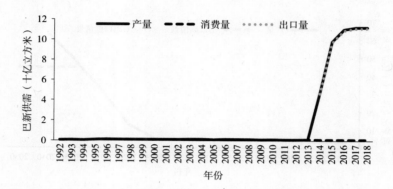

巴新天然气供需（1992—2018）

资料来源：OPEC, GECF，BP, Oil Sage。

第 **3** 章

基本面的平衡: 需求

全球天然气总体需求

相对于供应，需求的分析颇具挑战性，天然气应用领域众多，而且面临着能源替代与竞争。需要关注总量、结构和布局等方面。

全球天然气消费量及中国占比（1965—2040）

世界经济发展、人口增长和环保意识推动了全球天然气消费量的增长。

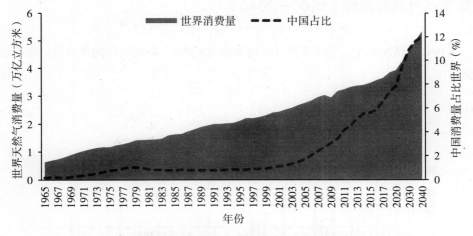

全球天然气消费量及中国占比（1965—2040）

资料来源：中国国家发展改革委，BP，Oil Sage。

国际机构对天然气需求增速的展望（2016—2040）

石油输出国组织（OPEC）、IHS咨询、日本能源经济研究所（IEEJ）、中国石油经济技术研究院（CNPC）、BP、国际能源署（IEA）、美国能源信息署（EIA）、埃克森美孚（XOM）以及挪威石油（EQNR）均认为天然气需求在未来二三十年还会增长，但是各个机构预测的年均增速不同。

图解天然气

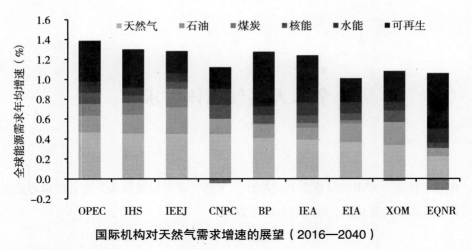

国际机构对天然气需求增速的展望（2016—2040）

资料来源：BP，Oil Sage。

全球天然气消费增幅（1966—2040）

从1966年到2040年，全球天然气年均增幅为3.35%。影响气价的是增量，而不是绝对量。

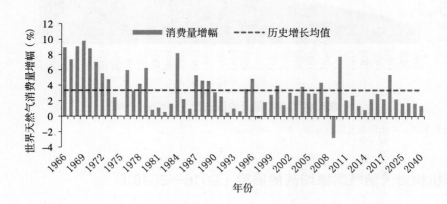

全球天然气消费增幅（1966—2040）

资料来源：BP，国际能源署，Oil Sage。

全球天然气区域消费（1965—2040）

世界天然气消费主要分布在亚太、北美及欧洲地区。亚太和中东地区消费量在全球占比不断提升。

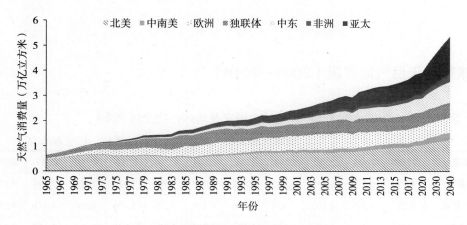

全球天然气区域消费（1965—2040）

资料来源：BP，Oil Sage。

全球天然气区域消费占比（1965—2040）

2040年，北美、欧洲和独联体天然气消费在全球占比略有下降。

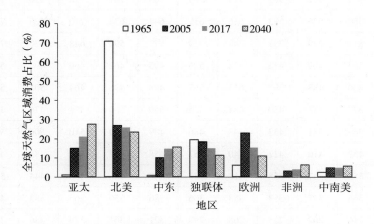

全球天然气区域消费占比（1965—2040）

资料来源：BP，Oil Sage。

各国天然气需求

全球前20天然气消费国（2008—2018）

全球天然气消费国相对集中，前20个国家及地区占比全球76.2%。

全球前20天然气消费国　　　（单位：亿立方米/年）

国家及地区	2008	2009	2010	2011	2012	2013	2014	2015	2016	2017	2018
美国	6,289	6,176	6,482	6,582	6,881	7,070	7,223	7,436	7,503	7,394	8,171
俄罗斯	4,227	3,995	4,226	4,356	4,296	4,230	4,236	4,096	4,202	4,311	4,545
中国	819	902	1,089	1,352	1,509	1,719	1,884	1,947	2,094	2,404	2,830
伊朗	1,312	1,406	1,506	1,598	1,591	1,604	1,809	1,919	2,014	2,099	2,256
加拿大	893	866	887	956	928	980	1,032	1,029	1,095	1,097	1,157
日本	981	915	989	1,104	1,224	1,223	1,205	1,187	1,164	1,170	1,157
沙特阿拉伯	764	745	833	876	944	950	973	992	1,053	1,093	1,121
墨西哥	600	652	660	708	737	785	801	780	918	864	895
德国	895	844	881	809	811	850	739	770	849	897	883
英国	979	912	985	819	769	763	701	718	810	788	789
阿联酋	580	576	593	616	639	644	634	710	725	744	766
意大利	814	749	797	748	719	672	594	648	680	716	692
埃及	393	409	434	478	506	495	462	460	494	559	596
印度	400	483	595	613	567	498	496	464	508	537	581
韩国	373	355	450	484	525	550	500	456	476	498	559
泰国	369	381	432	443	486	489	499	510	506	501	499
阿根廷	432	410	422	440	457	458	462	467	483	483	487
土耳其	353	337	358	418	433	440	466	460	444	516	473
巴基斯坦	346	347	353	353	366	356	350	365	383	407	436
阿尔及利亚	244	262	253	268	299	321	361	379	386	389	427

资料来源：BP，Oil Sage。

亚洲各国LNG需求（2015—2030）

中国之外，日本、韩国、印度也支撑了全球LNG需求。

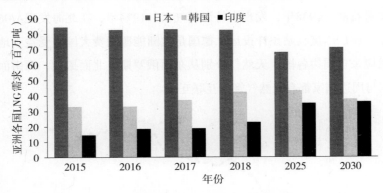

亚洲各国LNG需求（2015—2030）

资料来源：公开资料，Oil Sage。

日本 Japan

日本很早就开发油气资源，但产量甚微。公元615年在新泻发现石油。1874年，在秋田发现第一个油田。1891年，机械开采尼濑油田。1958年，钻探第一口海上探井。1969年，日本第一座LNG接收站投产，从美国阿拉斯加基奈半岛进口LNG，成为日本和亚洲第一次进口LNG。1981年，日本第一艘LNG运输船建成。日本虽然是天然气消费大国，但是管网设施与消费不匹配。2013年，成功测试可燃冰。2019年，从中国进口第一船LNG。

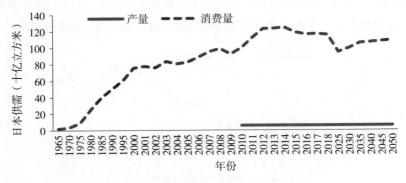

日本天然气供需（1965—2050）

资料来源：国际能源署，美国能源信息署，BP，Oil Sage。

德国 Germany

德国油气田数量多，但是油气规模不大。1545年，在汉诺威附近发现油苗。1857年，发现少量石油。1938年，发现本特海姆气田。1974年，在北海发现A/06-1气田。2022年，第一座LNG接收站预计投运。德国是欧洲能源消费大国，受益于地理位置优势，能源供应来自周边各国。天然气分别从东面俄罗斯，北面挪威，西南面荷兰等地进口。德国与周边国家都有天然气管线互联互通。

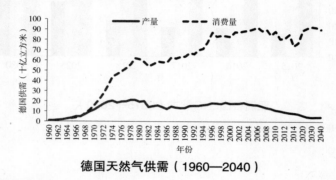

德国天然气供需（1960—2040）

资料来源：国际能源署，BP，Oil Sage。

意大利 Italy

意大利油气勘探工作始于19世纪初。1891年，发现维来亚油田。1909年，在波河河谷瓦莱扎发现第一个油田。1931年，世界第一辆天然气汽车投运。1934年，在波河三角洲发现第四系气藏。1960年，发现第一个海上气田——贝朗特气田。1970年，第一个LNG再气化接收站投运。1982年，亚德里亚海上罗斯波油田成为世界上第一个使用水平井开发的油田。2009年，世界上第一个重力基础结构接收终端（GBS）海上再气化设施投产。

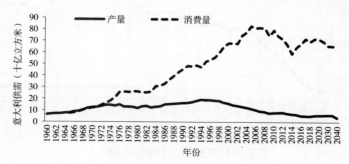

意大利天然气供需（1960—2040）

资料来源：国际能源署，BP，Oil Sage。

印度 India

　　印度是原油和天然气进口国，成品油出口国。油气勘探程度低，只有少量盆地经过详细勘探，深水区和未勘探盆地还有潜力。1889年，发现第一个油田——地格波伊油田。1974年，在西部阿拉伯海大陆架有海上发现。2004年，第一座LNG再气化接收站建成，开始进口LNG。

印度天然气供需（1961—2050）

资料来源：国际能源署，美国能源信息署，BP，Oil Sage。

韩国 South Korea

　　韩国油气勘探进展缓慢，油气消费依赖于进口，同时是炼油大国。1986年，第一座再气化接收站投运，开始进口LNG。1988年，发现东海1号气田。1994年，第一艘LNG运输船建成，成为LNG造船大国。

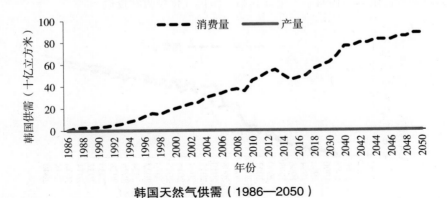

韩国天然气供需（1986—2050）

资料来源：国际能源署，美国能源信息署，BP，Oil Sage。

泰国 Thailand

1921年，泰国开始石油地质调查。1953年，钻探第一口探井，发现第一个油田。1958年，开始产油。1971年，开始海上钻探。1973年，发现第一个海上天然气气田——埃拉文气田。1978年，从暹罗湾到泰国罗勇的海底天然气输送管道建成。1999年，从缅甸进口管道气。2011年，第一座再气化接收站投运。

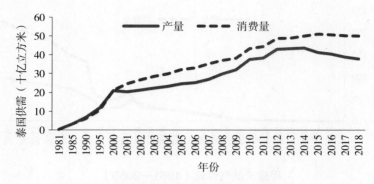

泰国天然气供需（1981—2018）

资料来源：国际能源署，BP，Oil Sage。

土耳其 Turkey

土耳其石油资源较少。1925年，开始地质调查。1940年，发现腊曼油田。20世纪70年代，在色雷斯盆地发现天然气。1977年，从伊拉克基尔库克油田至地中海岸伊肯德仑的原油管道建成。1994年，土耳其第一座再气化接收站投运。

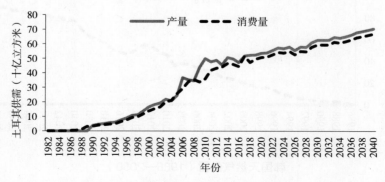

土耳其天然气供需（1982—2040）

资料来源：国际能源署，BP，Oil Sage。

法国 France

　　法国国内油气资源有限，几乎没有油气开采，进口油气的同时出口核电。1735年，开采佩歇尔布龙油田。1924年，发现加比安油田。1951年，在比亚里茨发现拉克气田。1956年，开始建设地下储气库。1965年，从阿尔及利亚进口第一船LNG。1972年，法国第一座LNG接收站投运。

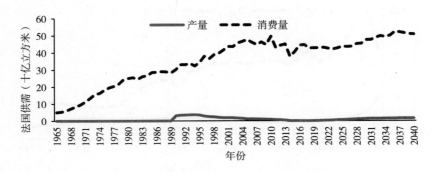

法国天然气供需（1965—2040）

资料来源：国际能源署，BP，Oil Sage。

西班牙 Spain

　　西班牙大量进口天然气。通过海底管线从阿尔及利亚进口天然气。1960年，发现卡斯蒂洛气田。1964年，发现阿尤伦戈油田。1969年12月，第一座LNG接收站建成，开始进口LNG。1970年，第一辆LNG槽车外输。

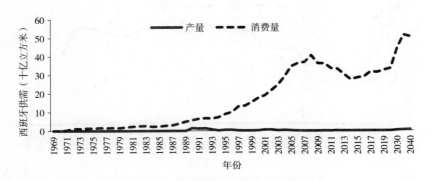

西班牙天然气供需（1969—2040）

资料来源：国际能源署，BP，Oil Sage。

乌克兰 Ukraine

乌克兰石油工业历史悠久，是中亚和高加索油气对外管线的咽喉。目前，油气供应主要依赖进口。1860年，发现多利纳油田。1950年，在第聂伯—顿涅茨盆地发现谢别林卡巨型气田，曾占苏联天然气产量的25%左右。1986年，利用废弃气田改造建成储气库。

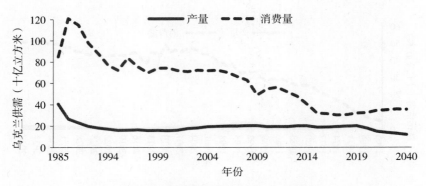

乌克兰天然气供需（1985—2040）

资料来源：国际能源署，BP，Oil Sage。

白俄罗斯 Belarus

白俄罗斯石油工业历史相对较短。1964年，发现列奇茨油田，标志着石油工业的开始。1975年，新发现油田减少，老油田产量递减。

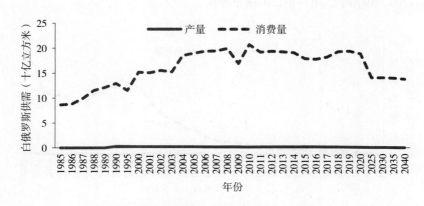

白俄罗斯天然气供需（1985—2040）

资料来源：国际能源署，BP，Oil Sage。

新加坡 Singapore

　　新加坡位于马六甲海峡，是全球重要的航运中心之一。进口所需原油和天然气，出口生产的石油产品，天然气主要用于发电。2013年，第一座再气化接收站投运。

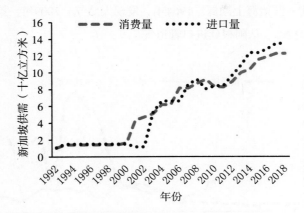

新加坡天然气供需（1992—2018）

资料来源：国际能源署，新加坡能源市场管理局，BP，Oil Sage。

以色列 Israel

　　以色列从埃及进口管道气。2000年，发现马里-B气田。2009年，发现塔玛尔海上气田。2010年，发现利维坦海上气田。2015年2月，在戈兰高地勘探。2013年，浮式FSRU接收装置投运。

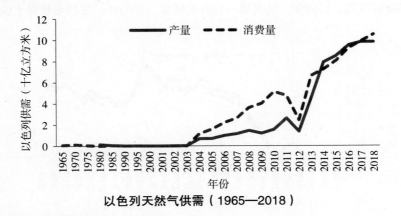

以色列天然气供需（1965—2018）

资料来源：国际能源署，美国能源信息署，BP，Oil Sage。

智利 Chile

智利石油工业发展较晚。1909年，在火地岛进行地质调查。1917年，在麦哲伦盆地钻探，未获油气发现。1945年，在曼纳蒂勒斯构造上钻井，发现油田。1947年，首次产油。20世纪60年代，开始海上勘探。1964年，发现天然气。2009年，第一座再气化接收站投运，开始进口LNG。从阿根廷进口管道气。

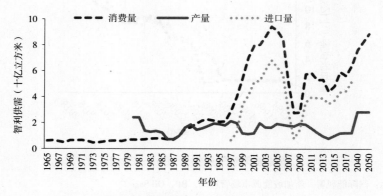

智利天然气供需（1965—2050）

资料来源：国际能源署，美国能源信息署，BP，Oil Sage。

新西兰 New Zealand

1839年，新西兰有油气记载。1936年前，仅有个别钻井有油气显示。1959年，发现卡普尼凝析气田。1968年，钻探第一口海上钻井。1969年，发现毛依海上油气田。

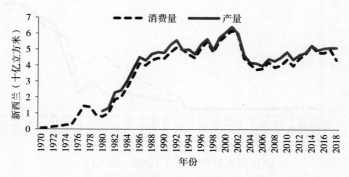

新西兰天然气供需（1970—2018）

资料来源：国际能源署，美国能源信息署，BP，Oil Sage。

第**4**章

基本面的平衡：需求领域

天然气消费结构

天然气的主要应用领域包括居民、商业、发电、化工、工业燃料、建筑和交通等。LNG用途主要包括城镇调峰、交通用气、工业燃料、冷能利用。一方面，天然气的特性决定了其应用领域广泛；另一方面，天然气产品的单一化标准化决定了需要开拓新的应用领域。

全球天然气应用领域消费量（1990—2040）

发电和工业是全球天然气需求增长的主要驱动力。

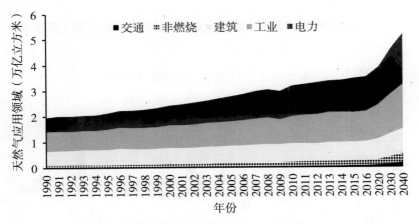

全球天然气应用领域消费量（1990—2040）

资料来源：BP，Oil Sage。

全球区域天然气消费结构（2018）

燃气发电在印度和美国天然气消费中占比高。欧盟热电联产和供热占比高于世界平均水平。

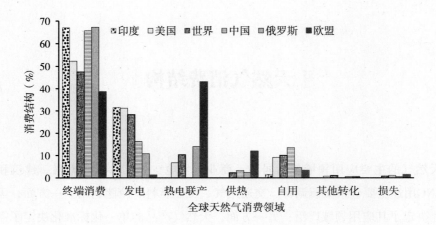

全球区域天然气消费结构（2018）

资料来源：中国能源研究会，Oil Sage。

全球区域需求增幅（2017—2040）

全球各个区域的天然气需求均在增长，主要驱动力来自电力和工业领域。

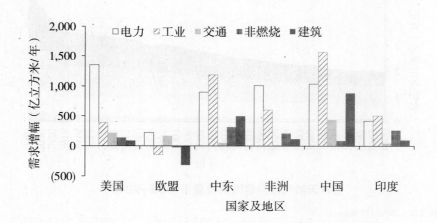

全球区域需求增幅（2017—2040）

资料来源：BP，Oil Sage。

国别天然气消费结构（2018）

各国天然气消费结构均有不同，包括均衡型、发电型和城市燃气等。

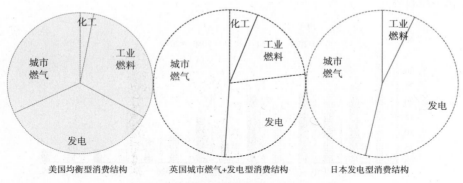

国别天然气消费结构（2018）

资料来源：中咨公司，Oil Sage。

美国天然气消费结构（1997—2050）

预计到2050年，美国天然气消费结构占比依次为发电、工业、居民、商业和交通领域。

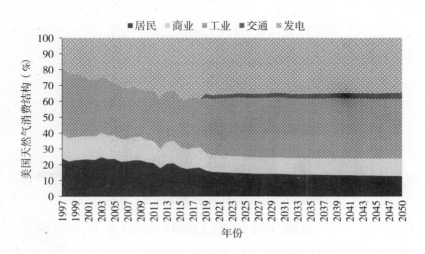

美国天然气消费结构（1997—2050）

资料来源：美国能源信息署，Oil Sage。

中国天然气消费结构（2000—2050）

中国天然气消费结构不断多元化，包括工业燃料、发电、居民、商业、交通、供热、化工原料等。

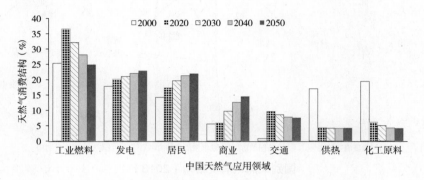

中国天然气消费结构（2000—2050）

资料来源：中国石油经济技术研究院，Oil Sage。

中国LNG消费结构（2015—2018）

LNG用途广泛。2016年，LNG进入城市燃气调峰和部分替代，推动了点供的发展。

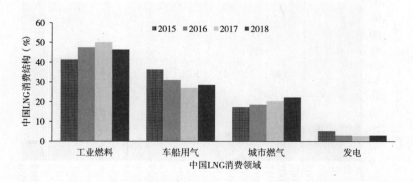

中国LNG消费结构（2015—2018）

资料来源：隆众，中国石油经济技术研究院，Oil Sage。

城市燃气

燃气是气体燃料的总称，包括天然气、人工煤气、液化石油气和沼气等。城市燃气消费群体包括居民生活、公共服务、车用气、采暖、制冷、电厂等用户。

中国城市燃气里程碑（1860—2014）

中国经历了从焦炉煤气到液化石油气，再到天然气的气源演变，有上千家城市燃气企业。2017年，中国城镇燃气年供气总量达到1254亿立方米，城镇燃气用气总人口达到5.36亿人，城镇燃气管网总长度达到57万千米，储气设施建设规模达到32亿立方米。

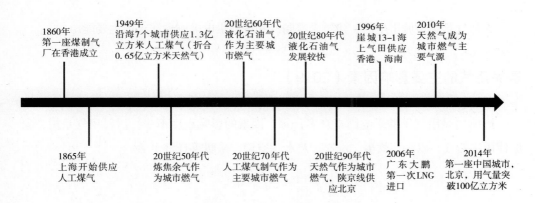

中国城市燃气里程碑（1860—2014）

资料来源：中国城市燃气协会，Oil Sage。

中国城市燃气的燃料来源（1979—2017）

天然气、人工煤气、液化石油气（LPG）多种气源并存。天然气供气占比不断上升，人工煤气供气占比下降。按照热值计算，2010年，天然气超过LPG，成为城市燃气的第一大气源。

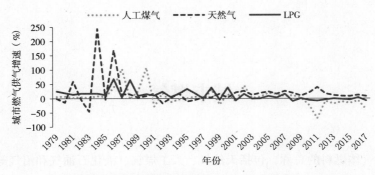

中国城市燃气的燃料来源（1979—2017）

资料来源：中国住房和城乡建设部，中国国家统计局，Oil Sage。

居民用气

天然气是满足城市生活、建筑采暖制冷和城市供电等刚性需求的主要能源。

居民用气的主要影响因素（2019）

影响居民用气等的影响因素众多，每个因素的影响程度不一。居民用气是指，家庭使用天然气，以满足炊事、洗衣、热水、空调、采暖等日常生活。

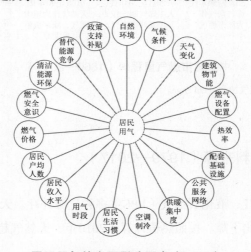

居民用气的主要影响因素（2019）

资料来源：Oil Sage。

全球人均消费量与一次能源占比（2018）

天然气在一次能源中占比逐步上升，全球人均天然气消费量有待提高。

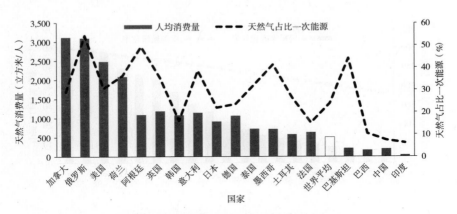

全球人均消费量与一次能源占比（2018）

资料来源：世界银行，中国国家统计局，Oil Sage。

美国居民用气与城镇化率（1960—2020）

美国居民用气与城镇化率最初相关系数接近100%，但在1985年，相关系数低于90%，城镇化对居民用气的影响不断降低，居民用气占总消费量比例下滑。

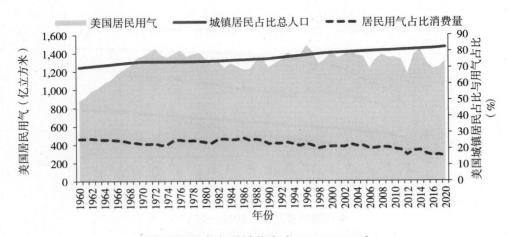

美国居民用气与城镇化率（1960—2020）

资料来源：世界银行，联合国，美国能源信息署，Oil Sage。

中国居民用气与城镇化率（2000—2018）

中国城镇化率由1949年的10.64%增长到2018年的59.58%。

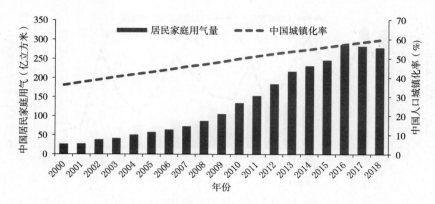

中国居民用气与城镇化率（2000—2018）

资料来源：中国国家统计局，世界银行，Oil Sage。

中国燃气普及率（2000—2017）

2017年，中国城市燃气普及率为96.26%，总人口燃气普及率为43.17%。

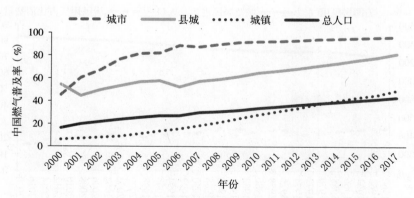

中国燃气普及率（2000—2017）

资料来源：中国国家统计局，中国住房和城乡建设部，Oil Sage。

中国区域人均用气量（2018）

中国用气区域性明显。2018年，人均年用气量超过70立方米。

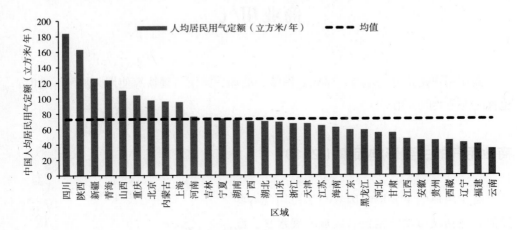

中国人均居民用气定额（2018）

资料来源：世创能源咨询，Oil Sage。

中国采暖用气需求（2015—2030）

采暖用气和居民用气的影响因素类似，包括采暖建筑面积、政府政策、采暖经济性、气源保障。采暖用气基本上是调峰用气。

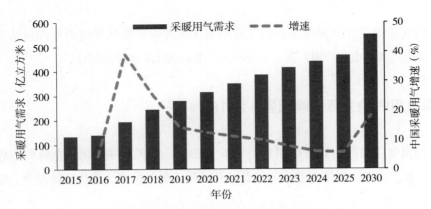

中国采暖用气需求（2015—2030）

资料来源：中国石油规划总院，Oil Sage。

商业用气

商业用户是指办公场所、学校、医院、商场、宾馆、餐饮等使用天然气。有时，也称之为公共服务用户。

商业用气的主要影响因素（2019）

商业用户的主要影响因素与居民用气有些类似，包括城市功能定位、区域发展水平、配套基础设施完善、公共服务网络发达、居民生活习惯、城镇化率等因素。

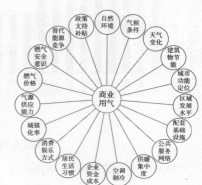

商业用气的主要影响因素（2019）

资料来源：Oil Sage。

发电用气

天然气消费量要达到预期，燃气发电是主攻方向。燃气发电的形式包括基荷电厂、调峰电厂和热电联产电厂等。分布式和三联供通常归类到城市燃气。

燃气发电用气的主要影响因素（2019）

燃气发电用气的主要影响因素包括季节变化、经济条件变化、企业资金成本、气源供应能力、发电环境效益、用气负荷和时段、燃气价格、替代能源竞争、电价等因素。

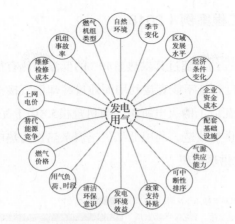

燃气发电用气的主要影响因素（2019）

资料来源：Oil Sage。

中国燃气发电机组负荷率与气耗率（2019）

在相同运行方式下，燃气机组气耗率随着负荷率的上升而降低。负荷率较高区域的气耗率变化相对缓慢，当负荷率低于50%时，气耗率急剧增大。耗气率一般算0.2，1立方米气可发5度电。

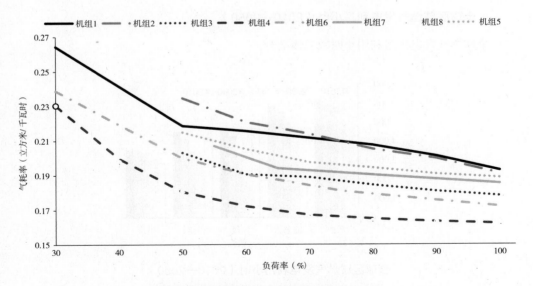

中国燃气发电机组负荷率与气耗率（2019）

资料来源：国家能源集团，中国国家发展改革委能源研究所，Oil Sage。

中国火电余热供热工程案例（2018）

中国现有大型热电厂约有超过其供热量40%的低温余热有待挖掘利用，其中乏气余热占30%以上，因温度较低不能直接利用而通过冷却塔直接排放到大气环境之中。北方地区某单机30万千瓦以上的火电机组、装机规模5.8亿千瓦、供热能力8亿千瓦，如将这些火电机组进行供热改造，利用低品位乏汽余热作为热电联厂集中供热热源，可以满足150亿平方米的供热面积。

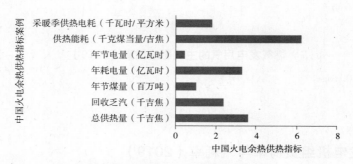

中国火电余热供热工程案例（2018）

资料来源：中国国家发展改革委能源研究所，Oil Sage。

燃气发电

·全球区域燃气发电利用小时（2010—2050）

全球燃气发电机组利用小时数总体上升。

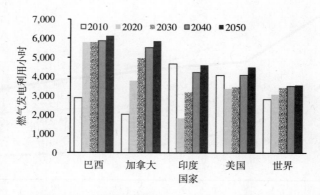

全球区域燃气发电利用小时（2010—2050）

资料来源：美国能源信息署，Oil Sage。

·美国燃气发电年度用气量和消费量占比（1997—2018）

2018年，美国燃气发电在天然气消费量中的占比35.7%。

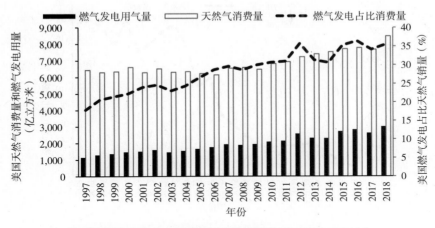

美国燃气发电年度用气量和消费量占比（1997—2018）

资料来源：美国能源信息署，Oil Sage。

·美国发电利用率（2008—2019）

发电机组年利用小时数直接影响发电成本。频繁启、停机影响设备使用寿命，增加维修成本。燃煤电厂利用率下降，燃气电厂上升，核电相对稳定。

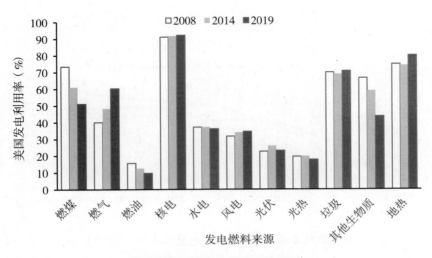

美国发电利用率（2008—2019）

资料来源：美国能源信息署，Oil Sage。

图解天然气

·中国燃气发电用气量及消费量占比（1995—2018）

中国燃气发电在天然气消费量中的占比接近20%。

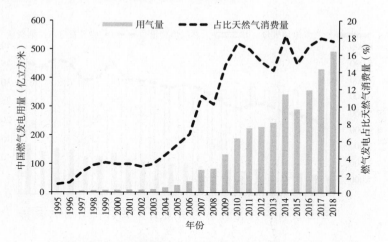

中国燃气发电用气量及消费量占比（1995—2018）

资料来源：中国国家统计局，Oil Sage。

·中国燃气发电装机容量与发电量（2005—2050）

中国燃气发电装机容量不断上升，天然气发电量在中国总发电量占比和燃气发电机组年利用小时数较低，主要受气价、调峰调频需要、机组布局和天然气供应等因素影响。

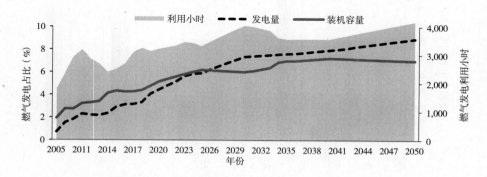

中国燃气发电装机容量与发电量（2005—2050）

资料来源：中国电力企业联合会，国际能源署，Oil Sage。

天然气分布式能源

天然气分布式利用跨界多，体现了天然气是典型的替代能源。分布式能源和冷热电三联供的参与者（电力、热能、天然气）相当于活跃的做市商。

·美国热电联产燃料来源（2007—2050）

天然气是美国热电联产的重要燃料来源。

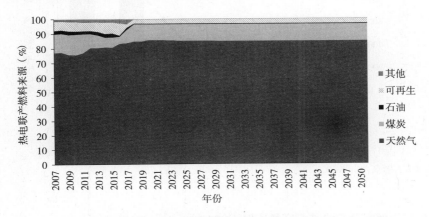

美国热电联产燃料来源（2007—2050）

资料来源：美国能源信息署，Oil Sage。

·美国燃气分布式发电量（2020—2050）

2019年后，美国燃气分布式发电量逐步上升。

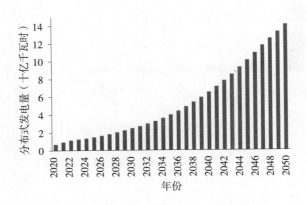

美国燃气分布式发电量（2020—2050）

资料来源：美国能源信息署，Oil Sage。

·中国分布式发电装机容量（2013—2018）

1998年，第一个项目建成以来，中国天然气分布式能源不断发展。

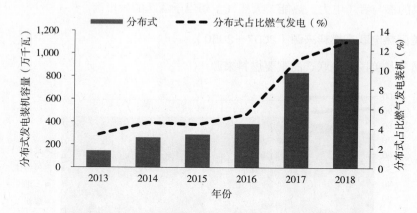

中国天然气分布式装机容量比例（2013—2018）

资料来源：隆众，Oil Sage。

·中国天然气分布式装机容量比例（2018）

天然气分布式能源与分布式可再生能源应对的是不同市场，满足用户不同需求。工业园区、商业建筑和其他固定能源需求是中国主要的天然气分布式能源项目类型。

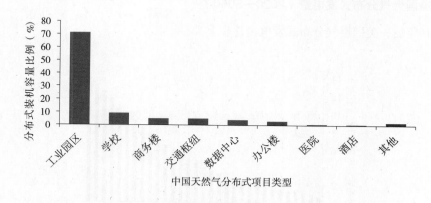

中国天然气分布式装机容量比例（2018）

资料来源：隆众，Oil Sage。

·中国分布式天然气能源年利用小时数（2018）

数据中心、工业园、交通中心等行业相对适合中国天然气分布式能源系统。

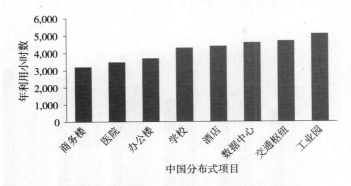

中国天然气分布式能源利用小时数（2018）

资料来源：隆众，Oil Sage。

工业燃料

天然气在工业领域，主要是作为工业锅炉和工业窑炉的燃料。工业锅炉，主要是提供工业企业的生产工艺用水蒸气或热水，作为加热、蒸发、消毒或干燥设备的热源。工业窑炉，主要是利用燃料燃烧而产生的热量，对工件或物料进行熔炼、加热、烘干、烧结、裂解和蒸馏等。

工业用气的主要影响因素（2019）

工业用气的影响因素包括经济条件变化、上下游市场供需、企业资金成本、气源供应能力、可中断性排序、政策支持补贴、环保节能、用气负荷、工艺技术流程、检修计划和替代能源竞争等。

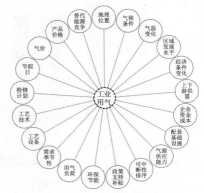

工业用气的主要影响因素（2019）

资料来源：Oil Sage。

全球工业能源消费比例（1990—2040）

天然气在全球工业能源消费中比例逐步上升。

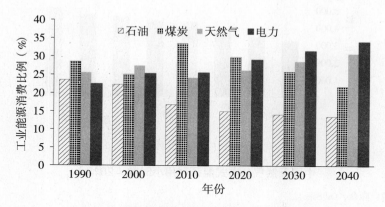

全球工业能源消费比例（1990—2040）

资料来源：BP，Oil Sage。

中国工业用能结构（2000—2050）

中国工业用能中，电力和天然气增长较快。

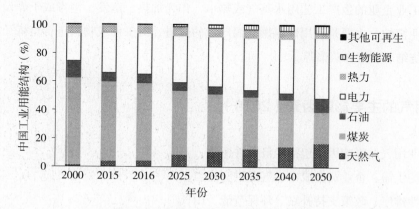

中国工业用能结构（2000—2050）

资料来源：国际能源署，Oil Sage。

天然气占比中国工业用户能源成本（2016）

天然气作为工业燃料广泛应用于石油和天然气开采、建材、冶金、机电、石化、轻工等行业。

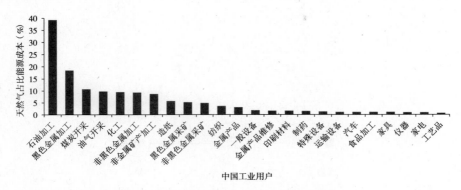

天然气占比中国工业用户能源成本（2016）

资料来源：普华永道，Oil Sage。

建筑用气

全球终端建筑用能（2000—2040）

在终端建筑用能中，电力占比上升，而天然气占比在30%上下。

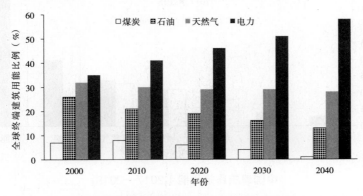

全球终端建筑用能比例（2000—2040）

资料来源：BP，Oil Sage。

建筑用气的主要影响因素（2019）

建筑用气的主要因素包括天气变化、自然环境、城市总体规划、城镇化率、房地产开发、供暖集中度、建筑材料、居民生活习惯、燃气安全意识、燃气价格、热效率等。

建筑用气的主要影响因素（2019）

资料来源：Oil Sage。

中国建筑终端用能（2017—2018）

在中国建筑终端能源中，电能与天然气上升。

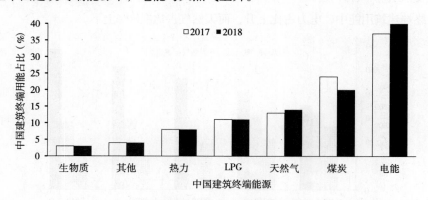

中国建筑终端用能（2017—2018)

资料来源：电力规划设计总院，Oil Sage。

中国建筑用能结构（2000—2050）

天然气在中国建筑用能结构中不断上升。

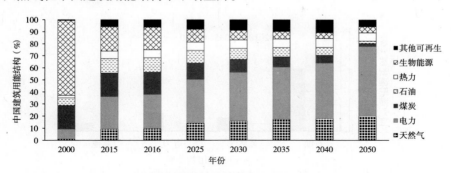

中国建筑用能结构（2000—2050）

资料来源：国际能源署，中国石油经济技术研究院，Oil Sage。

交通用能

交通是天然气消费的重要领域，利用方向有城市公交、城际载客车、载货车、内河及沿海船舶等。

全球交通用能（2000—2040）

2040年，在全球交通用能中，天然气占比略有上升。

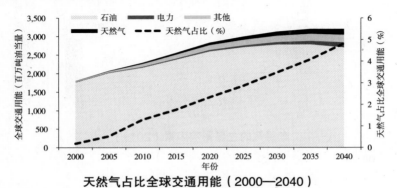

天然气占比全球交通用能（2000—2040）

资料来源：BP，Oil Sage。

中国交通用能（2018—2050）

中国交通用能中，电力和天然气不断增长。

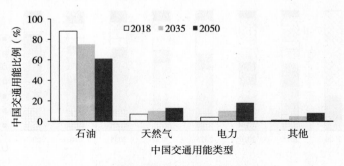

中国交通用能（2018—2050）

资料来源：中国石油经济研究院，Oil Sage。

车用气的主要影响因素（2019）

车用气影响因素包括社会结构演变、居民收入水平、气价、加气站网络、政策支持补贴、运营行驶里程、燃油效率、替代能源竞争、大数据和共享经济等。

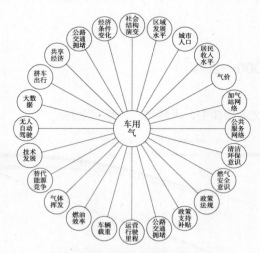

车用气的主要影响因素（2019）

资料来源：Oil Sage。

全球区域天然气汽车保有量（2000—2019）

2000年以来，全球天然气汽车保有量不断增加。

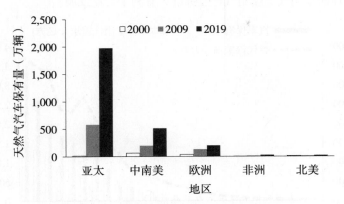

全球区域天然气汽车保有量（2000—2019）

资料来源：全球天然气汽车协会，Oil Sage。

全球区域天然气汽车保有量和加气站（2019）

2019年，全球天然气汽车保有量近2800万辆，全球加气站超过3.2万座。其中，中国占比保有量25%，占比加气站近30%。

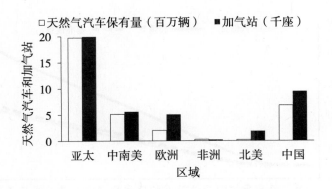

全球区域天然气汽车保有量和加气站（2019）

资料来源：全球天然气汽车协会，Oil Sage。

中国天然气汽车保有量和车用气（1995—2030）

　　车用气、交通用油的中美消费习惯不同。中国车用气有更大的发展机遇。但是需要制定公平合理的车用气、船用气行业标准，有利于行业发展。

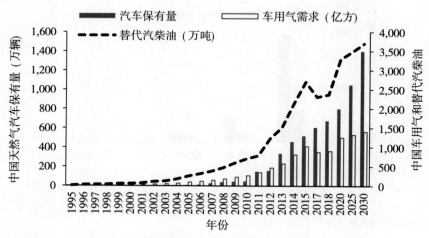

中国车用气与汽柴油替代（1995—2030）

资料来源：中国交通运输协会，中国汽车工业协会，Oil Sage。

・**全球燃料LNG用气量（2015—2040）**

全球LNG燃料用气量不断上升。

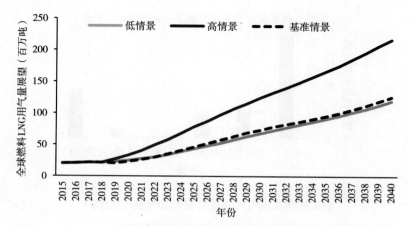

全球燃料LNG用气量（2015—2040）

资料来源：国际能源署，Oil Sage。

LNG汽车

LNG在汽车上的应用主要是城市公交、环卫车辆、出租车、城际大巴、重卡等。

·全球重卡LNG用气量（2015—2040）

全球重卡LNG用气量不断上升。

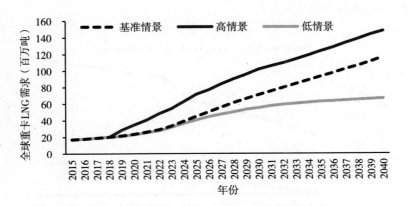

全球重卡LNG用气量（2015—2040）

资料来源：国际能源署，Oil Sage。

·全球区域重卡LNG用气量（2015—2040）

北美和亚洲推动全球重卡LNG用气量上升。

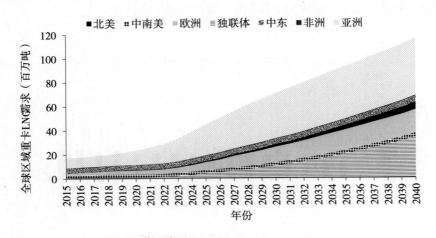

全球区域重卡LNG用气量（2015—2040）

资料来源：国际能源署，Oil Sage。

压缩天然气（CNG）汽车

压缩天然气（Compressed Natral Gas，简称CNG），指将气态天然气加压至20~25MPa装入钢瓶的应用形式，可以通过槽车短途配送。

·世界CNG汽车保有量（2009—2018）

全球CNG汽车保有量总体上升。

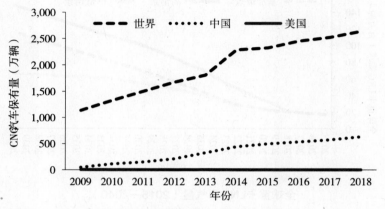

世界CNG汽车保有量（2009—2018）

资料来源：公开资料，中国石油规划总院，Oil Sage。

·美国CNG汽车保有量和用气量（2003—2018）

美国CNG汽车保有量总体呈下降趋势，而用气量略有回升。

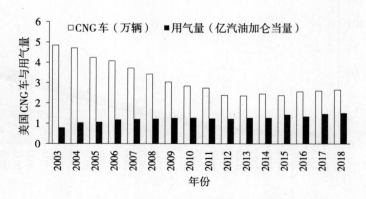

美国CNG车与用气量（2003—2018）

资料来源：美国交通部，Oil Sage。

·中国CNG汽车保有量和用气量（1999—2018）

中国CNG汽车保有量和用气量持续增长。

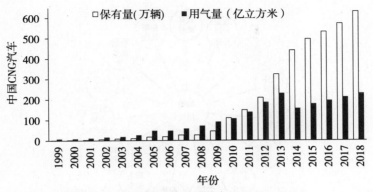

中国CNG汽车保有量和用气量（1999—2018）

资料来源：公开资料，中国石油规划总院，Oil Sage。

船舶用气

·全球LNG加注船和加注站（2018）

2018年，全球LNG动力船数量近300艘，加注站近40座。

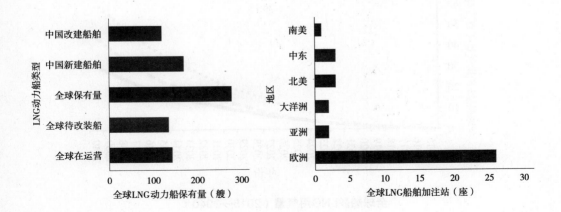

全球LNG加注船和加注站（2018）

资料来源：SEA LNG，中国交通部水运科学研究院，中国石油经济技术研究院，Oil Sage。

·船舶用气的主要影响因素（2019）

船舶用气的主要影响因素包括船舶性能、船舶载重量、航行运距、航线水域条件、码头安全、船舶运费、能源替代竞争和政策支持补贴等。

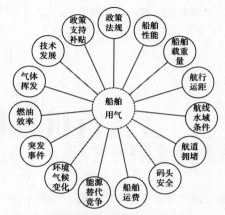

船舶用气的主要影响因素（2019）

资料来源：Oil Sage。

·全球船舶LNG用气量（2015—2040）

全球船舶LNG用气量不断上升。

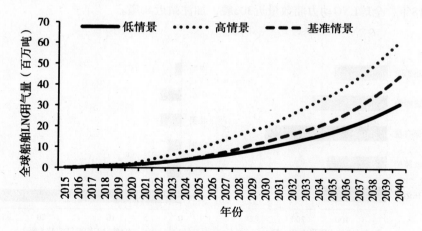

全球船舶LNG用气量（2015—2040）

资料来源：国际能源署，Oil Sage。

化工用气

化工用气的主要影响因素（2019）

化工用气的影响因素包括下游产品需求、企业资金成本、配套基础设施、气源供应能力、可中断性排序、用气负荷、产品生产环节、工艺技术、能耗标准、检修计划和气价等。

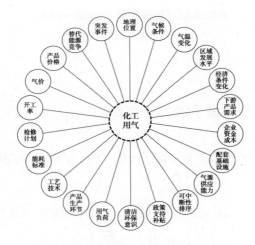

化工用气的主要影响因素（2019）

资料来源：Oil Sage。

美国尿素产量与需求（2008—2016）

在化工领域，天然气作为化工产品等原料。天然气是生产氨的主要原料，合成氨用于尿素生产。

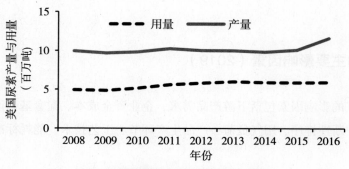

美国尿素产量与用量（2008—2016)

资料来源：Oil Sage。

中国甲醇来源产能和产量（2011—2021）

中国天然气制甲醇产能和产量支撑了天然气化工需求，面临煤炭等竞争。

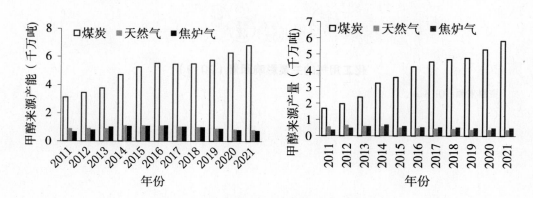

中国甲醇来源产能和产量（2011—2021）

资料来源：中国石化联合会，隆众，Oil Sage。

中国化工用气量（2014—2030）

中国天然气化工经过半个世纪的发展，已形成一定规模。

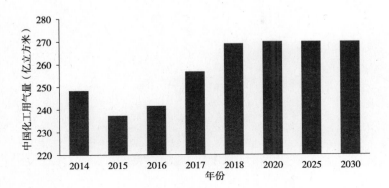

中国化工用气量（2014—2030）

资料来源：中国石油规划总院，Oil Sage。

第 **5** 章

基本面的平衡：库存

大宗商品价格波动率与库存

能源安全包括有足够的资源、可获取、社会可接受和能够以合理价格买到。对于普通投资者来说，天然气的储存、运输和加工使用都有难度，都有赖于储气等基础设施，会产生资金、库存、保险等费用。

储气对气价的影响要比库存对油价更为显著。库存是短期、最显性的供需平衡指标。世界天然气消费量和产量往往是不平衡的，需要库存来平衡市场供需。库存是对供需双方都有影响的因素。库存是需求，库存低位，会支撑气价。补库存，需求增加。库存也是供应，去库存，供应增加。

国际大宗商品价格波动率（2018）

当一个商品储存难，储存成本越高，价格波动往往也越大。电力和天然气波动率大。

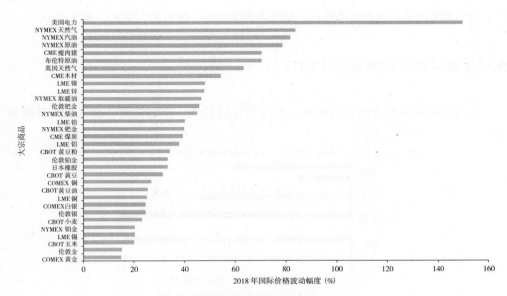

大宗商品国际价格波动幅度（2018）

资料来源：芝商所，洲际交易所，美国能源信息署，Oil Sage。

中国大宗商品价格波动率（2018）

中国能源化工产品价格的波动率反映了市场供需和投资者行为。

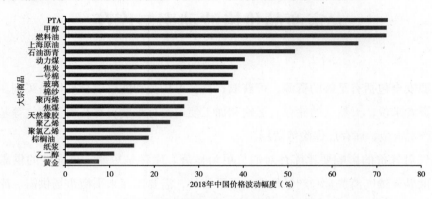

大宗商品中国价格波动幅度（2018）

资料来源：上海期货交易所，上海国际能源交易中心，大连商品交易所，郑州商品交易所，Oil Sage。

全球储气库

储气库，一般指地下储气库，旨在解决调峰问题、应急安全供气、优化管道运行、用于战略储备和提高经济效益。储气库像个气球，注气充气变大，采气变小。

全球区域天然气调峰方式（2017）

各国采取的调峰方式各有不同，取决于自然条件、市场供需、油气生产基础设施等。

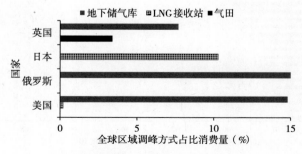

全球区域天然气调峰方式（2017）

资料来源：Oil Sage。

中国主要天然气调峰方式及来源（2005—2017）

中国采用的调峰方式及来源包括上游气田（放大压差来提产调峰）、地下储气库、进口LNG接收站、进口管道气、主干管网（管容调峰）、管道末段（输气管道末段是指输气管道中最后一个压缩机站到管道终点即城市门站或配气站之间的管段）、城市管网、管束、储气罐、LPG、进口现货LNG和可中断用户调峰等。

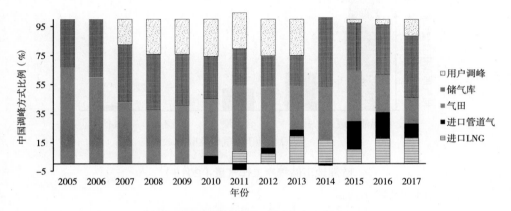

中国主要天然气调峰方式（2005—2017）

资料来源：中国石油报，中国石油规划总院，Oil Sage。

全球区域储气库数量与工作气量（2017）

各国储气库工作气量与其天然气资源、管网完善程度、用户消费结构、进口依存度密切相关。

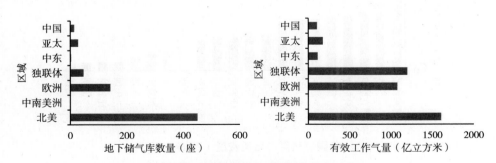

全球区域地下储气库工作气量（2017）

资料来源：法国国际天然气信息中心，Oil Sage。

欧洲储气库工作气量（2018）

根据自身能源结构、资源禀赋、对外依存度等国情，欧美各国高度重视储气设施建设。

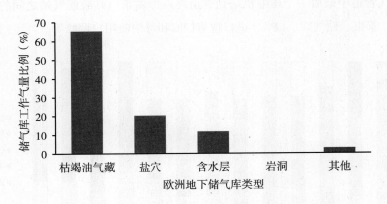

欧洲地下储气库工作气量（2018）

资料来源：国际能源署，Oil Sage。

各国储气量占比消费量（2017）

根据IGU经验，一旦天然气对外依存度达到或超过30%，储气量需超过消费量的12%。2017年，全球占比为11.41%。主要国家及地区储气量占比消费量在15%以上。

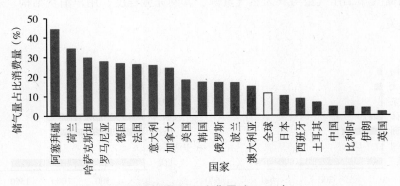

各国储气量占比消费量（2017）

资料来源：法国国际天然气信息中心，Oil Sage。

各国储气量相当消费天数（2017）

主要国家储气量平均相当于42天消费量。

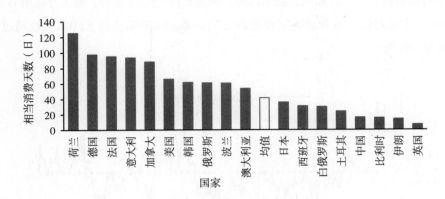

各国储气量相当消费天数（2017）

资料来源：法国国际天然气信息中心，Oil Sage。

欧洲国家天然气战略储备要求（2016）

由于甲烷泄漏和LNG蒸发以及储气技术、成本等问题，天然气尚不能像石油一样去大规模建设战略储备，更侧重于应急调峰。许多国家都有防止天然气供应突然中断的政策和措施，只有欧洲建立和实施了天然气战略储备。

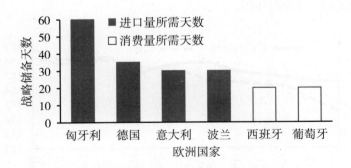

欧洲国家天然气战略储备要求（2016）

资料来源：法国国际天然气信息中心，中国石油规划总院，Oil Sage。

全球LNG浮仓容量（2018—2019）

由于LNG蒸发气（BOG）和存储挑战，LNG仓储的经济性目前不如石油产品。天然气贸易以长约为主，定船期，流动性差，限制了浮仓投资机会。海上浮式装置FSRU和FLNG，主要是用于液化或再气化处理。当一条LNG船船速低于50海里且超过两天时，可视为浮仓。

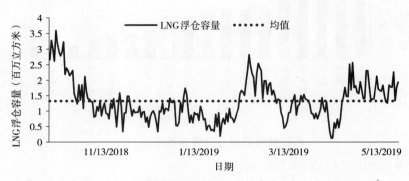

LNG浮仓容量（2018—2019）

资料来源：高盛研究，Oil Sage。

LNG船速与浮仓（2019）

LNG船速设计有合理范围，LNG运输船，一般长度几百米，平均航线时速为17~20节（18节 = 33千米/小时）。各种原因会导致船速的下降，从而延长从装卸到交付时间，间接起到了LNG浮仓的作用。

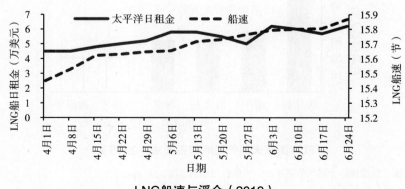

LNG船速与浮仓（2019）

资料来源：高盛研究，Oil Sage。

美国储气库

美国储气库数量和库容（1999—2017）

储气库主要类型包括枯竭油气藏、地下含水层、盐穴层和废弃矿井。

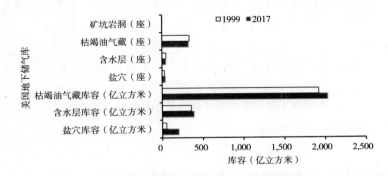

美国储气库数量和库容（1999—2017）

资料来源：美国能源信息署，Oil Sage。

美国储气库工作气量（2008—2017）

枯竭油气藏储气库在美国工作气量中占比80%以上，盐穴储气库占比略有上升。

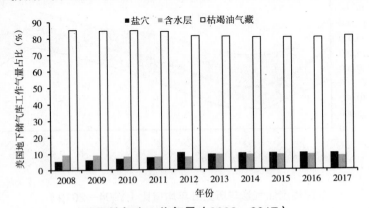

美国储气库工作气量（2008—2017）

资料来源：美国能源信息署，Oil Sage。

135

美国储气库周度工作气量（1993—2019）

美国地下储气库周度工作气量的历史均值为2.4万亿立方英尺。

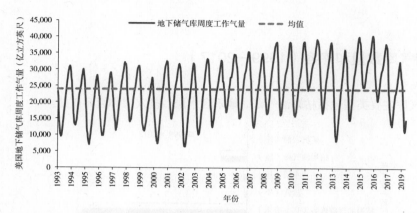

美国地下储气库周度工作气量（1993—2019）

资料来源：美国能源信息署，Oil Sage。

美国周度储气量与历史均值比（1994—2019）

当前的周度储气量高于历史均值或低于历史均值都有可能反映市场供需，从而影响气价。

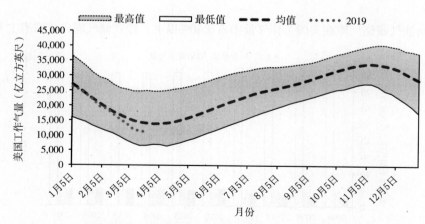

美国周度储气量与历史五年均值比（1994—2019）

资料来源：美国能源信息署，Oil Sage。

美国月度储气量与历史均值比（1975—2019）

美国储气量月度均值在700亿立方米左右。

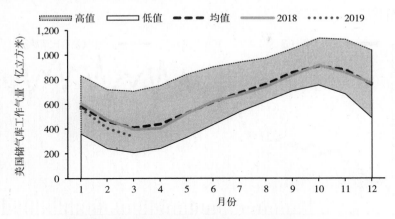

美国月度储气量与历史五年均值比（1975—2019）

资料来源：美国能源信息署，Oil Sage。

美国储气库工作气量与垫底气（1975—2019）

地下储气库的垫底气，一般维持在库容的50%或更高水平，形成足够的气藏压力，撑起来储气库。下限压力确保安全，不会塌陷，而上限压力防止出砂出水。

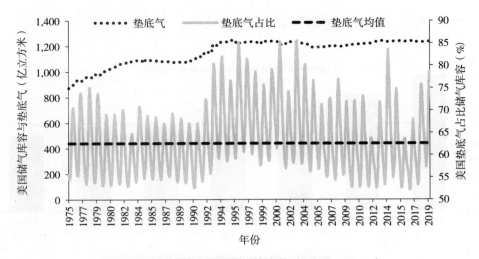

美国地下储气库工作气量与垫底气（1975—2019）

资料来源：美国能源信息署，Oil Sage。

美国采出工作气量占比消费量（1949—2019）

市场需求相对应的采出工作气量，一般在年消费量的10%以上。近年来，美国平均在13%左右。

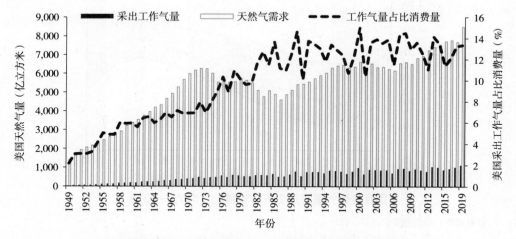

美国储气库工作气量占比天然气消费量（1949—2019）

资料来源：美国能源信息署，Oil Sage。

美国区域储气库库容利用率（2019）

2019年6月，美国储气库库容平均利用率为52.4%。

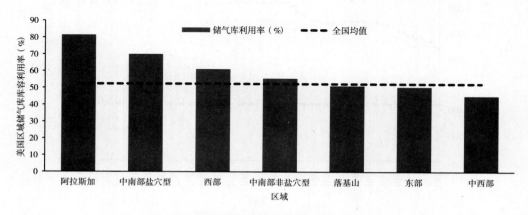

美国区域储气库利用率（2019）

资料来源：美国能源信息署，Oil Sage。

气价与储气量

天然气储气量的变化影响短期气价。天然气严重依赖于基础设施，储气调峰受距离和时间的限制，也受极端天气变化的高强度影响。

期货价格与储气量变化（1994—2019）

当库存工作气量低到一定程度时，通常会推高气价。

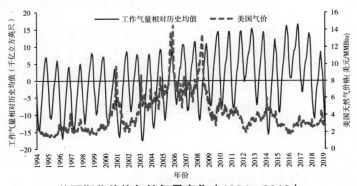

美国期货价格与储气量变化（1994—2019）

资料来源：美国能源信息署，Oil Sage。

天然气价差与储气量（1994—2019）

美国期货（一月与五年）价差与（当月相对于五年均值）库存水平的相关性高。

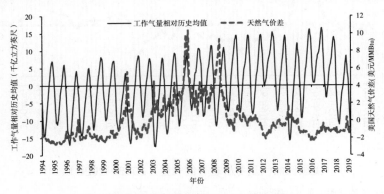

美国期货价差与储气量（1994—2019）

资料来源：美国能源信息署，Oil Sage。

气价与储气量变化（2015—2020）

气价的季节性波动受到库存水平的变化影响大。

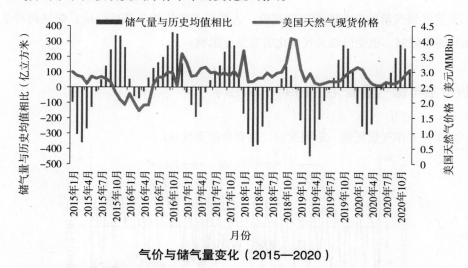

气价与储气量变化（2015—2020）

资料来源：美国能源信息署，Oil Sage。

美国夏冬价差与储气量（2015—2020）

夏冬价差影响储气成本，从而影响价格的季节性波动。

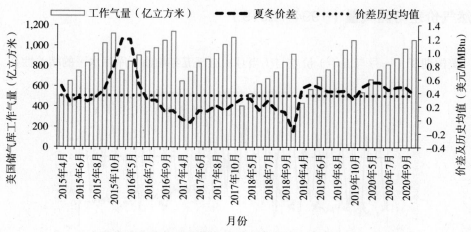

美国天然气夏冬价差与储气量（2015—2020）

资料来源：美国能源信息署，Oil Sage。

第6章

基本面的平衡：供应链基础设施

运输方式经济性比较（2019）

综合气态和液态运输方式、气化成本和安全性等因素，在一定运距内，LNG船运更有经济性。

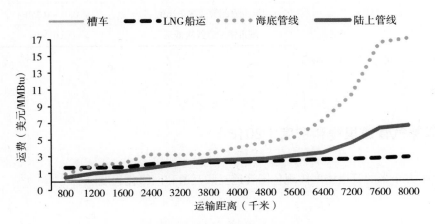

运输方式经济性比较（2019）

资料来源：公开资料，Oil Sage。

陆上管道气运输

原油特性与炼厂工艺匹配相对固定，原油管道是生产经营的一部分，原油管道主要是油田与炼厂的点对点连接。而天然气管网是连接上游资源与下游市场，一直到终端用户。大口径、高压、大功率和长距离运输方式推动了天然气市场的发展。近年来，受到扁平化分布式能源的挑战。

天然气输配管线类型（2019）

天然气输配系统分为跨省长输管线、省内输气管线和城市燃气输配管网。不同压力级制的管道一般通过调压装置相连。

天然气输配管线类型

管线类型	压力等级	管线类型	压力等级
中俄东线	12MPa	城市输配管线高压A	2.5～4.0MPa
跨省长输管线	6～10MPa	城市输配管线高压B	1.6～2.5MPa
省内管线	6～10MPa	城市输配管线次高压A	0.8～1.6MPa
		城市输配管线次高压B	0.4～0.8MPa
		城市输配管线次中压A	0.2～0.4MPa
		城市输配管线次中压B	0.01～0.2MPa
		城市输配管线次低压	0.01MPa

资料来源：北京燃气，Oil Sage。

全球天然气管道里程和密度（2018）

每平方千米的管道密度体现各国管道互联互通和网络化程度。

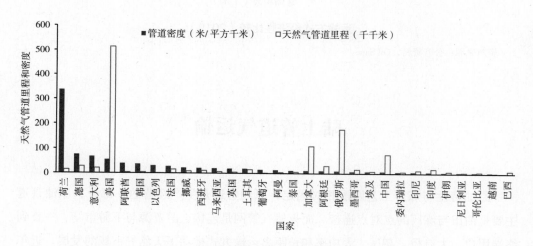

全球天然气管道里程和密度（2018）

资料来源：公开资料，美国世界概况，Oil Sage。

全球天然气长输管道里程与消费量在全球占比（2018）

管道里程和互联互通程度影响市场供需。天然气管道约占全球管道总里程的65%。

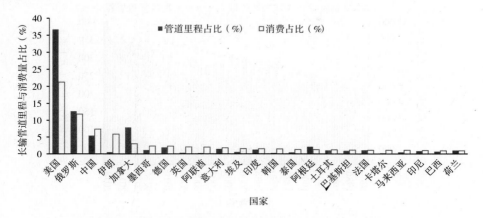

全球天然气长输管道里程与消费量在全球占比（2018）

资料来源：公开资料，美国世界概况，Oil Sage。

美国集输管道里程与天然气消费量和产量（1984—2018）

2018年，美国集输（transmission & gathering）管道为51.38万千米，美国天然气消费量与管道里程的平均比值为1.22，天然气产量与管道里程的平均比值为1.1。

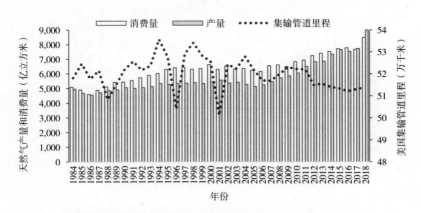

美国集输管道里程与天然气消费量和产量（1984—2018）

资料来源：美国能源信息署，美国交通部，Oil Sage。

美国配售管道里程与天然气消费量和产量（1984—2018）

2018年，美国配售和服务（distribution & service）管道里程为361万千米。

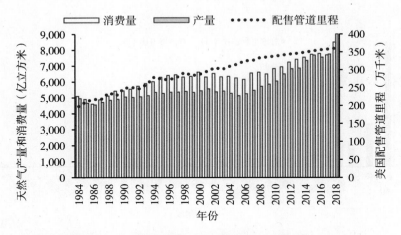

美国配售管道里程与天然气消费量和产量（1984—2018）

资料来源：美国能源信息署，美国交通部，Oil Sage。

美国管道里程增幅与期现基差（1994—2018）

管道容量及其利用率与价差相关性很高。管道里程增幅影响价差变化。

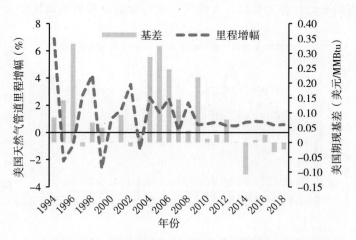

美国管道里程增幅与期现基差（1994—2018）

资料来源：美国能源信息署，美国交通部，Oil Sage。

美国天然气管道建设单位成本（2000—2035）

美国天然气管道建设单位成本呈上升趋势。美国管道运费中，固定成本通常占95%左右，燃料动力费用等变动成本为5%。通过容量气价回收部分或者全部固定成本，输不输气都要支付容量费（相当于管线占用费）。通过气量价格回收变动成本，流量费根据输气量计算收取，只有运输时才发生成本。美国天然气管道定价时，早期容量费用和气量费比重大概50:50，后来一度改为75:25，现在95:5。

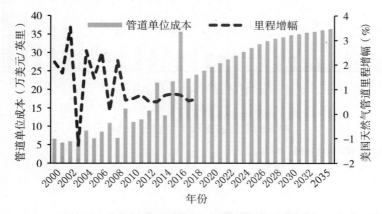

美国天然气管道建设单位成本（2000—2035）

资料来源：美国州际天然气协会，Oil Sage。

中国运输里程增幅（2000—2017）

在中国各种运输线路中，油气管道里程的增幅相对较快。

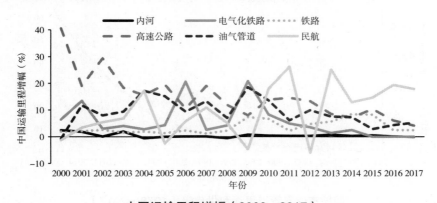

中国运输里程增幅（2000—2017）

资料来源：中国国家统计局，Oil Sage。

中国油气管道里程（1980—2018）

过去30年，中国原油、成品油和天然气管道里程均有发展。

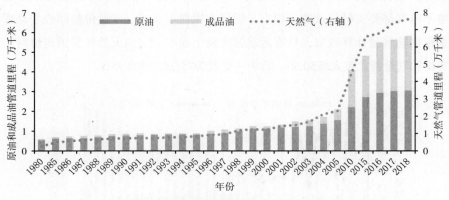

中国油气管道里程（1980—2018）

资料来源：中国国家统计局，Oil Sage。

中国城市燃气管道里程和供应量（1978—2017）

2017年，中国城市燃气管道里程为64.12万千米，包括天然气、液化石油气和人工煤气在内的燃气供应量为2,289.65亿立方米。城市燃气中，天然气供应量为1,263.76亿立方米，占中国天然气消费量的52.56%。

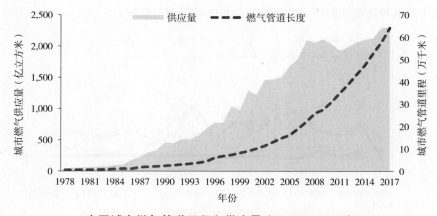

中国城市燃气管道里程和供应量（1978—2017）

资料来源：中国住房和城乡建设部，Oil Sage。

LNG运输船舶

LNG长距离海运帮助LNG从区域性燃料转换成可全球交易的大宗商品。

·全球海运船舶（2017）

2017年，各种LNG船舶大约700艘。近期，大型LNG船舶的数量或将超过大型油轮VLCC数量。

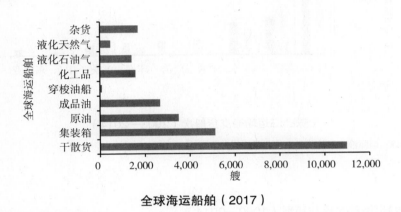

全球海运船舶（2017）

资料来源：美林银行研究，Oil Sage。

·LNG运输船舶数量和运力（1996—2040）

LNG买卖合约灵活性的增强、现货短期合同的增加、市场参与者特别是贸易商的活跃，推动了LNG船舶的需求。目前，LNG海运占世界LNG运量80%。

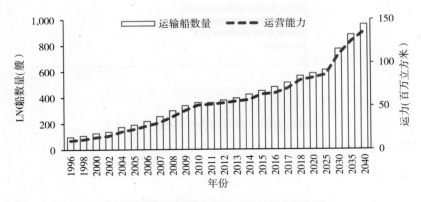

LNG运输船舶数量和运力（1996—2040）

资料来源：国际液化天然气进口商联盟组织，Oil Sage。

·全球LNG运输船交货船次（2003—2014）

中印日韩四国交货船次不断增长，支撑了LNG运输船的需求和运费。

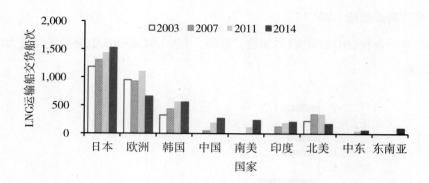

全球LNG运输船交货船次（2003—2014）

资料来源：国际液化天然气进口商联盟组织，Oil Sage。

·LNG运输船舱容与船型（1959—2014）

LNG船舶装载量是船舶和交易的基本单位。LNG船舱容与船型也已大规模化。

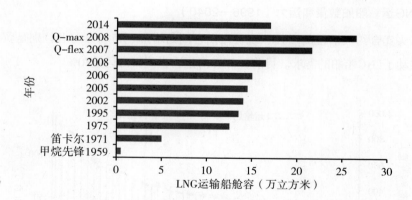

LNG运输船舱容与船型（1959—2014）

资料来源：公开报道，Oil Sage。

· **LNG运输船舶船型比例（1996—2018）**

灵活性、规模效益、接收码头和港口条件决定了船型。目前主力船型为载货量17万立方米LNG船。

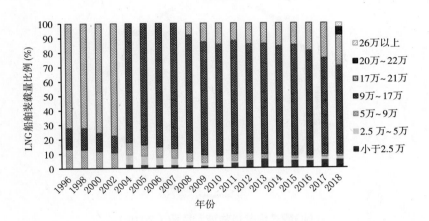

LNG运输船舶船型比例（1996—2018）

资料来源：国际液化天然气进口商联盟组织，Oil Sage。

· **全球LNG运输船船龄（2004—2018）**

目前，船龄主要集中在15年以内。船型小，往往船龄大。

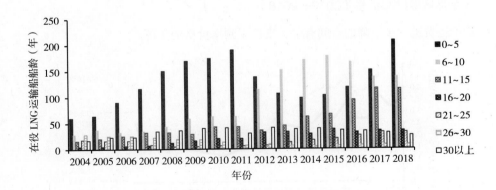

在役LNG运输船船龄（2004—2018）

资料来源：国际液化天然气进口商联盟组织，Oil Sage。

· LNG罐式集装箱物流图（2019）

中国罐箱发展需要可操作的标准规范，2017年和2018年，分别为1150台和2200台。

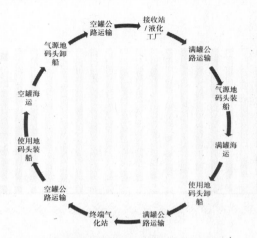

LNG罐式集装箱物流示意图（2019）

资料来源：中化物流，Oil Sage。

LNG船运租金

运费是大宗商品价差的指标之一。长约运费体现新造成本以及新船供应。短期运费反映未签约运力的供需以及季节和市场因素。

· 全球区域LNG运费（2012—2018）

LNG运费进一步下降的空间有限，支撑了到岸价格的底部。

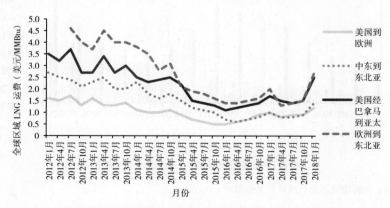

全球区域LNG运费（2012—2018）

资料来源：彭博资讯，Oil Sage。

· **中国到港LNG不同船型运费（2019）**

中国到港LNG平均运费，不同船型之间可相差2美元/MMBtu。

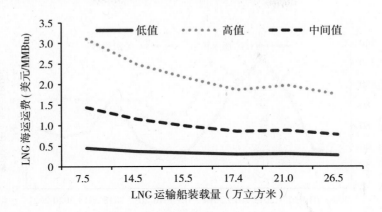

中国到港LNG不同船型运费（2019）

资料来源：Oil Sage。

· **中国到港LNG运费国别（2015—2019）**

中国到港LNG平均运费从萨哈林0.33美元到亚马尔东向的2美元/MMBtu以上。

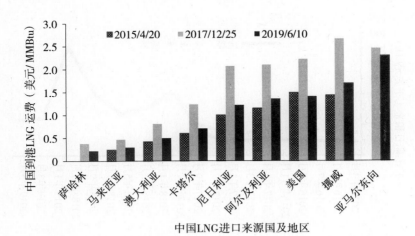

中国到港LNG运费（2015—2019）

资料来源：Oil Sage。

· 全球LNG运输船现货年度租金（2009—2021）

受油价和市场供需等影响，LNG船现货年租金波动较大。

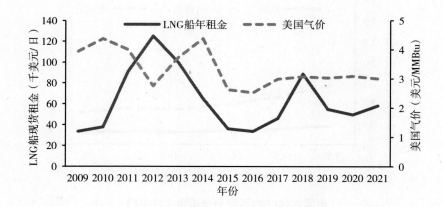

气价与全球LNG运输船现货年度平均租金（2009—2021）

资料来源：路透，Oil Sage。

· 全球和亚太LNG运输船现货季度租金（2016—2019）

受油价、市场供需以及季节性因素等影响，LNG船年租金波动较大。

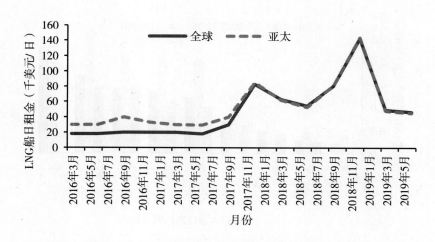

全球与亚太LNG运输船现货季度平均租金（2016—2019）

资料来源：彭博资讯，Oil Sage。

·LNG运输船现货月度租金（2009—2019）

受油价、市场供需和现货等影响，LNG船年租金波动较大，与气价走势常常不同。

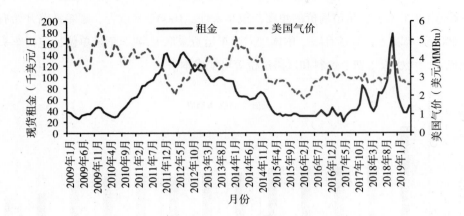

气价与LNG运输船现货月度租金（2009—2019）

资料来源：彭博资讯，Oil Sage。

·LNG新船造价（2000—2018）

2000年至2018年，主流LNG船新造成本均价约2亿美元。LNG船建造周期一般在2~3年。

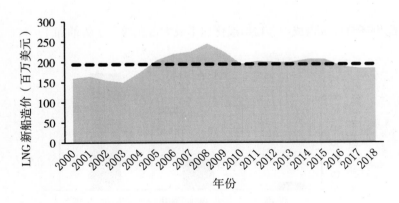

LNG新船造价（2000—2018）

资料来源：彭博资讯，Oil Sage。

中国LNG槽车运费估价（2019）

冬夏季槽车运费季节性价差显著。槽车运距有缩短趋势，半径不超过800千米。槽车运距在100千米内，从市场价的角度，按车来计。1000千米以上，罐箱铁路开始有优势。2000千米以上，市场有限。中国LNG槽车运费采取元/吨·千米单位，包括车头等固定成本，司机人工费、燃料和过路过桥等可变成本。

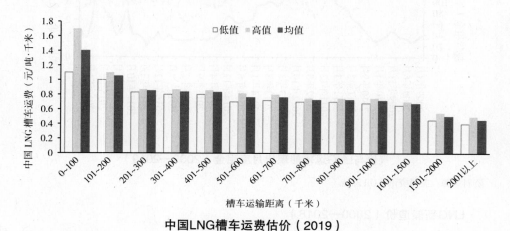

中国LNG槽车运费估价（2019）

资料来源：隆众，Oil Sage。

美国LNG配售环节成本构成（2019）

美国配售环节成本构成中，LNG液化加工成本占比要高于炼油加工。

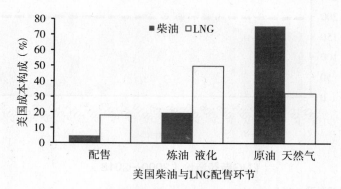

美国LNG配售环节成本构成（2019）

资料来源：国际液化天然气进口商联盟组织，Oil Sage。

全球液化能力和出口设施

出口设施包括陆上液化站和海上FLNG。

全球LNG液化单条生产线规模（1964—2025）

总体生产能力300万吨的LNG液化出口设施，运营20年，大约需要3万亿立方英尺储量的气田。单条生产线加工能力可从200万吨达到800万吨，但并不是越大越经济。

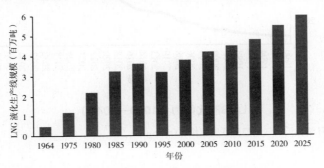

全球LNG液化单条生产线规模（1964—2025）

资料来源：国际液化天然气进口商联盟组织，惠生海工，Oil Sage。

全球区域液化设施占比全球（2018）

亚太液化设施数量、生产线数量和液化能力在全球占比最高，但是对LNG价格的影响有限。

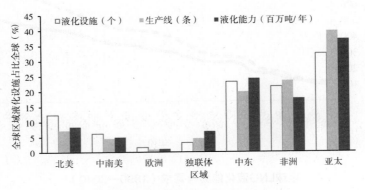

全球区域液化设施占比全球（2018）

资料来源：国际液化天然气进口商联盟组织，Oil Sage。

全球液化能力（1990—2040）

全球LNG液化能力在不同情景下均有增长。

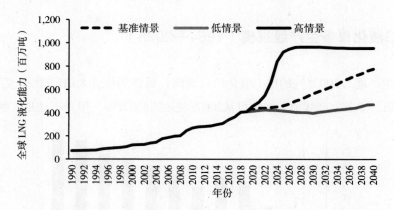

LNG液化能力（1990—2040）

资料来源：国际液化天然气进口商联盟组织，Oil Sage。

全球LNG液化能力与需求（2000—2040）

全球LNG液化能力高于需求。

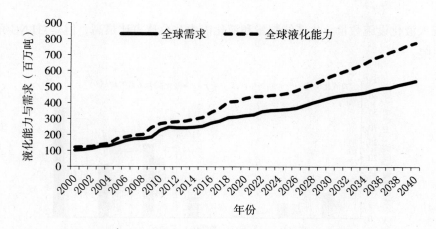

全球LNG液化能力与需求（1990—2040）

资料来源：国际液化天然气进口商联盟组织，Oil Sage。

全球LNG液化设施利用率（2000—2040）

近年来，全球LNG液化设施利用率在85%以上。

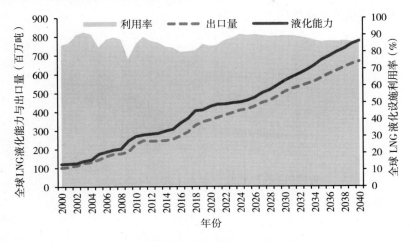

全球LNG液化设施利用率（2000—2040）

资料来源：国际液化天然气进口商联盟组织，Oil Sage。

全球区域液化厂利用率（2018）

全球区域液化厂利用率均值为81.1%，部分国家超过100%设计能力。

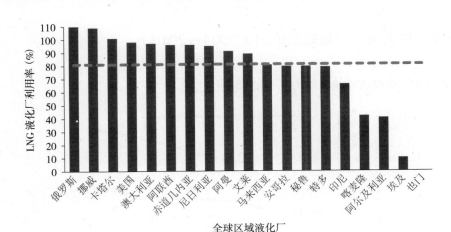

全球区域液化厂利用率（2018）

资料来源：IGU，Oil Sage

全球FLNG浮式液化能力（2017—2030）

FSRU从需求端和海上浮式液化生产装置（FLNG）从供应端一道重塑着LNG产业。FLNG补充传统陆基液化厂。

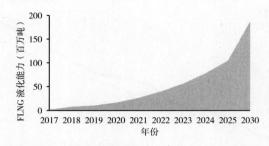

全球FLNG浮式液化能力（2017—2030）

资料来源：Oil Sage。

进口再气化设施

再气化过程是一个加热过程，通常利用环境温度作为热源。很多接收站使用海水加温，或者使用空气作为热源。在气候寒冷地区，冬季则会使用燃气加热。进口再气化设施包括陆上岸基接收站、海上浮式FSRU和重力基础结构接收终端（GBS）。

全球液化能力与接收站输出能力（2004—2018）

全球再气化接收站输出能力高于LNG液化能力。

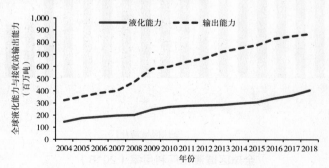

全球液化能力与接收站输出能力（2004—2018）

资料来源：国际液化天然气进口商联盟组织，Oil Sage。

全球区域再气化接收站占比全球（2018）

亚太接收站数量、储罐数量和接收能力占比全球最高，但是对LNG价格影响有限。

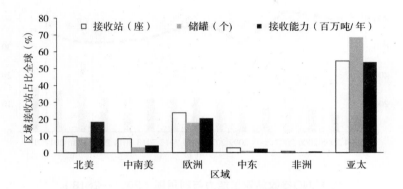

全球区域再气化接收站占比全球（2018）

资料来源：国际液化天然气进口商联盟组织，Oil Sage。

全球LNG再气化接收能力（2004—2050）

全球LNG再气化接收能力持续上升，未来中国占比接近全球20%。

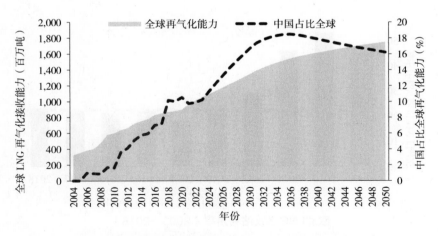

全球LNG再气化接收能力（2004—2050）

资料来源：国际液化天然气进口商联盟组织，挪威船级社，Oil Sage。

全球LNG接收站输出能力与利用率（2004—2018）

接收站利用率高到一定水平时，运营成本降幅大。

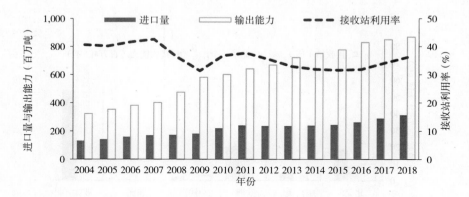

全球LNG接收站输出能力与利用率（2004—2018）

资料来源：国际液化天然气进口商联盟组织，Oil Sage。

欧洲LNG接收站利用率（2009—2018）

欧洲LNG接收站利用率相对较低，中间值为22.5%。

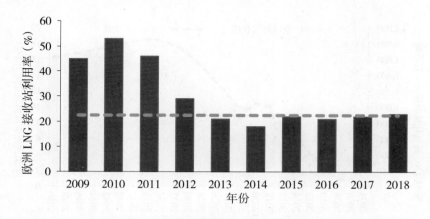

欧洲LNG接收站利用率（2009—2018）

资料来源：国际液化天然气进口商联盟组织，Oil Sage。

中国LNG接收站再气化能力（2006—2019）

2006年，广东大鹏LNG接收站建成投产之后，中国LNG接收站建设不断推进。

中国LNG接收站再气化能力（2006—2019）

接收站	接收能力（万吨/年）	储罐个数	罐容（万立方米）	投产时间	码头规模（万立方米）	可靠泊最大船型
广东大鹏	680	4	64	2006	1座（8~21.7万）	Q-Flex
福建莆田	630	6	96	2008	1座（8~21.5万）	Q-Flex
上海五号沟	150	5	32	2008	1座（5万吨级）	小型船舶
上海洋山港	300	3	48	2009	1座（8~27万）	Q-Flex
江苏如东	650	4	68	2011	1座（8~26.6万）	Q-Max
辽宁大连	600	3	48	2011	1座（8~26万）	Q-Max
浙江宁波	700	3	48	2012	1座（8~26.6万）	Q-Max
东莞九丰	150	2	16	2013	1座（5万吨级）	小型船舶
珠海金湾	350	3	48	2013	1座（8~27万）	Q-Max
唐山曹妃甸	650	4	64	2013	1座（8~27万）	Q-Max
海油天津浮式	300	3	22	2013	2个泊位	FSRU
海南洋浦	300	2	32	2014	1座（8~26.7万）	Q-Max
海南中油深南	60	2	4	2014	1座（2万）	小型船舶
山东青岛	600	4	64	2014	1座（26.6万）	17.4万
广西北海	300	4	64	2016	1座（8~26.6万）	Q-Max
广东粤东	200	3	48	2017	1座（8~26.7万）	Q-Max
江苏启东	115	3	26	2017	1座（15万）	17.4万
石化天津	625	4	64	2018	1座（26.6万）	Q-Max
浙江舟山	300	2	32	2018	1座（8~26.6万）	Q-Max
深圳迭福	400	4	64	2018	1座（26.6万）	Q-Max
广西防城港	60	2	6	2019	1座（5万吨级）	小型船舶
深圳华安	80	1	8	2019	1座（9万）	小型船舶

资料来源：公开资料，隆众，Oil Sage。

中国LNG接收能力与炼油能力增幅（2007—2018）

中国LNG接收能力和炼油能力的增长受到政策、价格和宏观等因素影响，LNG接收能力增幅更高。

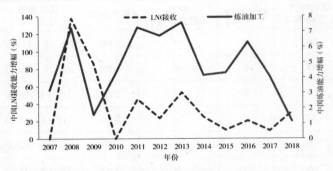

中国LNG接收能力与炼油能力增幅（2007—2018）

资料来源：公开资料，隆众，Oil Sage。

广东大鹏LNG接收站里程碑（1998—2019）

1998年，广东获批试点LNG项目，超越了同期江苏如东项目。1999年底，广东大鹏一期工程立项，一期总投资300多亿元人民币，包括LNG接收站（投资80亿元）和管线项目、4个新建电厂、1个油改气电厂、4个城市燃气管网、LNG造船及运输，供气范围覆盖广州、深圳、东莞、佛山、惠州及香港。管道主干线及支线总长441千米。澳大利亚西北大陆架（NWS）是上游资源项目股东，ALNG公司负责销售运输。LNG运输船从西澳洲丹皮尔港出发，航行2,770海里，经16天，抵达深圳大鹏。年输气量可达900万吨。每年接收大约60船，每月五六船。2007年，LNG槽车站运行。2008年，第一艘国产LNG船"大鹏昊"交付，造价1.6亿美元，装载量14.721万立方米LNG，气化后为九千万立方米天然气。

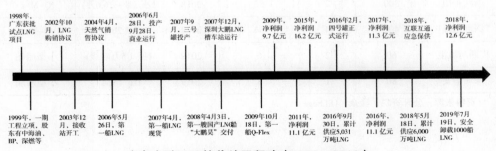

广东大鹏LNG接收站里程碑（1998—2019）

资料来源：公开资料，Oil Sage。

中日韩LNG接收站储罐周转率（2006—2017）

周转率要比接收站利用率更能说明接收站运营效率，一般是进口总量（以体积计）除以LNG储罐总容量，15是正常水平。冬季现货采购多，储罐周转会高一些。

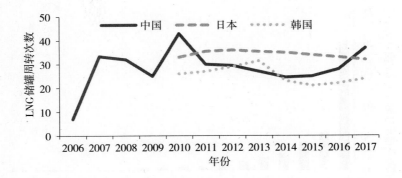

中日韩LNG接收站储罐周转率（2006—2017）

资料来源：Oil Sage。

LNG接收站第三方开放（TPA）程度（2015）

接收站投资方在巨额投资和承担风险后，如果没有足够的补偿，很自然不愿意向第三方开放（Third Party Access，简称TPA）。

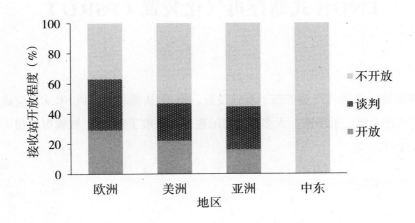

LNG接收站第三方开放（TPA）程度（2015）

资料来源：牛津能源研究院、能源宪章、Oil Sage。

LNG接收站槽车外输运量占比接受能力（2018）

中国LNG接收站槽车外输运量在接收能力的占比体现了LNG槽车在中国应用的灵活性和多元化。

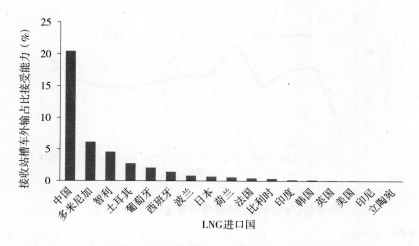

LNG接收站槽车液体外输运量占比接受能力（2018）

资料来源：国际液化天然气进口国联盟组织，Oil Sage。

LNG浮式储存再气化装置（FSRU）

在需求端，天然气严重依赖于基础设施。FSRU从需求端和FLNG从供应端，一道重塑着LNG产业链。近年来，大多数新LNG进口国采取了FSRU，规模可以很大，处理成本有竞争性。

全球FSRU再气化能力占比全球（2005—2025）

FSRU再气化能力可以占到全球再气化能力的25%。

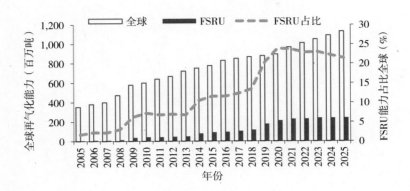

全球FSRU再气化能力占比全球（2005—2025）

资料来源：国际液化天然气进口商联盟组织，Oil Sage。

FSRU项目再气化费用（2018）

相对于陆基LNG接收站，很多FSRU项目再气化费用有竞争力。

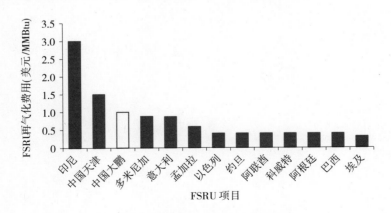

FSRU项目再气化费用（2018）

资料来源：国际液化天然气进口商联盟组织，Oil Sage。

第 **7** 章

贸易的平衡

全球天然气贸易（管道气和LNG）

全球资源分布的不均衡以及产地与消费地的分离推动了国际天然气贸易。随着LNG生产、储存、运输技术的成熟，以及跨国天然气长输管线大规模建成和互联互通，天然气贸易将越来越活跃。天然气从区域性能源逐渐成为像石油一样的全球性能源。贸易流向影响天然气价格。

全球大宗商品海运贸易量（2016—2050）

天然气在全球海运贸易量的占比不断上升。

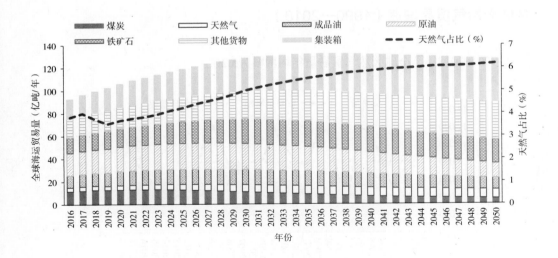

全球大宗商品海运贸易量（2016—2050）

资料来源：挪威船级社，Oil Sage。

全球天然气贸易量占比消费量（1990—2018）

2018年，全球天然气贸易量占消费量的32.1%。LNG贸易量持续上升。

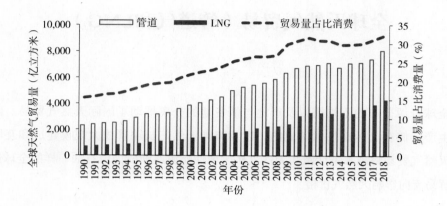

全球天然气贸易量占比消费量（1990—2018）

资料来源：BP，Oil Sage。

全球天然气贸易增速（1990—2018）

1990—2018年，全球天然气贸易量年均增幅为5.2%。

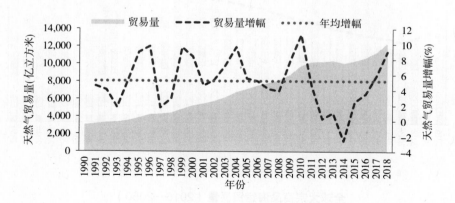

全球天然气贸易量与增幅（1990—2018）

资料来源：BP，Oil Sage。

全球天然气贸易量（2000—2040）

2000—2040年，天然气贸易继续增长。

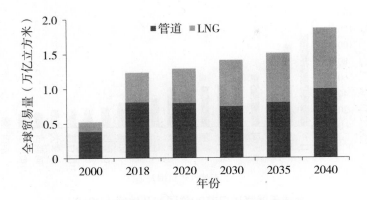

全球天然气贸易量（2000—2040）

资料来源：天然气出口国论坛组织，BP，Oil Sage。

全球天然气出口前20国（2018）

2018年，全球天然气出口主要国家包括俄罗斯、卡塔尔、挪威和美国。

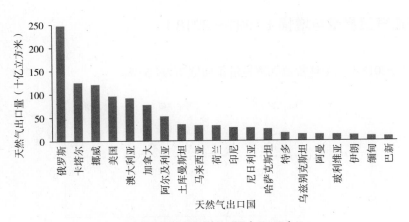

全球天然气出口前20国（2018）

资料来源：BP，Oil Sage。

全球天然气进口前20位国家及地区（2018）

2018年，全球天然气进口主要国家及地区包括中国、日本、德国和美国。

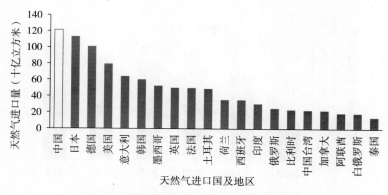

全球天然气进口前20位国家及地区（2018）

资料来源：BP，Oil Sage。

全球管道气贸易

全球管道气贸易量与增幅（1991—2018）

1991—2018年，全球管道气贸易量年均增幅为4.63%。

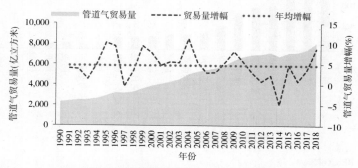

全球管道气贸易量与增幅（1991—2018）

资料来源：BP，Oil Sage。

全球管道气出口前15国（2018）

2018年，全球管道气出口主要国家包括俄罗斯、挪威、加拿大和美国。

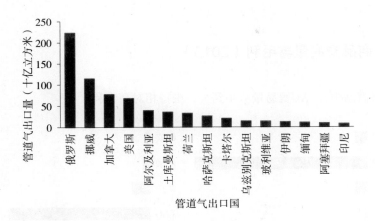

全球管道气出口前15国（2018）

资料来源：BP，Oil Sage。

全球管道气进口前20国（2018）

2018年，全球管道气进口主要国家包括德国、美国、意大利和中国。

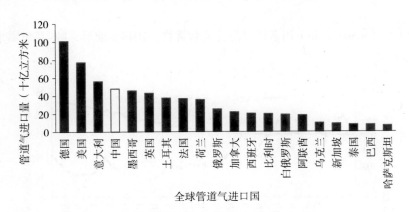

全球管道气进口前20国（2018）

资料来源：BP，Oil Sage。

全球LNG贸易

全球大宗商品交易量与毛利（2013）

在大宗商品中，LNG贸易量从小到大，维持相对高毛利。

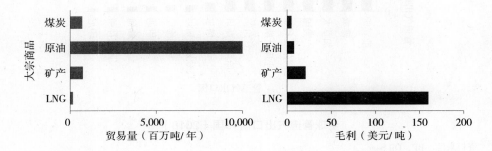

全球大宗商品公开市场交易量与毛利（2013）

资料来源：奥维咨询，Oil Sage。

LNG船运吨-英里需求（2013—2017）

吨-英里（tonne-mile）用来计量海运装载货物。2014年前后，吨-英里需求与LNG价格走势不同。

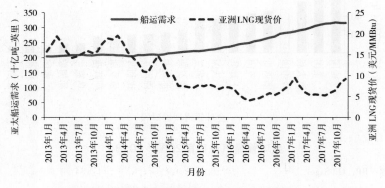

LNG船运吨-英里需求（2013—2017）

资料来源：麦肯锡能源研究，Oil Sage。

全球LNG贸易量与增幅（1990—2018）

全球LNG贸易量不断增长，从1990年至2018年，年均增幅为6.72%。

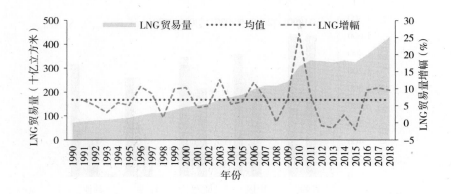

全球LNG贸易量与增幅（1990—2018）

资料来源：国际液化天然气进口商联盟组织，BP，Oil Sage。

全球区域LNG出口（1990—2040）

2040年，主要由中东、北美和非洲推动LNG出口。

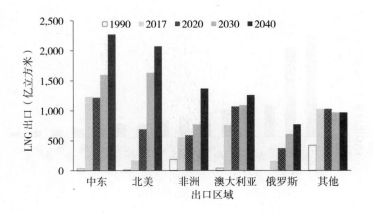

全球区域LNG出口（1990—2040）

资料来源：BP，Oil Sage。

全球区域LNG进口（1990—2040）

至2040年，全球LNG进口量不断增长。中国占比全球LNG贸易量相对稳定。

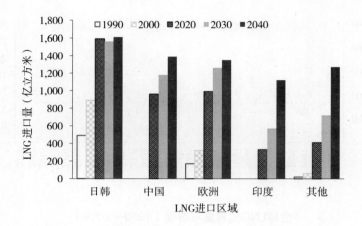

全球区域LNG进口（1990—2040）

资料来源：BP，Oil Sage。

全球LNG出口前15国（2018）

2018年，全球LNG出口主要国家包括卡塔尔、澳大利亚、马来西亚和美国。

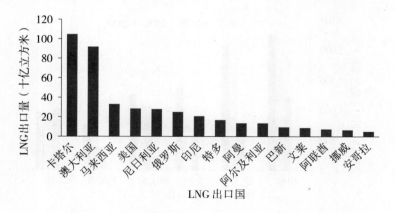

全球LNG出口前15国（2018）

资料来源：BP，Oil Sage。

全球LNG进口前20位国家及地区（2018）

2018年，全球LNG进口主要国家及地区包括日本、中国、韩国和印度。

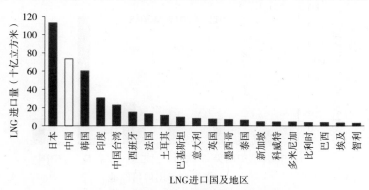

全球LNG进口前20位国家及地区（2018）

资料来源：BP，Oil Sage。

全球国别天然气贸易

过去20年，各国天然气、管道气和LNG贸易发生了很大的变化。

北美天然气贸易

·北美管道气出口流向（2003—2018）

美国、加拿大、墨西哥通过北美管网互联互通，管道气贸易活跃。

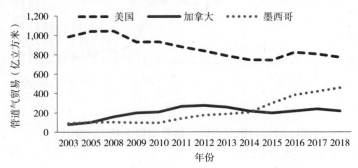

北美管道气出口流向（2003—2018）

资料来源：BP，Oil Sage。

·美国LNG出口流向（2011—2018）

美国出口亚太的LNG大幅增加。

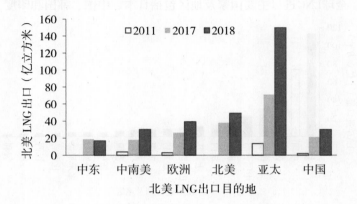

美国天然气出口流向（2011—2018）

资料来源：BP，Oil Sage。

·美国LNG出口及占比天然气出口（1973—2018）

自2014年以来，美国LNG出口在天然气出口中的占比逐渐回升。

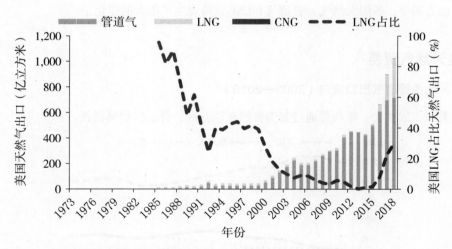

美国LNG出口量及占比天然气出口（1973—2018）

资料来源：美国能源信息署，Oil Sage。

· **美国LNG液化能力和出口量（2015—2040）**

美国LNG液化能力和出口量持续增长。

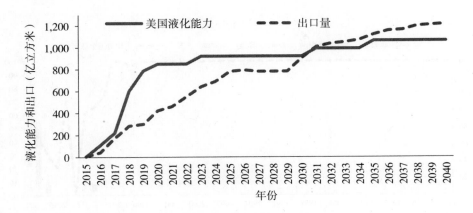

美国LNG液化能力和出口量（2015—2040）

资料来源：美国能源部，Oil Sage。

· **美国LNG液化能力（2019）**

2019年，美国已运营、在建和批准的LNG液化能力超过4.5亿吨。

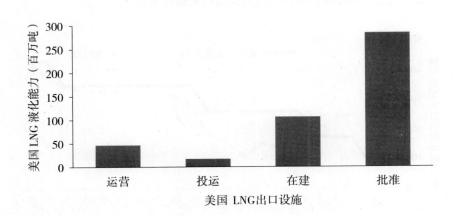

美国LNG液化能力（2019）

资料来源：美国能源部，Oil Sage。

· 美国LNG出口亚洲（1973—2018）

长期以来，日本等亚洲国家是美国LNG出口主要目的国。

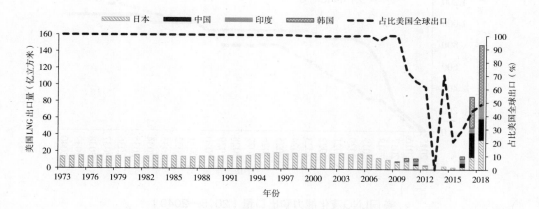

美国LNG出口亚洲主要国家（1973—2018）

资料来源：美国能源信息署，Oil Sage。

· 加拿大LNG液化能力和出口量（2020—2040）

在2023年之后，加拿大LNG液化能力和出口量持续增长。

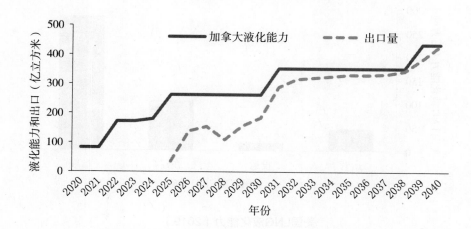

加拿大LNG液化能力和出口量（2020—2040）

资料来源：国际能源署，美国能源信息署，BP，Oil Sage。

拉美天然气贸易

·拉美管道气出口流向（2003—2018）

拉美管道气贸易集中在阿根廷和巴西等区域内。

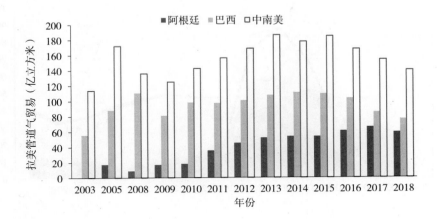

拉美管道气出口流向（2003—2018）

资料来源：BP，Oil Sage。

·拉美LNG出口流向（2003—2018）

拉美LNG主要出口美洲地区和欧洲，亚太出口量逐步恢复。

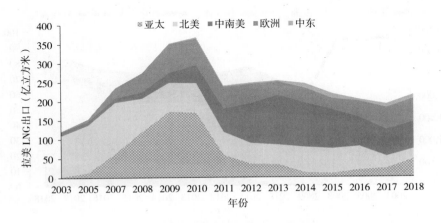

拉美LNG出口流向（2003—2018）

资料来源：BP，Oil Sage。

·特立尼达和多巴哥LNG出口流向（2003—2018）

特立尼达和多巴哥（简称特多）LNG主要出口美洲地区。

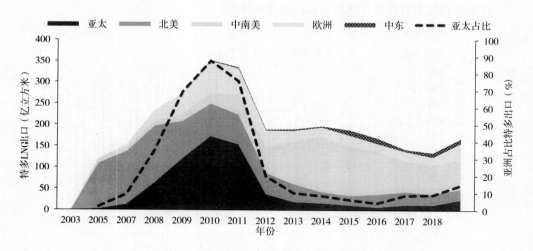

特立尼达和多巴哥LNG出口流向（2003—2018）

资料来源：BP，Oil Sage。

独联体天然气贸易

·独联体管道气出口流向（2003—2018）

独联体管道气主要出口欧洲和独联体，向中国出口大幅增长。

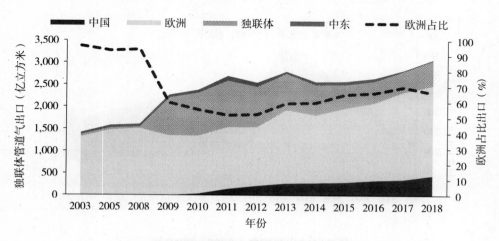

独联体管道气出口流向（2003—2018）

资料来源：BP，Oil Sage。

·土库曼斯坦管道气出口流向（2008—2018）

土库曼斯坦是中国管道天然气进口来源第一大国。

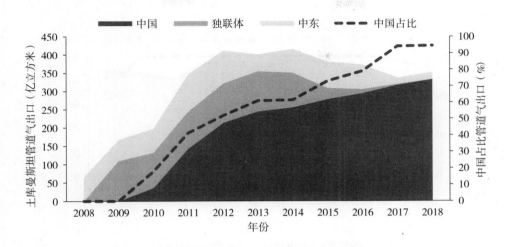

土库曼斯坦管道气出口流向（2008—2018）

资料来源：BP，Oil Sage。

·俄罗斯管道气出口流向（2003—2018）

俄罗斯管道气主要出口到欧洲，占到80%以上，从而在欧洲与美国气源竞争，影响了美国气价和支撑了亚太气价底部。

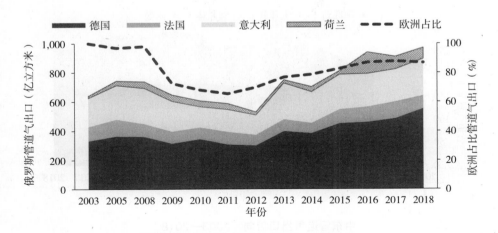

俄罗斯管道气出口流向（2003—2018）

资料来源：BP，Oil Sage。

·俄罗斯LNG出口流向（2009—2018）

俄罗斯LNG主要出口到日本、韩国等亚太地区，中国出口量逐渐上升。

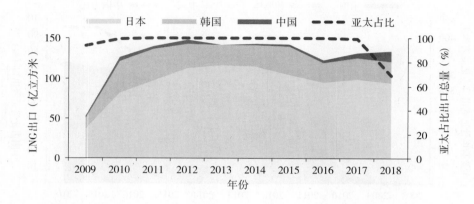

俄罗斯LNG出口流向（2009—2018）

资料来源：BP，Oil Sage。

中东天然气贸易

·中东管道气出口流向（2003—2018）

中东管道气主要出口阿联酋和土耳其。

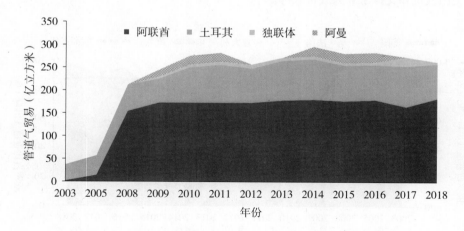

中东管道气出口流向（2003—2018）

资料来源：BP，Oil Sage。

·**中东LNG出口流向（2003—2018）**

中东LNG主要出口亚太和欧洲。

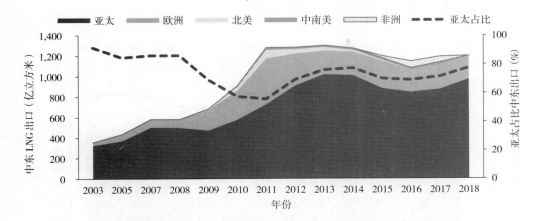

中东LNG出口流向（2003—2018）

资料来源：BP，Oil Sage。

·**卡塔尔LNG出口流向（2003—2018）**

卡塔尔LNG主要出口韩国、印度、日本和中国。中国占比逐渐上升。

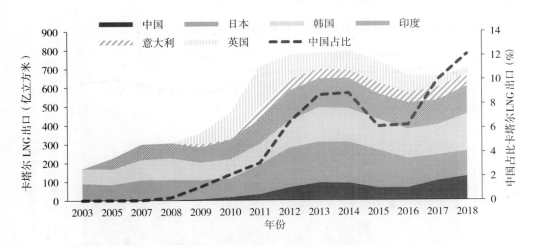

卡塔尔LNG出口流向（2003—2018）

资料来源：BP，Oil Sage。

非洲天然气贸易

·非洲管道气出口流向（2003—2018）

非洲管道气主要出口意大利、西班牙和南非。

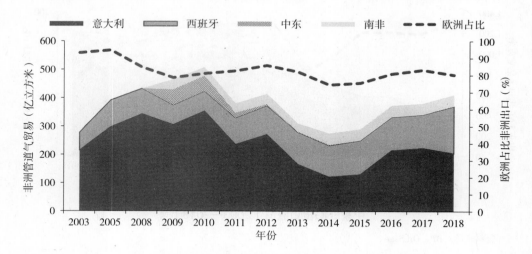

非洲管道气出口流向（2003—2018）

资料来源：BP，Oil Sage。

·阿尔及利亚管道气出口流向（2003—2018）

阿尔及利亚管道气主要出口西班牙和意大利。

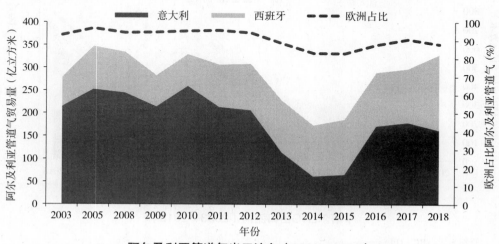

阿尔及利亚管道气出口流向（2003—2018）

资料来源：BP，Oil Sage。

·非洲LNG出口流向（2003—2018）

非洲LNG主要出口欧洲和亚太，亚太占比不断上升。

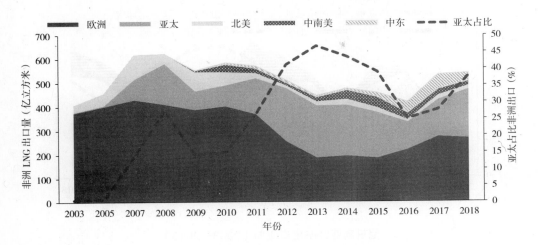

非洲LNG出口流向（2003—2018）

资料来源：BP，Oil Sage。

·阿尔及利亚LNG出口流向（2003—2018）

阿尔及利亚LNG主要出口土耳其、法国、西班牙等国。

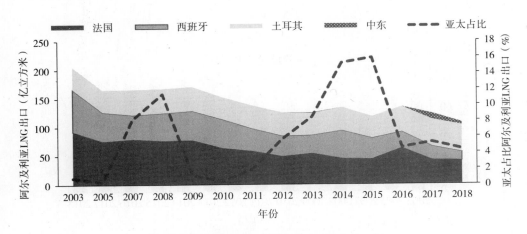

阿尔及利亚LNG出口流向（2003—2018）

资料来源：BP，Oil Sage。

·尼日利亚LNG出口流向（2003—2018）

尼日利亚LNG主要出口西班牙等欧洲国家和印度等亚洲国家。

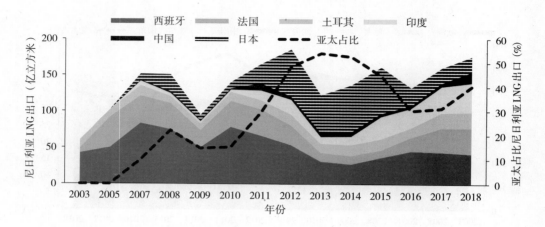

尼日利亚LNG出口流向（2003—2018）

资料来源：BP，Oil Sage。

亚太天然气贸易

·亚太天然气贸易量占比全球（2003—2018）

亚太地区LNG贸易占比全球在70%左右，管道气贸易占比呈上升态势，但是低于10%。

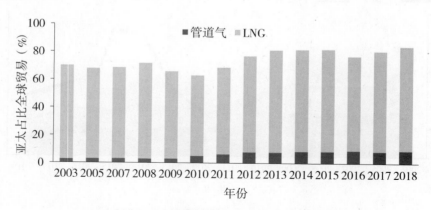

亚太天然气贸易量占比全球（2003—2018）

资料来源：BP，Oil Sage。

·亚太管道气出口流向（2003—2018）

亚太管道气主要出口到泰国和中国。

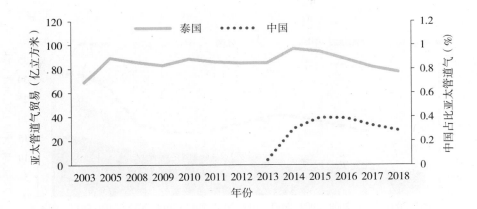

亚太管道气出口流向（2003—2018）

资料来源：BP，Oil Sage。

·亚太LNG出口流向（2003—2018）

亚太LNG主要出口日本、中国和韩国等亚太国家。中国占比不断上升。

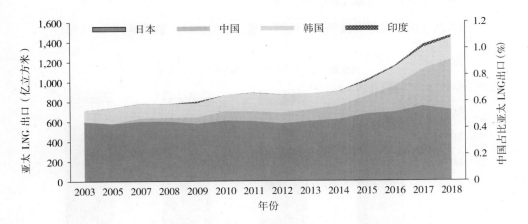

亚太LNG出口流向（2003—2018）

资料来源：BP，Oil Sage。

·澳大利亚LNG出口流向（2003—2018）

澳大利亚LNG主要出口日本、中国、韩国和印度等亚太国家。中国占比不断上升。

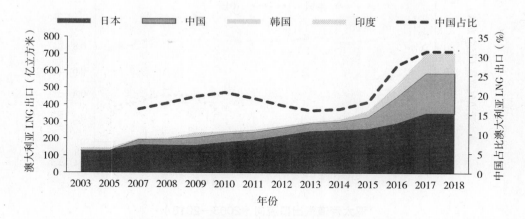

澳大利亚LNG出口流向（2003—2018）

资料来源：BP，Oil Sage。

欧洲天然气贸易

·欧洲天然气供应来源（2010—2040）

欧洲天然气供应来源有俄罗斯、欧洲产量、LNG进口、非洲等。

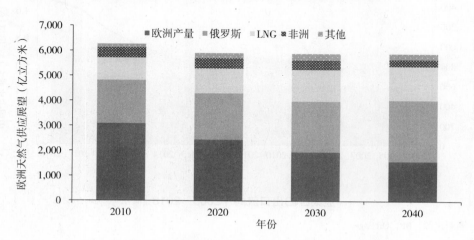

欧洲天然气供应来源（2010—2040）

资料来源：BP，Oil Sage。

· **欧洲管道气出口流向（2003—2018）**

欧洲管网系统互联互通，贸易活跃，占比全球管道气贸易量30%左右。

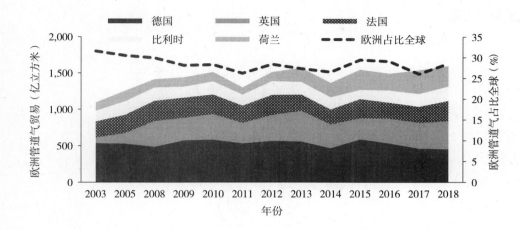

欧洲管道气出口流向（2003—2018）

资料来源：BP，Oil Sage。

· **欧洲LNG出口流向（2007—2018）**

欧洲LNG主要出口欧洲本区域和亚太。

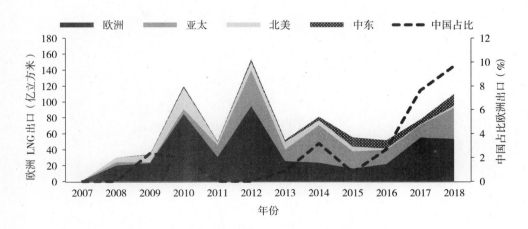

欧洲LNG出口流向（2007—2018）

资料来源：BP，Oil Sage。

·欧洲在LNG市场中的地位（2019）

欧洲既是全球LNG需求的主要负荷中心，也是主要再转港区域，可以容纳市场上过剩的LNG，起到了平衡全球市场的作用。同时，作为边际供应成本，支撑了天然气价格的下限。

欧洲在全球LNG市场中的地位（2019）

资料来源：国际能源署，美国能源信息署，Oil Sage。

第**8**章

贸易的平衡: LNG贸易趋势

LNG合约公式

国际LNG贸易合约呈现新特点和新趋势。

日本清关原油价格（JCC）示意图（2018）

东北亚LNG长约多参考日本清关原油价格（Japan Customs-cleared Crude或者 Japanese Crude Cocktail，简称JCC），数据每月发布。

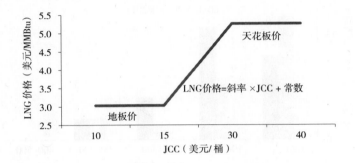

日本清关原油价格（JCC）示意图（2018）

资料来源：牛津能源研究院，日本石油协会，Oil Sage。

新LNG合约油价挂钩公式的斜率（2011—2018）

LNG合约与原油价格挂钩时，油气比会影响斜率的确定。

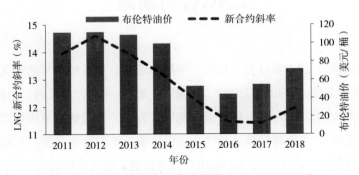

新LNG合约油价挂钩公式的斜率（2011—2018）

资料来源：公开资料，Oil Sage。

LNG新合约合同量（2011—2018）

LNG新合约合同量规模在变小。

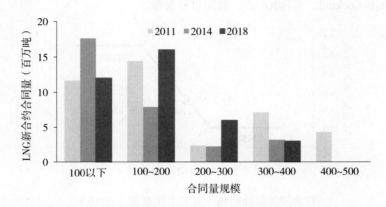

LNG新合约合同量（2011—2018）

资料来源：国际液化天然气进口商联盟组织，Oil Sage。

LNG合约期限

　　根据合约期限，LNG贸易分为长约、短期和现货。市场对现货的定义不同，一般来说，从签约到交付，在90天以内的，为现货。短期一般为2年以内，中约为2~5年，长约则可在20年以上。国际LNG贸易以长期贸易为主，但现货贸易快速增长。之前，现货主要来自LNG生产设施在满足长期合同供应前提下的剩余产能，在时间、数量、价格方面有不确定性。但是，北美LNG出口大大促进了现货市场的发展。

LNG合约期限（2008—2018）

新项目合约期限还是以长约为主，体现了灵活性和资源供应安全相结合。

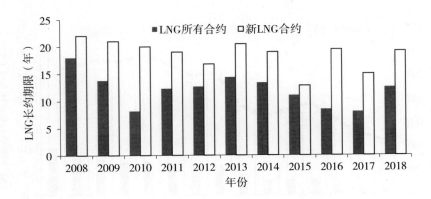

LNG合约期限（2008—2018）

资料来源：Poten & Partners，Oil Sage。

全球LNG短期与现货进口量（2004—2018）

按亿立方米统计，全球LNG短期与现货进口量占比全球LNG进口量不断上升。

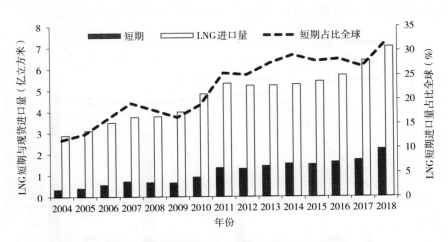

全球LNG短期与现货进口量（2004—2018）

资料来源：国际液化天然气进口商联盟组织，Oil Sage。

全球LNG短期与现货进口量（2004—2018）

按照百万吨统计，全球LNG短期与现货进口量占比全球LNG进口量不断上升。

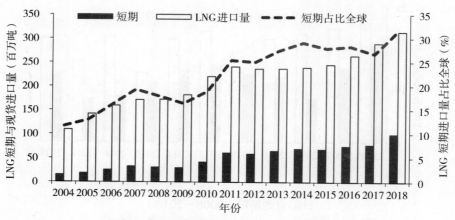

全球LNG短期与现货进口量（2004—2018）

资料来源：国际液化天然气进口商联盟组织，Oil Sage。

全球区域LNG短期与现货进口量（2004—2018）

亚太LNG短期与现货进口量逐年增加。2018年，在全球占比70%以上。

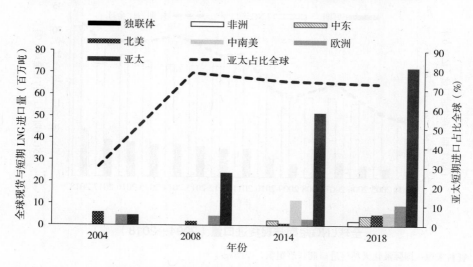

全球区域LNG短期与现货进口量（2004—2018）

资料来源：国际液化天然气进口商联盟组织，Oil Sage。

全球区域LNG现货与短期累计进口量（2004—2018）

2004—2018年，现货与短期LNG进口国43个，亚太累计进口量占比高。

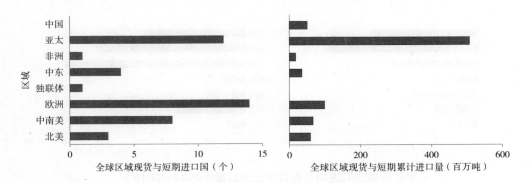

全球区域LNG短期与现货累计进口量（2004—2018）

资料来源：国际液化天然气进口商联盟组织，Oil Sage。

全球区域LNG短期与现货出口量（2004—2018）

2018年，亚太短期与现货出口量占比全球35%。

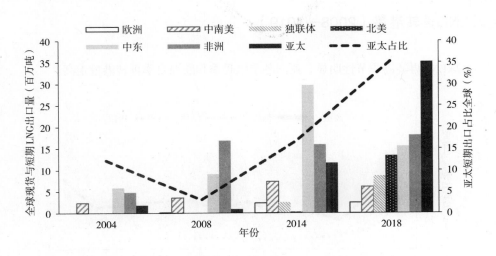

全球区域LNG短期与现货出口量（2004—2018）

资料来源：国际液化天然气进口商联盟组织，Oil Sage。

全球区域LNG短期与现货累计出口量（2004—2018）

2004—2018年，LNG现货与短期出口国累计23个，中东和非洲出口量占比高。

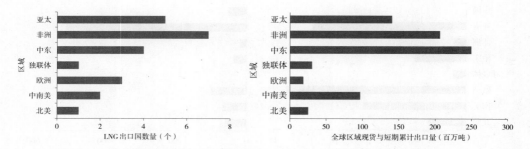

全球区域LNG短期与现货累计出口量（2004—2018）

资料来源：国际液化天然气进口商联盟组织，Oil Sage。

LNG再转港

现货贸易增加、长约条款修改、油价下跌和区域价差缩小等因素推动了LNG再转港。

全球LNG再转港量（2008—2019）

全球LNG再转港季节性明显，亚洲冬季供暖季和欧洲夏季再转港量走高。

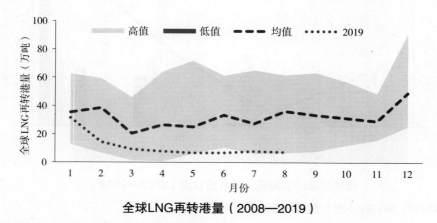

全球LNG再转港量（2008—2019）

资料来源：IGU，中国石油经济技术研究院，Oil Sage。

LNG再转港出口量（2018）

2018年，LNG再转港出口主要来自法国、新加坡和荷兰等12国。

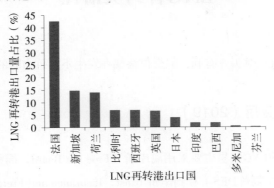

LNG再转港出口量占比（2018）

资料来源：国际液化天然气进口国联盟组织，Oil Sage。

LNG再转港进口量（2018）

2018年，全球LNG再转港进口量为382万吨，主要来自中日韩等22个国家及地区。

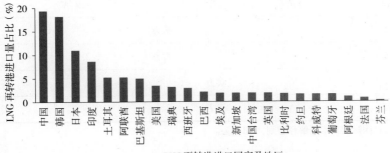

LNG再转港进口量占比（2018）

资料来源：国际液化天然气进口国联盟组织，Oil Sage。

LNG合约灵活性

目的地限制的放宽对买方有利，但交付终端在发生不可抗力时的免责是挑战。

LNG贸易风险与费用（2019）

目前，世界上的LNG贸易主要采用离岸价（Free On Board，简称FOB）、船上交货（Delivered Ex-Ship，简称DES）和到岸价 (Cost，Insurance and Freight，简称CIF）三种交易方式。

LNG贸易方式的风险与费用（2019）

贸易方式	风险费用	卖方/出口地点	出口单证手续	装船费用	交货地点	船舷/船上	运输	所有权	保险	船舷/船上	进口单证手续	进口费用	进口地点
FOB	风险		卖方						买方				
	费用		卖方						买方				
CIF	风险		买方										
	费用		卖方										
DES	风险		卖方							买方			
	费用		卖方							买方			

资料来源：国际贸易术语解释通则，Oil Sage。

LNG合约目的地条款占比长约（2015—2020）

LNG卖方指定目的地港为唯一的货物目的地，限制买方转售，以保护自身利益。

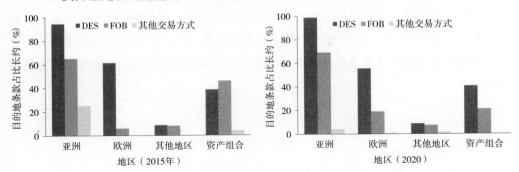

LNG合约目的地条款占比长约（2015—2020）

资料来源：牛津能源研究院，Oil Sage。

LNG卖方"资源池"

资源采购合同中的"资源池"指的是卖方有权从多个资源供应地组织资源供应买方，增加了供应的灵活性和可靠性。

LNG现货短期与资产组合贸易量（1999—2018）

LNG资产组合贸易及参与者的增加改变了LNG贸易规则推动了天然气市场全球化。

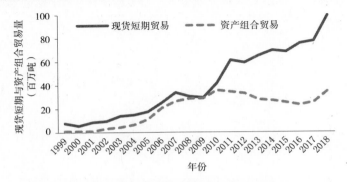

LNG现货短期与资产组合贸易量（1999—2018）

资料来源：国际液化天然气进口商联盟组织，牛津能源研究院，Oil Sage。

国际石油公司液化能力权益（2018—2025）

　　如果自有资金不雄厚，项目融资方式的资源供应方希望签署15~20年的长约，而买方更倾向于签署10年以下的合约。在供需这种情况下，资金雄厚的国际石油或贸易公司会与资源方签署15~20年长约，转手与买方签署10年以下的合约和现货合约，寄望于依赖多元化渠道、遍布全球的终端市场和船运及物流的优化，而实现第三方贸易销售。

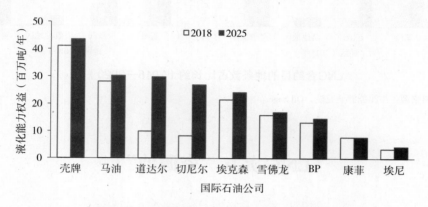

国际石油公司液化能力权益（2018—2025）

资料来源：公司报告，Oil Sage。

第**9**章

金融市场的平衡

油气市场体系

油气市场体系是一个复杂的、有序的、有规则的生态系统，产业政策和监管体系塑造市场、引导市场，市场参与主体包括行业参与者、金融机构、服务机构，这些要素共同构成了油气市场的两大版块：实货市场和衍生品市场。

国际天然气贸易方式（2019）

国际天然气贸易主要包含两个重要贸易环节，即实货贸易和衍生品贸易。天然气贸易的方式主要包括现货贸易、长期合同、中远期交易、期货、期权、掉期等方式。

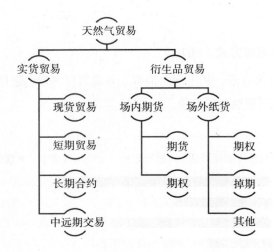

国际天然气贸易方式（2019）

资料来源：Oil Sage。

天然气定价主要方式（2018）

定价方式包括与替代能源挂钩、政府定价、终端定价、气与气竞争等。

天然气定价主要方式

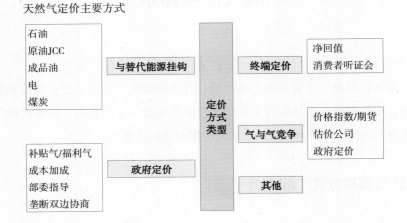

天然气定价主要方式（2018）

资料来源：IGU，Oil Sage。

·天然气产业链定价方式（2018）

天然气产业链定价方式，从生产、消费、管道进口和LNG进口，主要是与石油等替代能源挂钩和不同气源之间的竞争。

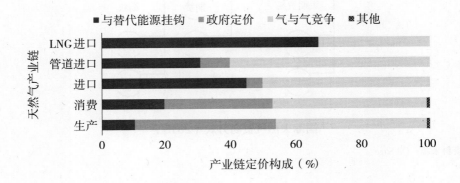

天然气产业链定价方式（2018）

资料来源：IGU，Oil Sage。

·全球不同区域的定价方式（2018）

由于基础设施的欠缺、运输方式的不发达和历史原因，形成了迥然不同的几大贸易区域。

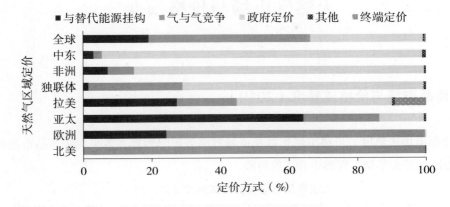

天然气区域定价方式（2018）

资料来源：IGU，Oil Sage。

·亚洲LNG合同计价方式（2019）

亚洲LNG合同计价方式主要与固定价、原油期货、天然气期货、指数等挂钩。油气等大宗商品单笔货物交易量大，往往不是一手交钱，一手交货立等可取的，有滞后期（时间价值），固定价较少。

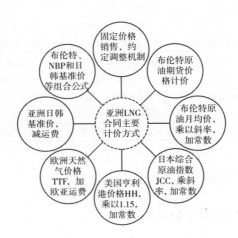

亚洲LNG合同计价方式（2019）

资料来源：中海石油气电，上海国际能源交易中心，Oil Sage。

天然气市场与价格演变

大宗商品市场与价格成熟度（2019）

按照市场成熟度、价格市场化以及市场效率等影响因素，各类大宗商品市场价格演变阶段可分为早期、发展中和成熟阶段。

大宗商品市场与价格成熟度（2019）

早期阶段		发展中阶段			成熟阶段
白糖	钢铁	丙烷	对二甲苯	LPG	苯乙烯
丁二烯	甲醇	煤炭	丙烯	LNG	聚氯乙烯
谷物	溶剂油	尿素	成品油	天然气	石油
轮胎	石脑油	石蜡	沥青	铁矿石	天然橡胶
炭黑	铜	石油焦	润滑油	燃料油	
纸浆	乙醇	石油树脂	乙二醇		

1. 供需	2. 市场	3. 价格
市场季节性	市场准入壁垒	价格流动性
替代能源成本	市场信息透明度	价格透明度
国内外资源垄断程度	供需双方自主选择	市场定价或管制
地缘政治和国内政策	市场参与者活跃度	价格和信用风险程度
4. 现货	**5. 期货**	**6. 交易与交割**
现货流动性	商品标准化	交易交割成本
贸易合约期限	交易时间和灵活性	进出口便捷程度
贸易合约灵活性	计价单位及计价货币	现金或实物交割
金融交易者参与程度	交易规则与合约标准化	储存运输难易程度

资料来源：隆众，Oil Sage。

天然气贸易价格参考来源（2019）

天然气贸易各方一般参考商品交易所交易价格、价格发布机构调研估价和双边谈判出的价格。

天然气贸易价格参考来源（2019）

商品交易所	"纽约商品交易所（NYMEX）洲际交易所（ICE）、迪拜商品交易所（DME）"	用于现货和长约的定价	定价方式是通过交易
价格评估报告机构	"普氏（Platts）、瑞姆（RIM）、安迅思（ICIS）、阿格斯（Argus）、上海钢联（MySteel）"	用于现货和长约的定价	作价方式主要通过市场调研
双边谈判	市场参与者	用于现货和长约的定价	"合同计价方式参考1）固定价或协商价；2）原油、成品油、煤、电等替代能源挂钩；3）天然气期货或指数等挂钩；4）其他方式"

资料来源：上海国际能源交易中心，Oil Sage。

天然气交易市场发展阶段（2019）

天然气交易市场发展分为14个阶段，不同阶段会互为条件和相互制约。

天然气交易市场发展阶段（2019）

天然气交易市场发展阶段	
阶段一	气价市场化；管道输配分离，管输费单列
阶段二	供应充足，供应来源多元化；市场参与者众多；现货市场流动性增强
阶段三	管网独立，互联互通；接收站提供多功能的服务；中国独特点供与管道和接收站的互动
阶段四	储运和接收站基础设施第三方公平准入；接收站提供开放式服务
阶段五	基础设施进一步发展；管网公司独立运营；管网和接收站整体输配能力加强；管输综合效率，输运负荷率提高；LNG接收站及储气库设施合理分工分片发展；市场和基础设施的区域垄断
阶段六	购销双边直供规模扩大；燃料的替代竞争加剧；现货市场流动性好
阶段七	多个区域现货运营与交易枢纽的建立
阶段八	市场信息透明；交易价格和交易量透明；价格评估机构的成立受监管审核
阶段九	热值标准化；交易规则和合约标准化
阶段十	场外交易发展，中远期现货市场对现货市场的补充，区域性资源的再分配
阶段十一	现货价格指数形成具有商业性、独立性、透明化、权威性和专业性
阶段十二	金融交易者增加
阶段十三	期货合约上市和期货价格的形成
阶段十四	期货现货价格结合，远期曲线体现价格信号

资料来源：国际能源署，美国能源信息署，Oil Sage。

现货与期货市场的关系（2019）

现货市场与期货市场在互动中发展。美国亨利港（Henry Hub）现货交易枢纽的发达推动了其期货价格的发展；反过来，期货价格又影响了现货价格的走势。

现货与期货市场的关系

市场	主要功能	渠道
现货市场	满足生产、消费、贸易方的需求是市场的基础	现货交易枢纽
中远期现货市场	区域性资源再分配是现货市场的必要补充	现货交易枢纽
期货市场	价格发现（指导生产、交易定价）、风险管理（套期保值、锁定利润）、资产配置（管理库存、投资组合）	期货交易所

资料来源：上海国际能源交易中心，Oil Sage。

现货运营与交易枢纽

现货运营与交易枢纽（中心）是天然气管网的重要组成部分，是欧美行业改革的产物和受益者。由于严重依赖于基础设施，天然气市场的发展需要多个实体现货区域市场运营与交易中心（虚拟或物理中心）。仅仅把线下业务放到线上交易和对接买卖双方的虚拟中心（电商）是不够的，还需要具有交易和运营功能的交割枢纽，提供增值服务。交易中心提供的服务主要包括涉及天然气运输、存储、调峰等非交易性服务，涉及天然气所有权买卖登记、清算、交割确认的交易性服务和涉及电子系统、交易价格和市场供需等信息服务。

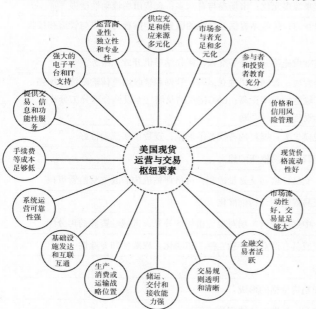

美国区域现货运营与交易枢纽的成功要素（2019）

资料来源：美国能源信息署，Oil Sage。

美国区域现货运营与交易枢纽要素（2019）

美国区域现货运营与交易枢纽能否成功取决于以下要素。

美国区域现货运营与交易枢纽数量（1990—2009）

美国交易枢纽都是商业运营，能否生存取决于其服务内容、手续费高低和交易活跃程度等。

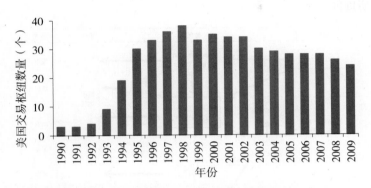

美国区域现货天然气运营与交易枢纽数量（1990—2009）

资料来源：美国能源信息署，中国国家发展改革委能源研究所，Oil Sage。

美国亨利港交易枢纽概览（2018）

1988年5月，亨利港交易枢纽成立，提供各种天然气的接收、处理、交付、储存和管网调峰等服务，与美国最重要的天然气管网广泛互联互通。1989年11月，纽约商品交易所选择亨利港作为天然气期货合约的交割点。1990年4月，纽约商品交易所天然气期货合约开始交易。1990年6月，天然气期货合约在亨利港第一次实现现货交割。

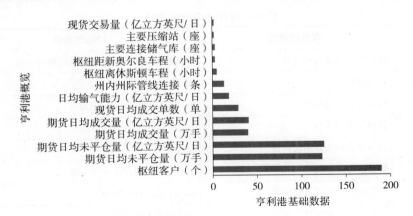

美国亨利港交易枢纽概览（2018）

资料来源：美国能源信息署，芝商所，中国国家发展改革委能源所，Oil Sage。

区域现货运营与交易枢纽模式（2019）

建设实体的天然气现货运营与交易枢纽是天然气发展的必要基础设施。交易枢纽联接了上游油气田、调峰设施、储气库、管输、终端用户以及公平准入、市场交易、现货价格、期货价格等。

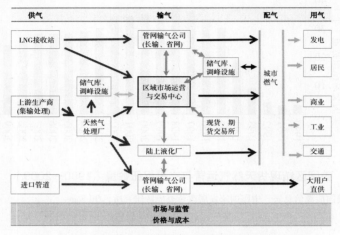

区域现货交易与运营枢纽示意图（2019）

资料来源：美国能源信息署，隆众，Oil Sage。

管道枢纽与LNG枢纽模式的不同（2019）

中国陆上LNG液化厂、车用气、点供配送等特点推动LNG型枢纽的发展。

管道枢纽与LNG枢纽模式

	管道型枢纽	LNG型枢纽
交付	管道气连续即时的接收交付	LNG船运一次性、大规模不均衡的交付
合约期限	供气合约	现货、短约、长约
排产	接收交付日度排产	签约与交付之间有时间差
质量	管道气的同质性	LNG的规格和热值的不同
合同	输气和合同条款的统一性	双边合同
管网	管道的互联互通	LNG接收站的有限互联互通
管输费	受管制的长输管道管输费	市场定价的LNG贸易
定价	气与气竞争和定价	与油价挂钩的定价
监管	积极主动的监管	不断演进的监管

资料来源：Oil Sage。

英国国家平衡点NBP交易枢纽（2015—2019）

1996年，英国将全国天然气管网划定为国家平衡点（National Balancing Point，简称NBP)，整个国家一个价格，所有气都可以入网交易，同网同价。

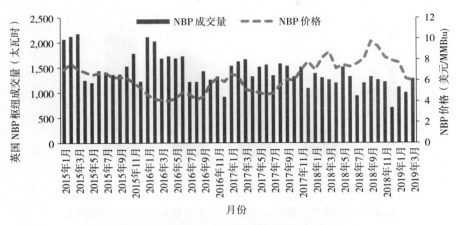

英国国家平衡点NBP交易枢纽（2015—2019）

资料来源：欧盟，洲际交易所，Oil Sage。

荷兰所有权转移设施TTF交易枢纽（2003—2019）

2003年，荷兰所有权转移设施（Netherlands Title Transfer Facility，简称TTF）虚拟平衡点成立，推动了天然气市场化。

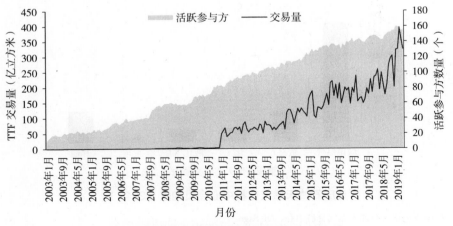

TTF交易量和参与者活跃度（2003—2019）

资料来源：荷兰GasTerra，Oil Sage。

上海石油天然气交易中心现货交易量（2015—2018）

2015年7月1日，上海石油天然气交易中心试运行，陆续推出各种服务，交易量不断上升。

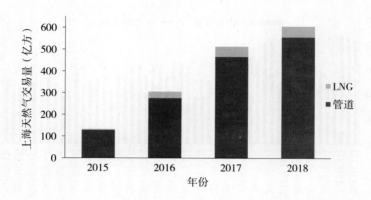

上海石油天然气交易中心天然气现货交易量（2015—2018）

资料来源：上海石油天然气交易中心，Oil Sage。

重庆石油天然气交易中心会员构成（2019）

重庆石油天然气交易中心注册于2017年7月25日，第一年交易天然气近150亿立方米。交易了中国首单境外LNG。截至2019年7月，拥有1600家会员单位。

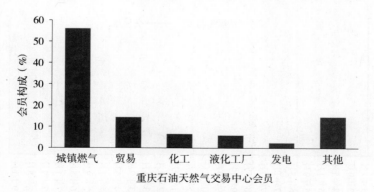

重庆石油天然气交易中心会员构成（2019）

资料来源：重庆石油天然气交易中心，Oil Sage。

基准价交易量与实际交割量比值（2018）

枢纽交易量和实际交割量的比值（Churn Rate），是衡量市场流动性的重要指标。流动性良好的交易市场的比值在10倍以上。

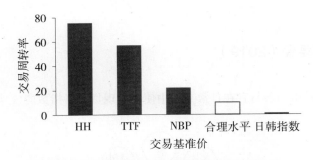

基准价交易量与实际交割量的比值（2018）

资料来源：麦肯锡能源研究，Oil Sage。

欧洲交易枢纽运营评价排名（2018）

欧洲能源交易商联合会（European Federation of Energy Traders，简称EFET）评价欧洲交易枢纽的指标包括枢纽透明性和咨询机制、出入点系统、所有权转让、现金结算规则、系统平衡、许可与报告制度、市场格局与垄断问题、枢纽费用、合约参考价的建立、标准合约、发布每日价格的评估机构、做市商、经纪商、交易中心设置、枢纽价格可靠且被作为基准价、枢纽现货流动性、枢纽远期流动性等。

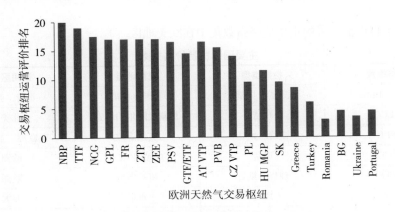

欧洲交易枢纽运营评价排名（2018）

资料来源：欧洲能源交易商联合会，Oil Sage。

现货价格指数

现货价格指数要素（2019）

一个被国内外市场参与者在日常交易中使用的现货价格指数的成功要素如下。

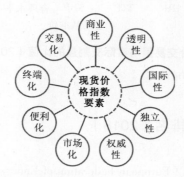

现货价格指数要素（2019）

资料来源：美国能源信息署，Oil Sage。

国际贸易价格指数（2018）

国际贸易定价参考的主要价格指数集中在欧美地区。

主要国际贸易价格指数

价格指数	指数类型	交割地点	适用区域
Henry Hub	现货、期货	美国亨利港	北美、亚太
AECO	现货	加拿大阿尔伯塔省	北美
NBP	现货、期货	英国虚拟	欧洲、亚太
NCG	期货	德国ECC	欧洲
TTF	现货、期货	荷兰虚拟	欧洲
JCC	现货	东京	亚太
SLInG	期货	新加坡	亚太

资料来源：美国能源信息署，Oil Sage。

期货市场

期货市场理论上不是纯粹的投融资市场，而是来管理风险。

天然气贸易定价体系参考点（2019）

全球主要的贸易定价参考点为美国芝商所亨利港期货和英国洲际交易所NBP期货。

全球天然气定价体系参考点（2019）

资料来源：上海国际能源交易中心，Oil Sage。

全球主要油气交易所和期货品种（2019）

    目前有12家国际交易所推出石油期货，但推出天然气期货的尚少。1978年，美国推出取暖油期货。1983年，推出WTI原油期货。1990年，推出亨利港天然气期货，成交世界上第一笔天然气期货交易。亨利港天然气期货成功的主要原因包括推行之初选取的标的物是国内最活跃现货基准价、以美元标价，套保和投机者规避了汇率风险、期货合约交易量大、场外市场的发达、世界最大的交易所体量大、充足的市场规模、供应来源多样化，进出口环节畅通、无明显价格管控、充足的基础设施、第三方公平准入、产品标准化、相对成熟的货币体系和资本市场、相对完善的信息发布机制和相对明晰的法律环境。

全球主要油气交易所和期货品种

英文	名称	成立时间	主要合约
CME NYMEX	芝商所纽约商品交易所	1882	1978年，民用燃料油期货
			1983年，WTI原油期货
			1984年，无铅汽油期货
			1990年，亨利港（Henry Hub）天然气期货
ICE	洲际交易所	1980	1981年，重柴油期货
			1988年，布伦特（Brent）原油期货
			1997年，NBP天然气期货
			2007年，中东高硫原油期货
			2011年，低硫轻柴油期货
TOCOM	东京工业品交易所	1984	1999年，汽油、煤油期货
			2001年，中东原油期货
			2003年，粗柴油期货
SGX	新加坡交易所	1973	1989年，高硫燃料油期货
			2002年，中东原油期货
			2016年，天然气期货
MCX	印度大宗商品交易所	2003	2005年，原油期货
			2006年，天然气期货
DME	迪拜商品交易所	2007	2007年，阿曼原油期货
SHFE	上海期货交易所	1990	2018年，原油期货
INE	上海国际能源交易中心	2013	2018年，燃料油期货

资料来源：上海国际能源交易中心，Oil Sage。

基准期货合约

期货不是货物，而是期货合约。期货合约是标准化合约，包括标准化的品质规格、交易单位、统一的交割时间和交割地点。场内公开集中竞价交易，决定未来交割价格。报价体现了交易者在交割时愿意支付的价格，是交易者对未来现货价格的预估，允许以对冲合约的方式来结束交易，而不必交割实物（所有权的转移）。当日无负债交易，逐日盯市，保证金交易。

·基准期货合约：美国NYMEX Henry Hub

1990年4月3日，美国纽约商品交易所推出了亨利港天然气期货。

纽约商品交易所亨利港天然气期货合约规格

名称	亨利港天然气期货
代码	NG
上市交易所	CME Globex, CME ClearPort
交易时间	（美国东部时间）周日至周五 18:00至次日17:00（17:00至次日16:00芝加哥时间/美国中部时间），17:00（16:00芝加哥时间/美国中部时间）开始休息60分钟后进行次日交易
交易单位	10,000百万英热单位
报价单位	美元及美分每百万英热单位
最小变动价位	0.001美元/MMBtu
每日价格波动限制	所有月份合约最初限幅为3美元/MMBtu，如果有任何一个合约在涨跌停板上交易、出价或要价达到5分钟，则所有月份合约停盘5分钟；交易重启后，涨跌停板扩大3美元/MMBtu；如果再次出现同样情况，停盘5分钟之后，涨跌停板再扩大3美元/MMBtu
最后交易日	交割月之前第三个工作日是最后交易日。若期货上市日与最后交易日之间假日安排发生变更，最后交易日不变；若原最后交易日被宣布为假日，则最后交易日为前一个交易日
合约月份	当年及之后的12个连续年份；当年12月交易完成将增加一个新的交易年份
交割日期	不早于交割月份的第一个日历日，并不晚于交割月份的最后一个日历日；所有的交割，其每日和每小时的天然气流量必须尽可能均衡
交割方式	实物交割
交割地点	路易斯安纳州亨利港

资料来源：芝商所，上海国际能源交易中心，Oil Sage。

·基准期货合约：英国ICE NBP

英国ICE NBP天然气期货合约规格

名称	英国ICE NBP天然气期货
代码	M
上市交易所	ICE FUTURES EUROPE
交易时间	纽约2:00 AM—12:00 PM 集中竞价开始时间1:45 AM 伦敦7:00 AM—5:00 PM 集中竞价开始时间6:45 AM 新加坡3:00 PM—1:00 AM 集中竞价开始时间2:45 PM
交易单位	1000色姆/天的天然气（1色姆= 29.3071千瓦时=0.1MMBtu）
报价单位	便士/色姆
最小变动价位	0.01便士/色姆
最后交易日	交割月（季、半年、年）第一天之前的第二个工作日
合约月份	78—83连续月份，11—13个连续季度；此类情况下，合约跨度为3个月，相应合约序列为： 1—3月，4—6月，7—9月，10—12月 13—14个连续半年；此类情况下，合约跨度为6个月，相应合约序列为：4—9月，10—3月 6个连续年度；此类情况下，合约跨度为12个月，相应合约序列为：1—12月 以上四类合约同时存在
交割日期	合约月份第一个日历日到最后一个日历日
交割方式	实物交割
交割地点	NBP天然气管网
交割结算价	合约到期日当天的结算价格作为交割结算价格

资料来源：ICE，上海国际能源交易中心，Oil Sage。

· 基准期货合约：荷兰ICE TTF

荷兰ICE TTF天然气期货合约规格

交易屏幕产品名称	荷兰ICE TTF天然气期货
交易屏幕中心名称	TTF
交易期	107个连续月份合约，或由交易所不定期公布的合约
	11个连续季月合约，或由交易所不定期公布的合约；季度由三个单独和连续合约月份组成。季度总是包括1月至3月，4月至6月，7月至9月，10月至12月
	11个连续季节合约，或由交易所不时确定和公布。 季节是由六个单独和连续合约月份组成。季节总是包括4月至9月，10月至3月
	8年连续合约，或由交易所不时确定和公布。年份包括12个单独、连续合约月份，1月至12月月份，季度，季节和年份同时列出
最后交易日	交易将在交割月份、季度、季节或日历的第一个日历月之前的两个工作日结束时停止
合约保障	ICE Clear Europe作为所有交易的中央对手方，从而保证以其会员名义登记的ICE Endex合约的财务表现，包括交割，行使和/或结算
交易时间	周一至周五 上午8点至下午6点
交易模式	整个交易时段持续交易
交易方式	该合约提供电子期货，期转现（EFP），期货转掉期（EFS）和大宗交易
交易单位	1 MW（兆瓦）
合约单位	合约期间每天1 MW（即月，季，季或年）×23,24或25小时（夏季或冬季）
最小交易规模	电子期货：5手=5 MW
	期转现（EFP）：1手=1 MW
	期货转掉期（EFS）：1手=1 MW
大额交易最小下单量	1手=1 MW
报价单位	欧元和欧元/兆瓦时（MWh）
最小变动价位	期货（€0.005/MWh）
	期转现（EFP）/期货转掉期（EFS）/大宗交易 （€0.005/MWh）
最大变动价位	无
最小变动价值	合约单位×最小交易量×最小变动价位
结算价格	按照运营时间表附录B.1中的规定，在大约17:15时结束每个交易日。 时间是CET
持仓限额制度	持仓每日向ICE Endex报送
	ICE Endex有权防止发生过度持仓或无根据的投机或任何其他不良情况，并可采取措施解决此类情况，包括有权要求会员限制此类头寸的规模或在适当情况下减少头寸
初始保证金	根据所有未平仓合约计算，ICE Clear Europe清算规则中定义的初始保证金是ICE Clear Europe持有的押金，用于支付在平仓时默认所产生的成本。它在平仓时或在到期时以利息返还
每日保证金	所有未平仓合约每日都"按市值计价"，并根据ICE清除欧洲清算规则的规定，酌情要求变动保证金
交割/结算条款	匹配收购和处置贸易提名（ICEU的买方，卖方到ICEU）在交付期开始前的每个工作日13:00（CET）前由ICE通过Edig@s系统输入GTS。交货以每小时千瓦时（kWh）为计量
	EDSP将是合同到期当天的结算价格
MIC代码	NDEX
清算平台	ICEU

资料来源：ICE，上海国际能源交易中心，Oil Sage。

· 基准期货合约：新加坡SGX LNG

2015年，新加坡交易所上市LNG期货合约。2019年，由于过低的交易量和使用率而退市。

新加坡LNG期货合约规格

名称	新加坡LNG期货
代码	LNF
上市交易所	SGX
交易时间	每个新加坡工作日
	场外交易
	T时段：8:00—20:00
	T+1时段：8:15至次日凌晨4:45
	最后交易日：8:00—20:00
	注：在T时段结束后，交易者有30分钟的宽限时段进行T时段的交易
交易单位	1000百万英热单位
报价单位	美元/百万英热单位
最小变动价位	0.001美元/百万英热单位
最后交易日	相关合约月份的FOB新加坡SLInG指数的最后公布日
合约月份	自远月月份起的12个连续月份
交割方式	现金交割
交割结算价	现金结算使用合约到期月份内 FOB 新加坡 SLInG 指数每周现货评估的算术平均，四舍五入到小数点后三位

资料来源：新加坡交易所，上海国际能源交易中心，Oil Sage。

期货合约表现

天然气期货合约持仓量以及未平仓量变动趋势与价格具有较高的相关性。期货交易头寸的变化对天然气期货价格有影响，但是不宜夸大。Henry Hub和NBP是最活跃的两个天然气期货市品种。

· **HH期货合约未平仓分布情况（2019）**

从持仓分布来看，HH的基金持仓比例高，实体企业持仓比例低，金融属性强，机构投资占比较高，散户只占到HH期货的4%。

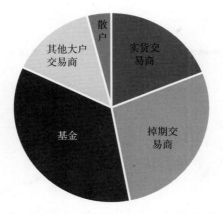

HH期货合约未平仓分布情况（2019年8月6日）

资料来源：美国商品期货委员会，Oil Sage。

· **HH期货日成交量与未平仓量（2015—2019）**

美国油气生产商利用HH期货作为对冲工具，基金和掉期交易商带动未平仓量。

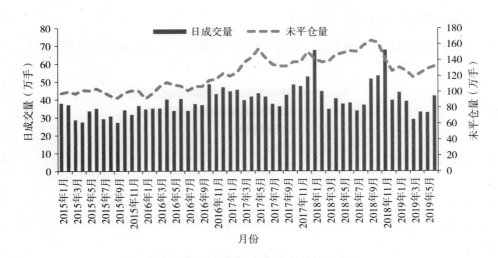

HH期货日成交量与未平仓量（2015—2019）

资料来源：芝商所，美国商品期货委员会，Oil Sage。

·HH期货投机者持有净多头头寸（2006—2019）

净多头头寸是看涨信号，如果投机者净多头达到较高水平，意味着进一步加仓空间有限。

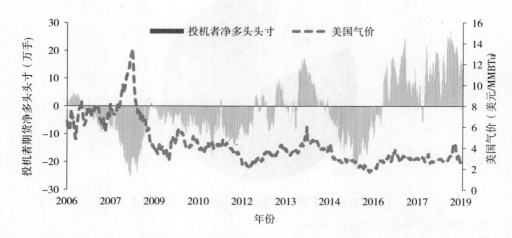

HH期货投机者持有净多头头寸（2006—2019）

资料来源：美国商品期货委员会，Oil Sage。

·油气期货未平仓金额（2018）

2018年12月最后一个交易日，天然气期货中，美国亨利港总未平仓金额最高。

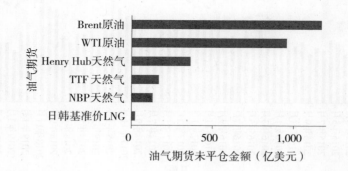

油气期货总未平仓金额（2018年12月）

资料来源：Oil Sage。

·欧洲NBP和TTF期货未平仓量（2016—2018）

欧洲主要天然气期货NBP和TTF交易逐渐活跃，TTF未平仓量增加。

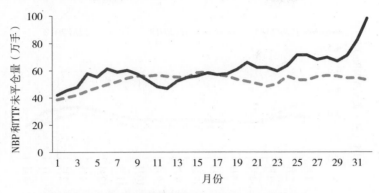

欧洲NBP和TTF期货未平仓量（2016—2018）

资料来源：洲际交易所，Oil Sage。

·期货合约远期曲线结构（2019）

远期曲线日复一日地在变化，远期曲线（Contango或Backwardation）形状的决定因素包括油气供需基本情况（曲线前端），消费者和生产者的避险活动（曲线后端），存货经济性（如果仓储成本小于近远期差价）。Contango（通常现货贴水、期货升水）意味着远期价格高于近期价格。正常情况下，由于远期交割的货物会有利息和仓储费用，市场一般处于Contango，现货贴水、期货升水。Backwardation（通常现货升水、期货贴水）意味着，近期价格高于远期价格，受短期内供需缺口或突然事件等因素影响，期货市场出现贴水。

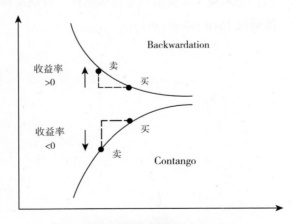

期货合约远期曲线结构（2019）

资料来源：摩根斯坦利研究部，Oil Sage。

· **HH天然气期货合约远期曲线（2017—2018）**

三个不同交易日的美国Henry Hub期货合约远期曲线在远月趋同。

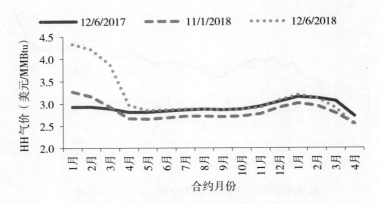

HH期货合约远期曲线（2017—2018）

资料来源：美国能源信息署，Oil Sage。

期权合约

　　天然气期权也是芝商所活跃的天然气金融产品，包括天然气欧式标准期权（交易代码：LNE）和天然气美式标准期权（交易代码：ON）。在期货价差交易或者高频量化交易时，期权是一种降低市场风险的工具。天然气价格季节性明显，价格波动幅度大，天然气期权有自身的风险，需要慎重对待卖期权，特别是裸空看跌期权（sell naked puts）或裸空看涨期权（sell naked calls）。

· 美国HH天然气期权合约规格（2019）

纽约商品交易所Henry Hub天然气美式期权合约规格

交易产品名称	美国Henry Hub天然气期权合约
合约规模	10,000 百万英热单位（mmBtu）
最小价格波幅	每百万英热单位0.001美元
报价单位	美元美分/百万英热单位
交易时间	周日至周五，美东时间下午6:00至次日下午5:00（美中时间下午5:00至次日下午4:00），每天从美东时间下午5:00（美中时间下午4:00）开始有60分钟短暂休市时间
产品代码	CME Globex电子交易：ON CME ClearPort：ON 清算所（Clearing）：ON
上市合约	本年及未来12年内的月度合约。本年12月合约交易终止后，上市新一年的月度合约
交易终止	合约月份前月的倒数第四个营业日
头寸限制	NYMEX头寸限制
交易所规则手册	NYMEX规则手册第370章
大宗交易门槛	大宗交易最低门槛
供应商报价代码	供应商报价代码列表
执行价格间距	行权价格上市流程表
行权方式	美式
结算方法	可交割
标的物	天然气（亨利港）期货合约

资料来源：芝商所，上海国际能源交易中心，Oil Sage。

· HH期货与期权日成交量（2019）

美国Henry Hub期货日成交量很活跃，而期权日成交量相对活跃。

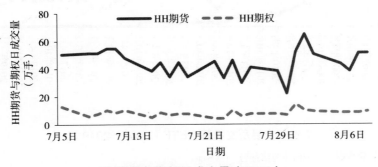

HH期货与期权日成交量（2019）

资料来源：芝商所，Oil Sage。

·期权价格风险指标（2019）

在期权价格敏感性分析中，期权风险指标有助于量化单一因素对期权价格的影响，通常用δ，γ，θ，ρ和v五个字母来表示。

期权价格风险指标

δ（Delta）	标的资产价格变动时，期权价格的变动幅度（方向性风险）
γ（Gamma）	标的资产价格变动时，期权θ值的变动幅度（风险）
θ（Theta）	随着时间的消逝，期权价格的变动幅度（事件的风险）
ρ（Rho）	利率变动时，期权价格的变动幅度
v（Vega）	标的资产价格波动率变动时，期权价格的变动幅度（波动率变动的风险）

资料来源：上海期货交易所，Oil Sage。

其他金融工具

·天然气交易所交易基金ETF（2007—2019）

交易所交易基金（Exchange-Traded Fund，简称ETF）在市场上的影响越来越大，如果ETF的量价齐涨，往往是看多风向标。美国天然气交易所交易基金（United States Natural Gas，简称UNG）每日跟踪美国HH天然气期货合约价格，持有近月期货合约和掉期。

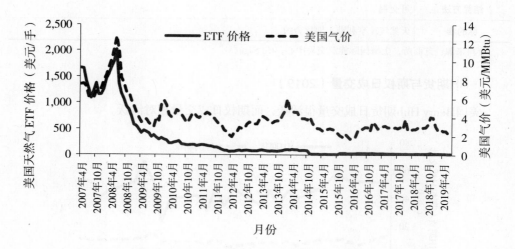

天然气交易所交易基金ETF（2007—2019）

资料来源：雅虎财经，美国能源信息署，Oil Sage。

·美国期货合约迭期价格（2019—2022）

天然气期货合约迭期（futures strip）价格是连续月份天然气期货合约价格的算数平均值，往往给天然气价格设定了一个下限。

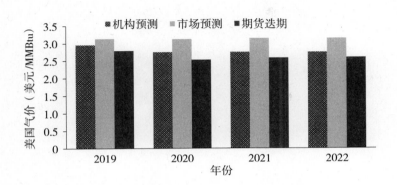

美国天然气期货合约迭期价格（2019—2022）

资料来源：高盛研究，Oil Sage。

第 **10** 章

金融市场的平衡: 价差、套利、套期保值和交易策略

原油与天然气价差

分析价格的绝对值和相对值（价差）有助于制订套利、套期保值和交易策略。原油价差主要来自密度等品质、含硫量等杂质以及运费等的不同。天然气价差主要来自热值等品质、杂质、天然气液价值、压缩和运输成本以及销售成本等的不同。

价差与期货套利

期货价差是指两个不同月份或不同品种期货合约之间的价格差。虽然有些交易者也会关注期货合约价格的单边跌涨走势，但是，更关注相关期货合约之间的价差是否在合理的区间范围内。如果价差不合理，交易者可以利用这种不合理的价差对相关期货合约进行方向相反的交易，以期待在价差趋于合理范围时，再同时将两个合约平仓而获取收益。套利会使扭曲的市场价格回归合理水平，增强市场的流动性。

期货套利是指同时买进和卖出两个不同的期货合约，交易者从两合约价格间的变动关系中获利。常见的套利交易可通过一买一卖两个合约，或直接交易一个价差合约实现。套利交易持仓分为一般月份套利交易持仓和临近交割月份套利交易持仓。交易者进行套利交易的主要原因在于套利的风险相对低，套利可以避免因价格波动而带来的损失。

期货套利的类型（2019）

应对市场变化和价格波动，现货和衍生品市场提供了一系列交易策略、手段和对冲套利机制，包括跨市、跨期、跨品种以及期现套利。

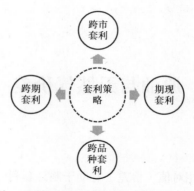

期货套利的类型（2019）

资料来源：Oil Sage。

跨市套利

跨市套利又称市场间套利是指，在不同交易所之间，同一交割月份期货合约的套利交易。由于地域差异，同一交割月份期货合约在不同交易所的价格不同，存在一定的价差关系，有套利空间。跨市套利需注意运输成本、交割品级的差异、交易单位与汇率波动以及保证金和佣金等因素。跨市套利多与供应相关。

·全球天然气基准价相关性（2005—2019）

全球气价区域性特征显著，全球性价格尚未形成，不同区域价格联动性增强。TTF价格与NBP价格相关系数高，而HH价格与这两种价格相关性较低。NBP价格多与油价联动。

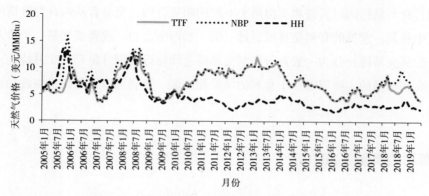

全球主要天然气基准价相关性（2005—2019）

资料来源：ICE，美国能源信息署，Oil Sage。

·跨市套利：NBP–HH价差（2005—2019）

欧美价差主要受储气能力、基础设施、供需关系、贸易流向、运费、投资者偏好等影响。

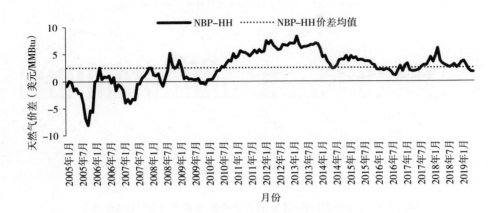

NBP–HH价差（2005—2019）

资料来源：ICE，美国能源信息署，Oil Sage。

·跨市套利：NBP–TTF价差（2005—2019）

英国与欧洲大陆价差主要受储气能力、气源、季节、设施、供需关系、投资者偏好等影响。

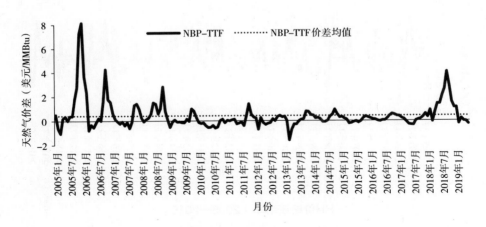

NBP–TTF价差（2005—2019）

资料来源：ICE，Oil Sage。

·跨市套利：NBP与中国LNG码头销售价格（2016—2019）

英国NBP天然气价格与中国LNG码头销售价格套利。

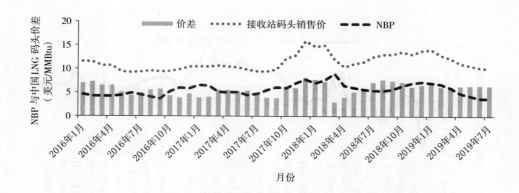

天然气NBP与中国LNG码头销售价格跨市套利（2016–2019）

资料来源：ICE，隆众，Oil Sage。

·HH价格波动性（2005—2019）

天然气价格波动率反映了天然气供应流动性，影响短期价格。

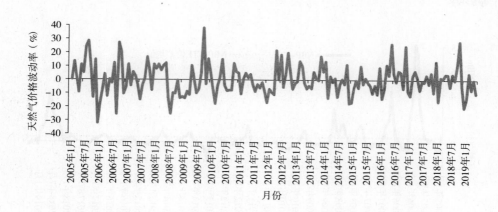

HH价格波动率（2005—2019）

资料来源：ICE，Oil Sage。

·NBP与TTF价格波动性（2005—2019）

天然气价格波动率反映了天然气供应流动性，影响短期价格。欧美价格波动率驱动因素不同。

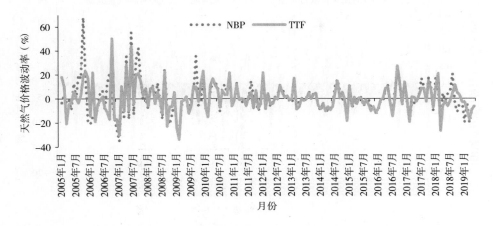

NBP与TTF价格波动率（2005—2019）

资料来源：ICE，Oil Sage。

跨期套利

跨期套利是指，在同一市场（交易所），利用同一商品但不同交割月份之间正常价格差距出现异常变化时，同时买入、卖出，以期在有利时机进行对冲平仓而获利。例如，在进行天然气期货合约牛市套利时，买入近期交割月份的天然气期货合约，同时卖出远期交割月份的天然气期货合约，希望近期合约价格上涨幅度大于远期合约价格的上涨幅度；而熊市套利则相反，即卖出近期交割月份合约，买入远期交割月份合约，并期望远期合约价格下跌幅度小于近期合约的价格下跌幅度。跨期价差的走势有助于体现市场短期状况，跨期套利多与库存相关。跨期套利与现货市场价格无关，只与期货可能发生的升水和贴水有关。

· 跨期套利：HH跨期价差与库存（1994—2019）

HH首次行价差与美国地下储气库工作气量波动有很强的相关性。

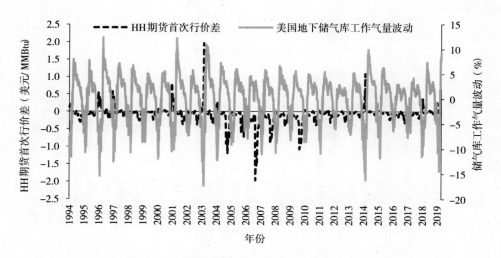

HH跨期套利与库存（1994—2019）

资料来源：美国能源信息署，Oil Sage。

· 跨期套利：HH跨期价差（1994—2019）

HH首行价格与其首次行跨期价差的走势体现了供需关系。

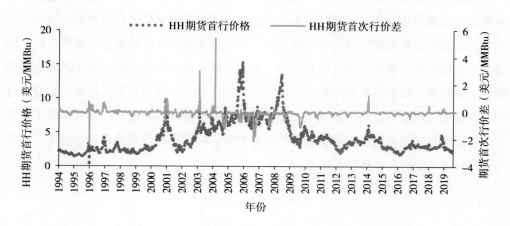

HH跨期套利（1994—2019）

资料来源：美国能源信息署，Oil Sage。

跨品种套利

　　跨品种套利，又称跨商品套利，是指，两种或者三种属性不同但又相互关联的商品之间存在一定的期货合约合理价差，当实际价差脱离了合理价差时，就出现了套利空间，可以利用期货合约进行套利交易，即如果预期价差缩小，则买入低价合约，卖出高价合约，以期在有利时机同时将这两种合约对冲平仓获利。跨商品套利一般需要具备以下条件：一是两种商品之间应具有关联性与相互替代性；二是交易受同一因素的制约；三是买进或卖出的期货合约通常应在相同的交割月份。跨品种套利多与需求相关。跨品种套利还包括原料与成品间套利。正常情况下，作为原料的商品和其加工制成品之间存在一定的价格差异。当这种价格差异偏离了正常范围时，就可以进行原料与成品之间的套利。即如果预期价差缩小，则买入低价合约，卖出高价合约。

・**跨品种套利：原油Brent与天然气NBP（2000—2019）**

NBP气价与Brent油价的相关性高，天然气与原油可跨品种套利。

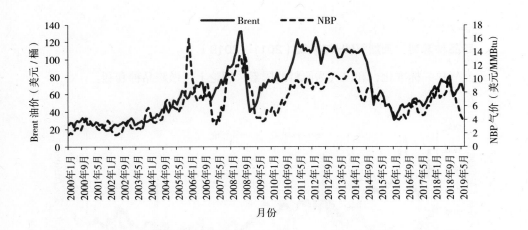

原油Brent与天然气NBP跨品种套利（2000—2019）

资料来源：ICE，美国能源信息署，Oil Sage。

・跨品种套利：Brent与中国LNG码头销售价格（2016—2019）

由于很多中国进口LNG与油价挂钩，使得Brent油价与中国LNG码头销售价格的套利理论上可行。

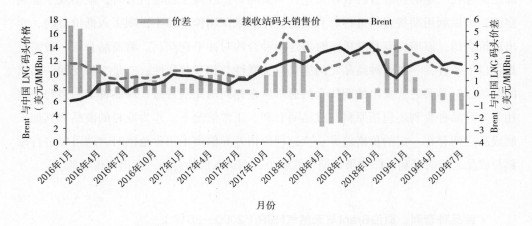

Brent油价中国LNG码头销售价格跨品种套利（2016—2019）

资料来源：ICE，隆众，Oil Sage。

・跨品种套利：天然气HH与尿素（2011—2019）

天然气单一标准化，和以气为原料的尿素，理论上可做跨品种套利。

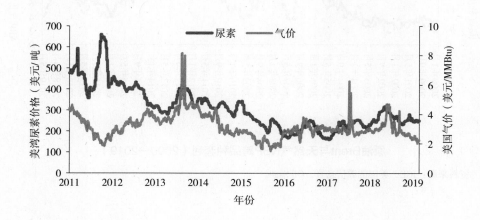

跨品种套利：天然气HH与尿素（2011—2019）

资料来源：隆众，Oil Sage。

期现基差

期现套利是指，通过利用期货市场和现货市场的不合理价差进行反向交易而获利。理论上，期货价格和现货价格之间的价差主要反映持仓费的大小。但现实中，期货价格与现货价格的价差并不绝对等同于持仓费，有时高于或低于持仓费。当价差与持仓费出现较大偏差时，就会产生套利机会。

·现货价格和期货合约价格间的理论基差（2019）

与现货交易不同，基差交易的买卖双方签订购销合同时，不确定价格，而是协商基差，未来结算价格是期货价格加上基差形成。简单来说，基差是某种商品的现货价格和期货合约价格间的价差（基差=现货价格–期货价格）。因为理论上期货和现货价格同涨同跌，基差交易使传统贸易中绝对价格的大幅波动转变为基差的小幅波动。相较于传统现货交易的"一口价"，基于期货市场的基差交易，能有效帮助夹缝中的贸易商管理风险，锁定利润。

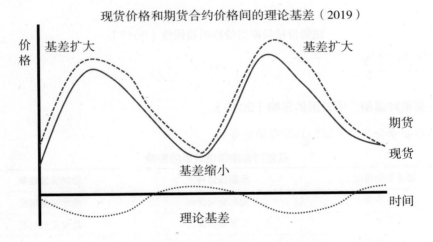

现货价格和期货合约价格间的理论基差（2019）

现货价格和期货合约价格间的理论基差（2019）

资料来源：期货公司，Oil Sage。

· 现货价格与期货价格的趋同性（2019）

基差是某一特定地点某种商品的现货价格与同种商品的某一特定期货合约价格间的价差。随着现货价格和期货价格持续不断地变动，基差时而扩大，时而缩小，最终因现货价格和期货价格的趋同性，基差在期货合约的交割月趋向于零。

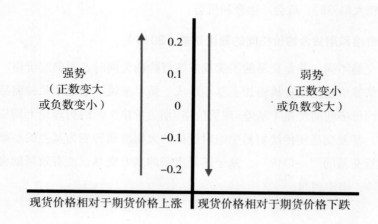

现货价格与期货价格的趋同性（2019）

资料来源：Oil Sage。

· 基差对套期保值效果的影响（2019）

基差变动会产生不同的套期保值效果。

基差对套期保值效果的影响

基差变动情况	套期保值种类	套期保值效果
基差不变	卖出套期保值	盈亏完全相抵
	买入套期保值	盈亏完全相抵
基差走强	卖出套期保值	存在净盈利
	买入套期保值	存在净亏损
基差走弱	卖出套期保值	存在净亏损
	买入套期保值	存在净盈利

资料来源：Oil Sage。

・**美国HH天然气期货与现货价差（2018）**

2018年，美国天然气期货和现货价差在供暖季波动大，呈现双肩高的态势。

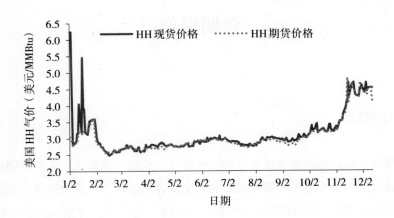

美国HH天然气期货与现货价差（2018）

资料来源：美国能源信息署，Oil Sage。

・**美国HH天然气期货与现货价差（1994—2019）**

在合约换季和季节性等因素影响下，美国天然气期货与现货价差波动会加大。

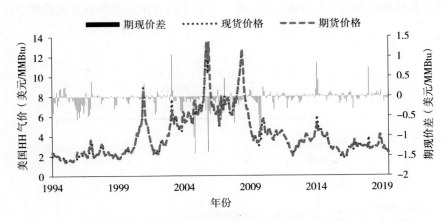

美国HH天然气期货与现货价差（1994—2019）

资料来源：美国能源信息署，Oil Sage。

套期保值

套期保值的概念

套期保值，是指在期货和现货市场同时操作，买进（或卖出）实际货物的同时，在期货市场卖出（或买进）同等数量的期货交易合约的行为。保值的目的是为避免或减少价格发生不利变动时的损失。理论上，在同一时间段，在相同的供求情况影响下，期货价格与现货价格的走势趋同，二者同涨同跌；但由于在这两个市场上操作相反，因此盈亏相互抵消，期货市场的盈利可弥补现货市场的亏损，或者现货市场的盈利抵消期货市场的亏损。

理解保值的本质（2019）

投资者对套期保值的本质认知不一样，决定了投资策略和保值方案的制定会有所不同。

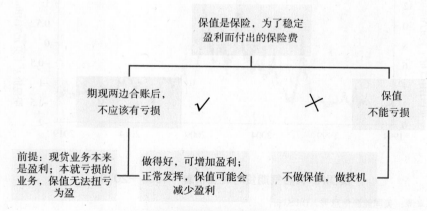

理解套期保值的本质（2019）

资料来源：Oil Sage。

248

风险敞口

敞口指现货数量与套期保值数量的差异。敞口的比例与保值品种的选取、企业的承受能力有关。一般没有固定的数值。价格的不同时期，敞口比例也不一样。基差越大，敞口风险越大，因此敞口的计算也应该考虑基差。敞口规模应由公司管理层决定，基本一年内不变。

制定套期保值方案（2019）

套期保值方案包括现货市场分析、期货市场分析、计算基差和计算敞口等。方案中，要设定止损，用以纠正错误。重视基差变化对保值的影响，要有控制敞口的意识。

制定套期保值方案（2019）

套期保值方案	
1. 现货市场的分析	
2. 期货市场的分析	（1）基本面分析
	（2）技术面分析
3. 计算基差	
4. 计算敞口	
5. 点价方案	（1）方案一
	（2）方案二
6. 补充方案	
7. 风险	

资料来源：Oil Sage。

天然气期货套期保值案例分析

天然气价格波动风险之大，套保需求也很大。

·案例：卖出套期保值（库存保值）（2019）

担心库存价格下跌，针对库存量相应在期货价格上卖出，减少价格下跌风险。当采购成本已确定时，在途货物等同于库存。某国际贸易商在10月10日签订合同购买一船现货"卡气"，价格为5000元/吨，"大鹏昊"负责运输，装载量14.7万立方米（6.3万吨），运输时间约15天，由于年内LNG价格不稳定，担心运抵到港时价格下跌。

卖出套期保值案例

卖出套保		期货市场	
	现货市场	卖出LNG期货2010合约12600手（5吨/手）	
10月10日	5000元/吨	5080元/吨	
10月25日	4850元/吨	4900元/吨	
结果	损失＝（4850−5000）×63000 = −9,450,000元	盈利＝（5080−4900）×63000 = 11,340,000元	
合计	套期保值盈亏 −9,450,000+11,340,000 = 1,890,000元		
	扭亏为盈		

资料来源：上海国际能源交易中心，Oil Sage。

·案例：买入套期保值（采购保值）（2019）

在有采购意向后，担心现货价格上涨，或者期货价格远低于现货价格，则在期货市场上买入，确定采购成本，减少价格上涨风险。在现货贸易中，为确定具体的合同成交价格，卖方给予买方的权利。在买卖双方约定的时间内，通过卖方在某个约定的期货/掉期合约上，买入一定数量合约的过程叫点价；与固定价相对应的定价方式，具体价格待定，买卖双方以约定的方法和时间，形成价格的叫活价。活价采购合同，点价可以部分替代买保值的功能。但点价期可能和价格低点时间不匹配，缺乏灵活性。由于冬季天然气使用量较高，某燃气公司计划12月购买一船现货，"大鹏昊"负责运输，装载量14.7万立方米（6.3万吨），现在买需要付出高昂仓储费用，又担心12月份买价格较高。

买入套期保值案例

买入套保		期货市场	
	现货市场	买入LNG期货2012合约12600手（5吨/手）	
10月10日	5000元/吨	5080元/吨	
12月5日	5530元/吨	5520元/吨	
结果	损失＝（5000−5530）×63000 = −33,390,000元	盈利＝（5520−5080）×63000 = 27,720,000元	
合计	套期保值盈亏 −33,390,000+27,720,000 = −5,670,000元		
	损失减少约83%		

资料来源：上海国际能源交易中心，Oil Sage。

第**11**章

生产经营的平衡

生产经营的平衡是指市场各方都比较舒服的气价水平，包括了美国页岩油气盈亏平衡点、上市石油公司股价和自由现金流、上游业务投资回报、桶油成本、勘探开发成本、油气田和LNG边际项目成本、资源国财政支出平衡、油气公司最终投资决策以及LNG出口国等所需的气价水平。

全球天然气与LNG实货贸易价格

随着运输的便利、贸易的发达和金融的活跃，全球天然气价格相关性增强。

全球区域天然气价格（2005—2040）

亚太和欧洲区域天然气价格与油价相关性较强，美国天然气价格与气价相关性较强。

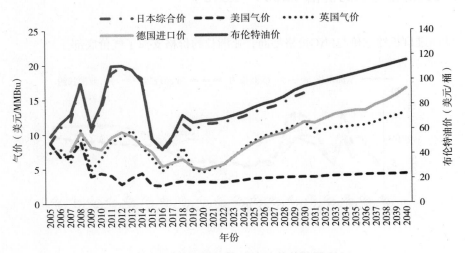

全球区域天然气价格（2005—2040）

资料来源：BP，Oil Sage。

全球区域LNG价格（2006—2019）

　　LNG定价机制体现了多样性，包括与气价、油价和参考基准价格挂钩的LNG价格。

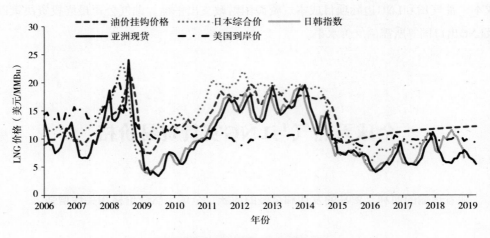

全球区域LNG价格（2006-2019）

资料来源：Poten & Partners，Oil Sage。

LNG现货价格与长约价格（2004—2040）

　　欧洲进口长约气价与LNG价格趋同，亚洲长约价格支撑了气价底部。

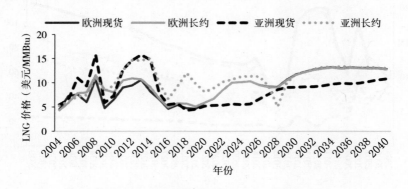

LNG现货价格与长约价格（2004—2040）

资料来源：BP，Oil Sage。

全球LNG到岸价格（2014—2019）

全球LNG到岸价从2014年20美元下降到2019年10美元以下。

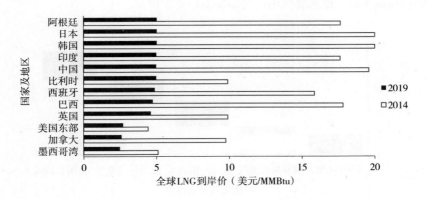

全球LNG到岸价（2014—2019）

资料来源：美国能源监管委员会，Oil Sage。

欧洲LNG与管道气价格（2007—2018）

德国进口俄罗斯管道气支撑欧洲气价，而欧洲大陆LNG进口平衡全球LNG市场供需。

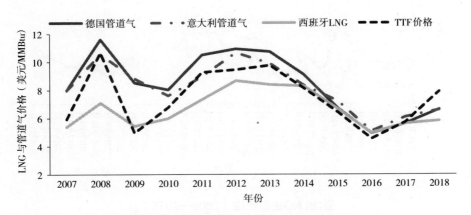

欧洲LNG与管道气价格（2007—2018）

资料来源：BP，Oil Sage。

欧洲现货气价的支撑点（2020）

欧洲现货气价的支撑点包括美国以外LNG进口、俄罗斯管道气、美国LNG短期和长期边际供应成本以及欧洲燃气电厂与燃煤电厂竞争价位。

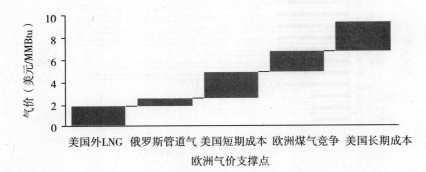

欧洲现货气价的支撑点（2020）

资料来源：麦肯锡，Oil Sage。

亚洲LNG进口价格（2006—2018）

市场新兴边际成本方和长约合同等因素支撑亚洲LNG进口价格。

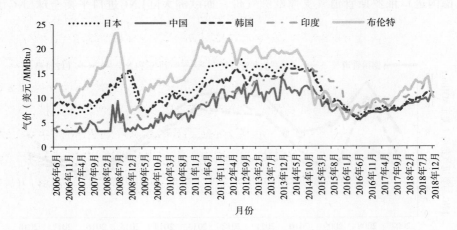

亚洲LNG进口价格（2006—2018）

资料来源：路透，Oil Sage。

美国LNG出口价格（2016—2019）

美国LNG单船出口量在1亿立方米左右，出口价格可低于3美元/MMBtu。

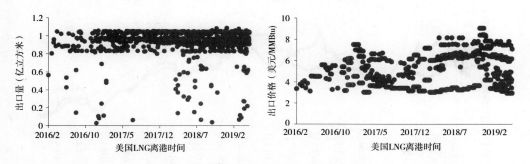

美国LNG出口价格（2016—2019）

资料来源：美国能源监管委员会，Oil Sage。

美国LNG出口亚洲FOB价格（2015—2018）

美国LNG出口亚洲要与出口欧洲竞争，出口日本FOB价格常高于美国出口均价。

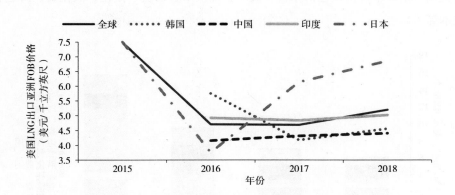

美国LNG出口亚洲FOB价格（2015—2018）

资料来源：美国能源信息署，Oil Sage。

美国墨西哥湾LNG出口净回值价格（2017—2019）

供需市场和成本变化等因素推动美国墨西哥湾LNG出口净回值价格下降。

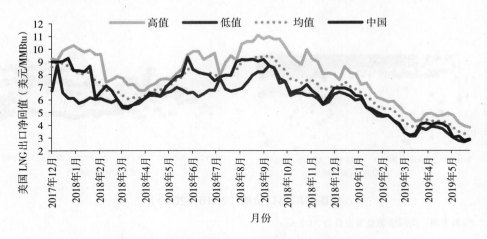

美国墨西哥湾LNG出口净回值价格（2017—2019）

资料来源：高盛研究，Oil Sage。

美国出口LNG到岸价格构成（2019）

美国LNG到岸价构成包括原料气成本、油气田管输费、损耗、液化费、海运和气化成本等。

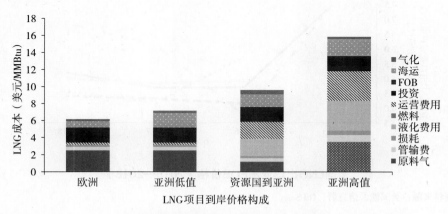

美国出口LNG到岸价格构成（2019）

资料来源：高盛研究，Oil Sage。

油气田和LNG项目成本与盈亏平衡点

从天然气供应的角度，气价下限，受油气开发成本等公司经营成本的制约。

美国天然气边际项目盈亏平衡点（2020）

2020年，在天然气价格3美元到4美元之间，多数美国天然气项目达到盈亏平衡点。边际开发成本支撑气价下限。

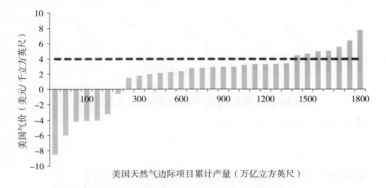

美国天然气边际项目盈亏平衡点所需气价（2020）

资料来源：美国联邦储备委员会，美国能源信息署，Oil Sage。

美国页岩气项目盈亏平衡点（2011—2040）

至2040年，美国页岩气项目盈亏平衡所需气价水平可能逐步走高。

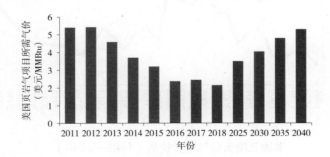

美国页岩气项目盈亏平衡点所需气价（2011—2040）

资料来源：国际能源署，美国能源信息署，Oil Sage。

美国致密油项目盈亏平衡点（2019）

美国致密油产量增产带动了伴生气的产量增加，抑制气价，给气价一个上限。

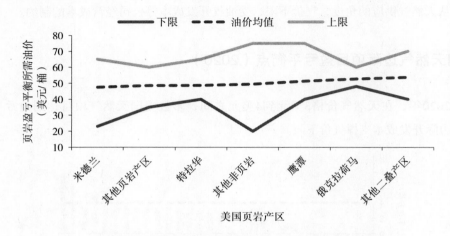

美国致密油项目盈亏平衡所需油价（2019）

资料来源：美国联邦储备委员会，美国能源信息署，Oil Sage。

美国瓦哈（Waha）天然气现货价格（1995—2040）

瓦哈枢纽是德州二叠盆地管道枢纽。由于天然气从西德州经过达拉斯等人口稠密地区到亨利港枢纽有些挑战，瓦哈的作用越来越大。

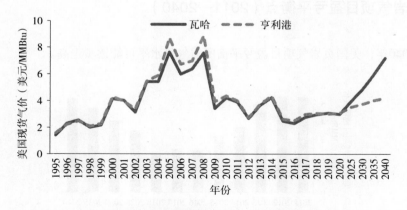

美国瓦哈天然气现货价格（1995—2040）

资料来源：美国能源信息署，Oil Sage。

美国瓦哈枢纽现货气价负值（1991—2019）

由于伴生气和页岩气产量增长、市场供需和季节性清库等原因，二叠瓦哈气价有时为负值。

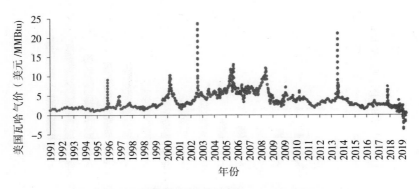

美国瓦哈天然气现货价格负值（1991—2019）

资料来源：美国能源信息署，Oil Sage。

全球天然气边际开发项目盈亏平衡点（2019）

边际成本指，如果市场需要更多的供应，最贵的那部分产量成为边际成本支撑了长期气价的下限。长期以来，实际气价要高于边际成本，但短开发周期的新项目使得供应更容易适应需求的变化，因此，实际气价也会和边际成本更接近。

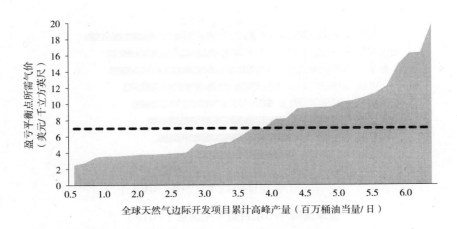

全球天然气边际开发项目盈亏平衡点所需气价水平（2019）

资料来源：高盛研究，Oil Sage。

全球区域LNG项目FOB盈亏平衡点（2019）

不同地区LNG项目的资源禀赋和成本不同，投资回报相对应的离岸价格（FOB）差别很大。

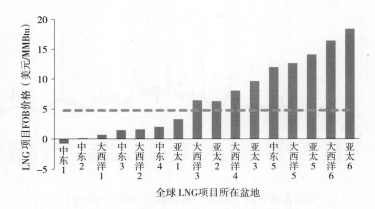

全球区域LNG项目FOB盈亏平衡点（2019）

资料来源：高盛研究，Oil Sage。

全球国别LNG项目盈亏平衡点（2019）

包括上游液化、运输及下游气化等成本，很多LNG项目盈亏平衡点所需气价在10美元以上。

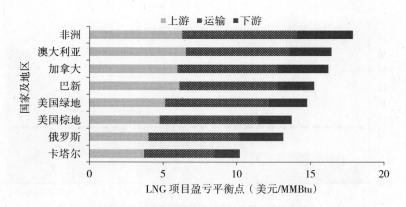

全球国别LNG项目盈亏平衡点（2019）

资料来源：美林研究，Oil Sage。

全球LNG项目盈亏平衡点（2019）

按桶油当量统计，全球LNG项目投资盈亏平衡所需的气价相对集中。

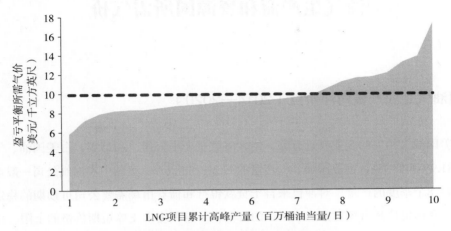

全球LNG项目投资盈亏平衡点所需气价（2019）

资料来源：高盛研究，Oil Sage。

全球LNG项目盈亏平衡点（2025）

按百万吨统计，全球LNG项目投资盈亏平衡所需的气价相对集中。

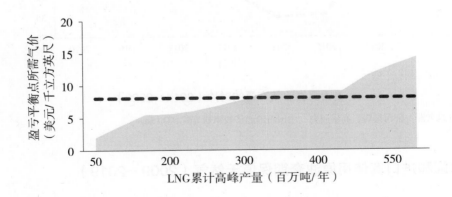

全球LNG项目投资回报盈亏平衡点所需气价（2025）

资料来源：高盛研究，Oil Sage。

油气生产商和资源国所需气价

美国油气企业产量对冲价位（2014—2020）

　　美国油气相关的企业有近万家，绝大多数是中小公司，2015年，占美国油、气储量的81.9%和88.1%，占美国油、气产量的82.2%和88.6%。美国中小油气公司一般对冲未来4~8个季度的产量。对冲也来自于贷款银行和债券市场需要公司可预期的稳定现金流。套保价位是市场对家达成共识的价格，一定程度上支撑短期价格的上限。由于天然气需求不均匀性，价格波动大，增加了套保难度，影响了套保效果。

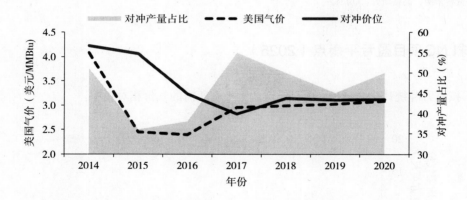

美国页岩油气产量的对冲（2014—2020）

资料来源：公司报告，高盛研究，中国石油经济技术研究院，Oil Sage。

资源国和进口商使用原油套期保值天然气（2009—2019）

　　很多天然气进口商和资源国通过成熟发达的布伦特等原油市场套期保值天然气。类似套保效果可参考墨西哥政府购买出口原油的看跌期权以稳定政府预算。套保价位往往支撑了油价的下限。

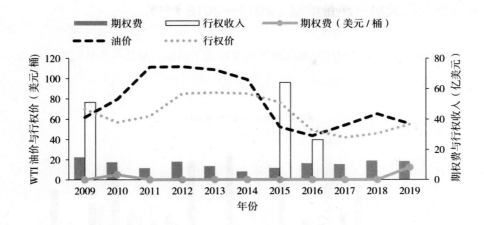

墨西哥油价套期保值（2009—2019）

资料来源：墨西哥财政部，Oil Sage。

产气国财政收支盈亏平衡点所需气价（2019）

资源国所需气价水平一般要能维持国家财政收支盈亏平衡，包括国债、外汇储备、基础设施投资、社会经济成本等。

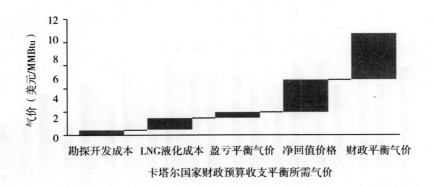

卡塔尔国家财政预算收支平衡所需气价

卡塔尔国家财政预算收支平衡所需气价水平（2019）

资料来源：国际货币基金组织，Oil Sage。

国际石油公司天然气产量增幅（2011—2018）

能源转型、新资源发现和终端需求等因素推动了国际石油公司天然气产量增长。

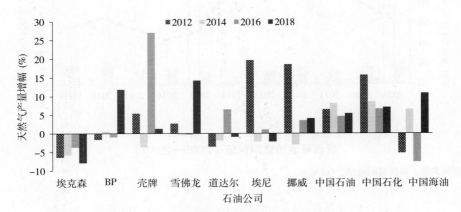

国际石油公司天然气产量增幅（2011—2018）

资料来源：石油公司年报，Oil Sage。

国际石油公司天然气产量占比油气产量（2011—2018）

国际石油公司的天然气产量在油气总产量中比例有上升态势。

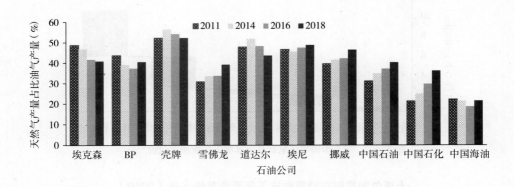

国际石油公司天然气产量占比油气产量（2011—2018）

资料来源：石油公司年报，Oil Sage。

公司天然气实现价格与油气生产成本（2011—2018）

石油公司的桶油生产成本和勘探、开发以及所得税之和构筑了油气价格的下限。

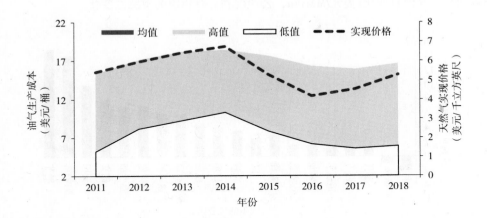

公司天然气实现价格与油气生产成本（2011—2018）

资料来源：公司年报，美林研究部，Oil Sage。

油气公司项目投资决策隐含气价水平（2019）

在油价影响下，油气公司项目投资决策（Final Investment Decision，简称FID）隐含的气价水平略有上升。

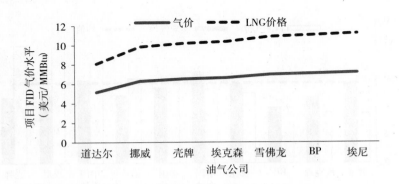

国际油气公司项目投资决策（FID）隐含气价水平（2019）

资料来源：高盛研究，Oil Sage。

油气公司盈利对气价变化的敏感性（2019）

随着上市公司拥有越来越多的天然气资产，天然气价格对公司成本、盈利和股价影响加大。气价每变化1美元/MMBtu，公司盈利会有相应的敏感性变化。

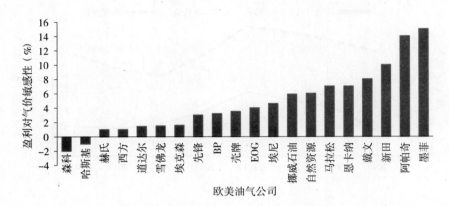

油气公司盈利对气价变化的敏感性（2019）

资料来源：巴克莱研究部，摩根士坦利研究部，Oil Sage。

上市公司自由现金流所需气价水平（2018）

上市公司实现自由现金流（Free Cash Flow，简称FCF）为正所需气价水平普遍不同于公司天然气销售实现价格。

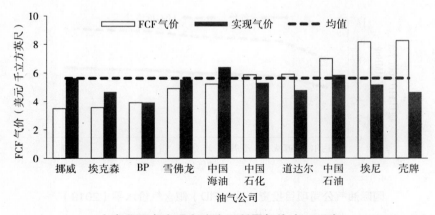

上市公司自由现金流为正所需气价（2018）

资料来源：公司年报，Oil Sage。

天然气上游公司估值隐含气价水平（2019）

油气行业资本化和油气价格的证券化越来越影响油气价格。美国中小天然气上游公司估值隐含的气价不能完全体现当前油气价格和资产价值。

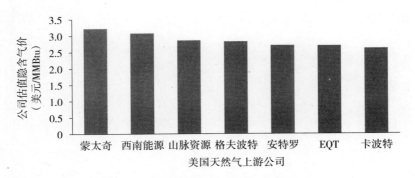

天然气上游公司估值隐含气价水平（2019）

资料来源：摩根士坦利研究部，Oil Sage。

第 **12** 章

宏观、市场情绪、心理因素

经济增长、利率、汇率、黄金等宏观因素从不同角度影响着资金流向、油气行业成本和投资回报以及行业走势，特别是影响需求端，从而影响着油气价格。虽然不宜过度解读宏观指标与气价的相关性，各种先行和滞后宏观指标都存在不确定性，但是，分析宏观指标有助于对油气价格的预判。

宏观经济、供需与就业

经济是影响天然气需求最主要的驱动力之一，反过来油气也是经济的重要生产要素。

世界经济（GDP）（1966—2020）

国内生产总值（GDP）是衡量一国国内生产活动最全面的指标。世界GDP和天然气需求相关性高。

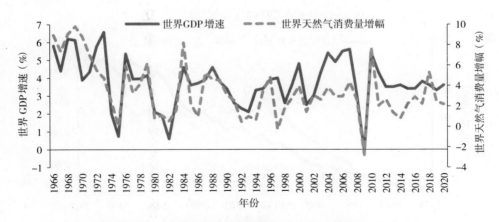

世界经济GDP增速与天然气需求增速（1966—2020）

资料来源：世界银行，BP，Oil Sage。

中国经济（GDP）（1966—2020）

中国GDP增速与天然气需求增速相关系数低，反映了之前天然气市场是供应驱动，近年来，更多的政策驱动。随着天然气市场逐渐转向需求驱动，经济对天然气需求的影响逐渐增大。

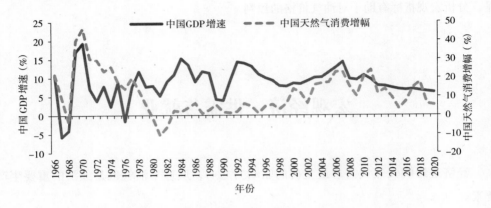

中国经济GDP增速和天然气需求增速（1966—2020）

资料来源：世界银行，中国国家统计局，BP，Oil Sage。

工业生产指数（IP）（1930—2020）

美国天然气产量与美国工业生产息息相关，相关系数高。

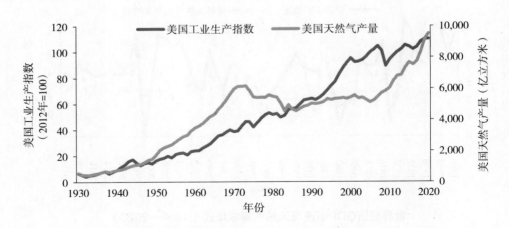

美国工业生产指数和天然气产量（1930—2020）

资料来源：美国能源信息署，美国联邦储备委员会，Oil Sage。

工业生产者出厂价格指数（PPI）（2009—2019）

工业生产者出厂价格指数（PPI）是从卖家的角度衡量产品价格变化，影响企业的投资和库存行为，与气价正相关。

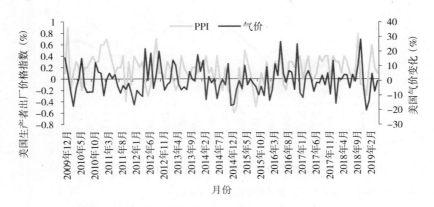

气价与工业生产者出厂价格指数（2009—2019）

资料来源：美国能源信息署，美国劳工统计局，Oil Sage。

采购经理人指数（PMI）（2012—2019）

采购经理人指数（Purchasing Managers Index，简称PMI）是宏观经济的先行指标，以50%作为经济表现强弱的分界点，高于50%反映经济扩张，低于50%反映经济收缩。

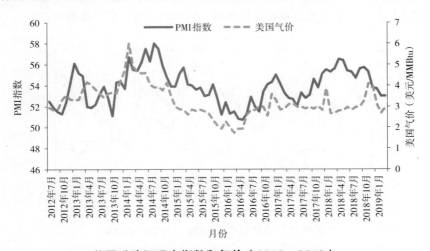

美国采购经理人指数和气价（2012—2019）

资料来源：美国供应管理协会，Oil Sage。

就业率（1960—2023）

就业影响经济增长和消费者消费能力。美国就业率与天然气价格的相关系数高。

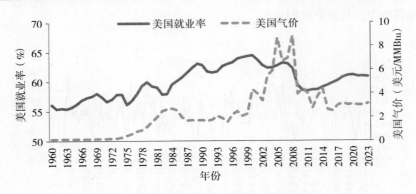

美国就业率与气价（1960—2023）

资料来源：美国联邦储备委员会，美国能源信息署，Oil Sage。

居民消费者价格指数、信心与可支配收入

消费者信心指数（1976—2019）

商业和居民用气是天然气重要应用领域，气价与消费者信心指数负相关。

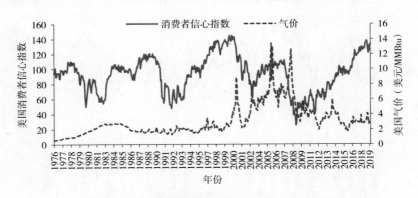

美国气价与消费者信心指数（1976—2019）

资料来源：美国联邦储备委员会，美国能源信息署，Oil Sage。

居民消费者价格指数（CPI）（1922—2018）

居民消费者价格指数（CPI）反映居民购买生活消费品和服务的价格水平以及通货紧缩或通货膨胀程度。居民消费价格指数，如果超过5%，认为是通货膨胀。

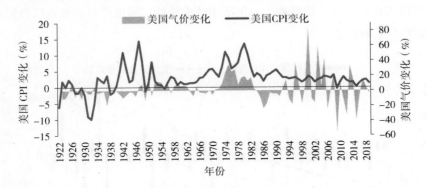

气价与美国居民消费价格指数（1922—2018）

资料来源：美国联邦储备委员会，美国能源信息署，Oil Sage。

美国燃气费用占比消费者价格指数（2019）

燃气费用是居民消费价格指数的重要构成部分。能源价格在美国居民消费价格指数中的权重仅次于食品，而波动又远高于其他项。美国居民消费价格指数的变化趋势与能源分项高度一致。

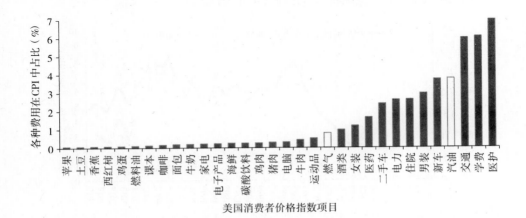

美国燃气费用占比CPI（2019）

资料来源：美国能源信息署，美国联邦储备委员会，Oil Sage。

房价指数（1975—2019）

　　住房在居民资产中占比大，房价通过财富效应来影响经济。美国居民用气的变化与房价的关系大体上是较弱的负相关。资本市场是美国等国投资理财的首选，而由于土地长期以来在亚洲经济发展和个人生活中的重要性，房地产是亚洲各国投资理财和社会财富再分配的首选。

美国居民用气与房价（1975—2019）

资料来源：美国联邦储备委员会，美国能源信息署，Oil Sage。

个人可支配收入与美国气价（1959—2019）

　　美国天然气消费在可支配收入占比与气价相关性高。

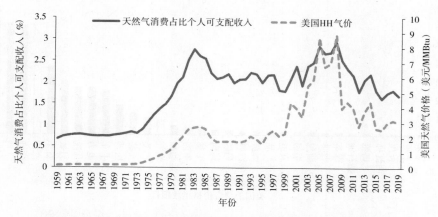

美国天然气消费占比个人可支配收入与美国气价（1959—2019）

资料来源：美国联邦储备委员会，美国能源信息署，Oil Sage。

个人可支配收入与居民气价（1967—2019）

终端用户的价格承受能力对气价影响大。美国天然气消费在可支配收入中占比与居民气价相关性高。

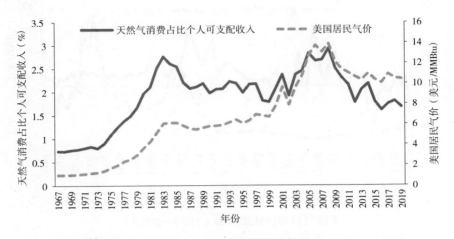

美国天然气消费占比个人可支配收入与居民气价（1967—2019）

资料来源：美国能源信息署，美国联邦储备委员会，Oil Sage。

恩格尔系数（1998—2018）

恩格尔系数（Engel's Coefficient）一般随居民家庭收入和生活水平的提高而下降，衡量一个家庭或一个国家的富裕程度，30%以下为最富裕。美国气价与恩格尔系数呈现负相关性。

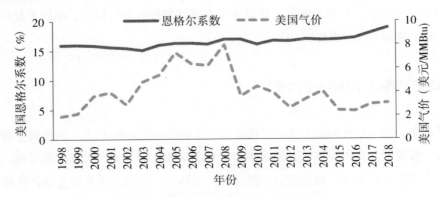

美国气价与恩格尔系数（1998—2018）

资料来源：美国能源信息署，美国联邦储备委员会，美国劳工统计局，Oil Sage。

通货膨胀率（1922—2018）

天然气是CPI中的重要指标，美国气价与通货膨胀率的相关系数为0.15。

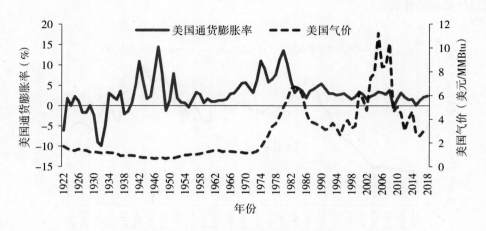

美国气价与通货膨胀率（1922—2018）

资料来源：美国能源信息署，美国联邦储备委员会，Oil Sage。

利率、债券市场、股市与资产回报

利率是各国央行宏观调控的主要工具之一。对油气行业来说，利率下调对资金紧张的中小企业来说，相当于输血。投资者是否感兴趣投资油气行业，取决于投资风险偏好、理财回报和收益率等。

美国联邦利率（1955—2018）

美国中小油气企业的资本支出在现金流中占比可高达100%以上，因此资金成本影响很大。投资者注重风险偏好、回报率要求和流动性。只有油气投资有利可图，回报相对高，资金才会流入。通常而言，投资者风险偏好上升将会推升风险资产价格，压低避险资产价格。气价与美国联邦基金利率呈现负相关。

气价与美国联邦基金利率（1955—2018）

资料来源：美国能源信息署，美国联邦储备委员会，Oil Sage。

10年期国债收益率（1962—2019）

国债收益率因有国家信用担保，被视为无风险利率。气价与美国10年期国债收益率呈现负相关。

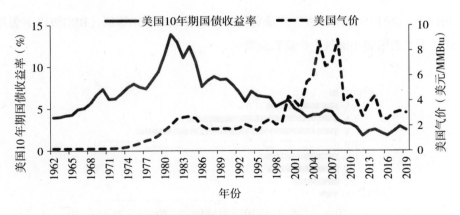

气价与美国10年期国债收益率（1962—2019）

资料来源：美国能源信息署，美国联邦储备委员会，Oil Sage。

国债收益率10年期与2年期利差（1976—2019）

不同期限间的国债利差被认为是GDP增速的领先指标。历史上，10年和2年美债收益率利差如果是负值倒挂，往往预期经济或股市的大幅下行。

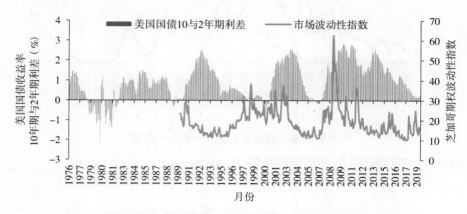

美国国债收益率10年期与2年期利差（1976—2019）

资料来源：美国能源信息署，美国联邦储备委员会，Oil Sage。

天然气产量对应的信用评级（2018）

2018年，多半的美国天然气产量对应的信用评级为BBB等级（BBB级以下为垃圾债）或以下，表明中小油气生产商资金紧张。

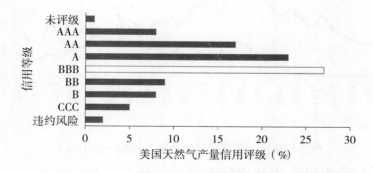

美国天然气产量对应的信用评级（2018）

资料来源：美国能源信息署，高盛研究，Oil Sage。

高收益油气债券息差（2014—2019）

高收益债券息差意味着风险溢价。在美国，油气市场和债券市场紧密相连。高收益债券用于补充资本支出与现金流之间的缺口。在低油气价下，负债高的油气公司处境堪忧。但是，北美市场相对的融资渠道多，融资成本低，使得油气公司破产风险降低很多。

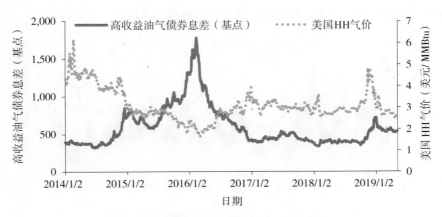

气价与高收益油气债券息差（2014—2019）

资料来源：美国能源信息署，华泰金控，Oil Sage。

高收益能源指数（2014—2019）

气价与高收益能源债券指数呈负相关性，一般风险越高，收益率也就越高。

气价与高收益能源指数（2014—2019）

资料来源：美国能源信息署，华泰金控，Oil Sage。

股票和债券市场（2014—2019）

页岩气颠覆了美国天然气市场及天然气在整个世界油气行业的角色。受益于美国页岩油气公司的融资渠道多、成本低、周期短，短开发周期的页岩油气与短周期的资金相辅相成。油气价格对资金规模影响大。从融资的角度，页岩油气公司像打不死的小强，只要油气价格走高，资本市场就不离不弃。从产量短周期反应的角度，页岩油气产量像不倒翁，弹性十足，价格降，减产；价格涨，增产。

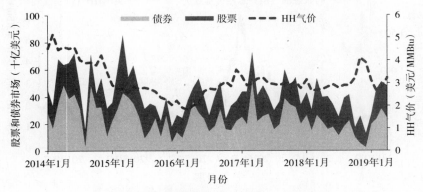

气价与股票和债券市场（2014—2019）

资料来源：美国能源信息署，华泰金控，Oil Sage。

股价（1976—2019）

股市是美国油气生厂商重要的资金来源。大宗商品的证券化日趋明显，气价与美国标普500股价指数的相关系数较高。

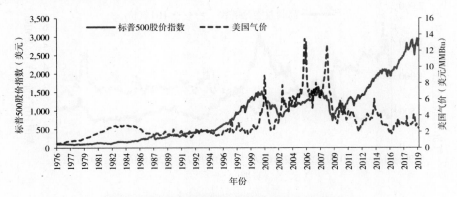

气价与美国标普500股价指数（1976—2019）

资料来源：美国能源信息署，美国联邦储备委员会，Oil Sage。

全球投资资产风险偏好（2019）

股票属于高投资风险资产，债券属于低风险资产，黄金和美元属于避险资产，油气投资风险较高。

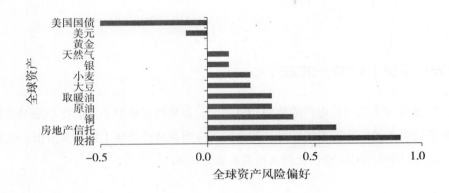

全球投资资产风险偏好（2019）

资料来源：中金研究，Oil Sage。

全球资产投资理财回报（2008—2018）

相对于其他全球投资理财标的，天然气回报率波动大。

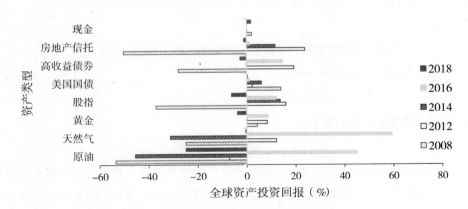

全球资产投资理财回报（2008—2018）

资料来源：美林研究部，摩根士坦利研究部，Oil Sage。

贸易与美元

经常账户平衡（1962—2022）

国际油价和美国经常账户的波动趋势趋同。如果经常账户赤字的变小是对美国商品和服务的更大的国际需求的结果，那么美元应当在货币市场上提高其价值。气价与美国经常账户平衡在GDP中的比例的相关系数为−0.84。

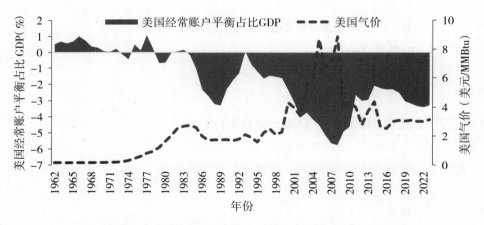

气价与美国经常账户平衡在GDP中的比例（1962—2022）

资料来源：美国联邦储备委员会，Oil Sage。

美元指数（2006—2019）

汇率影响本国与外国之间商品、服务及资产的相对价格，并通过经常账户和资本账户来影响国际收支。全球大宗商品价格的计价货币主要是美元，因此美元汇率走势会影响美元计价的大宗商品价格。美元升值会导致大宗商品的美元价格下降，反之亦然。美国天然气价格与美元呈现负相关。

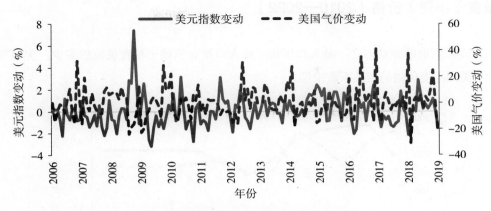

美国天然气价格与美元（2006—2019）

资料来源：美国能源信息署，美国联邦储备委员会，Oil Sage。

大宗商品

粮食（大豆）价格（2010—2022）

作为重要的出口农作物，美国大豆价格与美国气价的相关系数中等。

美国天然气现货价格与美国大豆价格（2010—2022）

资料来源：国际货币基金组织，Oil Sage。

粮食（小麦）价格（2010—2022）

能源需求的驱动力之一是人口增长，而人口增长依赖于粮食供应的多少。美国气价与美国小麦价格的相关系数中等。

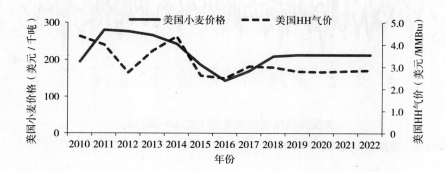

美国天然气现货价格与美国小麦价格（2010—2022）

资料来源：国际货币基金组织，Oil Sage。

黄金价格（1979—2019）

油气与实体经济需求的相关性强于黄金。金价对经济风险的敏感性要小于油气价格，对地缘政治风险的敏感性要大于油气价格。黄金在工业的应用大约为10%。黄金很少出售交易，价格波动性小。黄金被视为全球通货，往往是市场走向不明朗时，作为通货膨胀的对冲和避险资产。金油比可视为风险结构变化的前瞻指标。美国气价与黄金价格的相关性体现了油气与黄金的互补性。

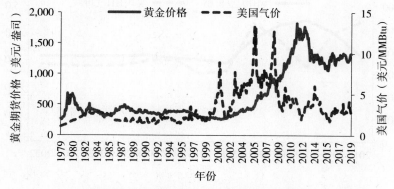

美国天然气价格与黄金价格（1979—2019）

资料来源：美国能源信息署，Oil Sage。

钢材价格（2005—2018）

钢材往往是油气行业的先行指标，美国气价与钢材出厂价的相关性较高。

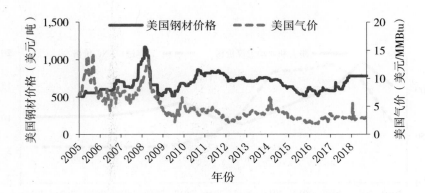

美国气价与钢材出厂价（2005—2018）

资料来源：上海钢联，美国能源信息署，Oil Sage。

铁矿石价格（2010—2022）

同样是主要进口大宗商品，日本进口LNG价格与中国进口铁矿石价格的相关系数较强。

中国进口铁矿石价格与日本进口LNG价格（2010—2022）

资料来源：国际货币基金组织，Oil Sage。

动力煤价格（2010—2022）

同样作为重要的大宗商品，澳大利亚动力煤价格与日本进口LNG价格的相关系数中等。

澳大利亚动力煤价格与日本进口LNG价格（2010—2022）

资料来源：国际货币基金组织，Oil Sage。

铀矿价格（2010—2022）

核电与气电竞争，美国天然气现货价格与铀308价格的相关性较强。

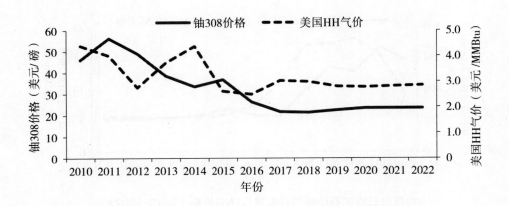

美国亨利港天然气现货价格与铀308价格（2010—2022）

资料来源：国际货币基金组织，Oil Sage。

电动车原材料价格

电动车的整个供应链，从发电和电网到储电、充电和车辆本身，需要很多材料，包括锂、钴、稀土、石墨、镍、铜、锰、铝、硅、钢、铂等。如果金属材料供应紧缺，价格飙升，就会有供应安全问题。电动车面临的一大挑战就是，当油气被电气化冲击时，电动车所需的金属材料的供应是否可靠？车有了，材料从哪儿来？

铝价格（2010—2022）

美国亨利港天然气现货价格与伦敦铝价格的相关系数中等。

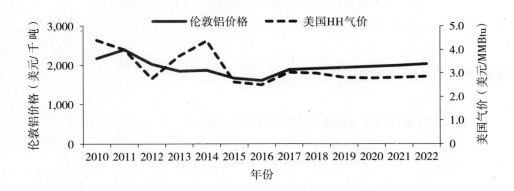

美国亨利港天然气现货价格与伦敦铝价格（2010—2022）

资料来源：国际货币基金组织，Oil Sage。

镍价格（2010—2022）

美国天然气现货价格与伦敦镍价格的相关系数较高。

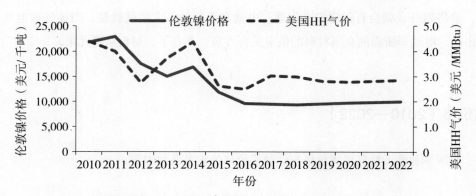

美国亨利港天然气现货价格与伦敦镍价格（2010—2022）

资料来源：国际货币基金组织，Oil Sage。

铜价格（2010—2022）

美国天然气现货价格与伦敦铜价格的相关系数较高。

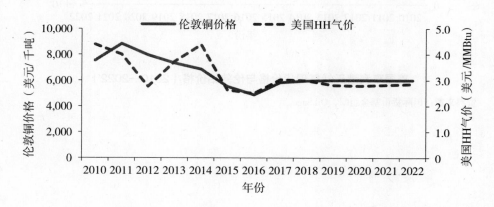

美国亨利港天然气现货价格与伦敦铜价格（2010—2022）

资料来源：国际货币基金组织，Oil Sage。

市场情绪与恐慌指数

市场参与者的情绪和对市场的预期影响大宗商品的价格。

市场波动率指数（VIX）（1990—2019）

芝加哥期权交易所市场波动率指数（VIX）是美国重要的风险指数，具有"恐慌指数"之称，常被投资者拿来衡量标准普尔500指数期权的隐含波动性。在市场波动剧烈期间，气价与VIX呈现很强的正相关关系。

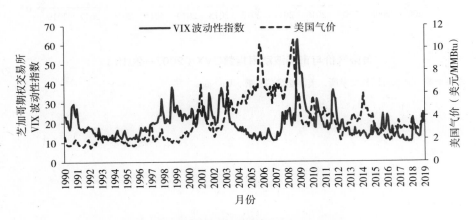

美国气价与市场波动率指数VIX（1990—2019）

资料来源：芝加哥期权交易所，美国能源信息署，Oil Sage。

原油ETF波动率指数（OVX）（2007—2019）

　　芝加哥期权交易所原油ETF波动率指数（OVX）作为衡量油价波动的指标，于2008年7月15日开始发布。OVX反映投资者对未来30天的原油价格的预估。OVX是WTI的恐慌指数。气价与OVX呈现一定的负相关关系。

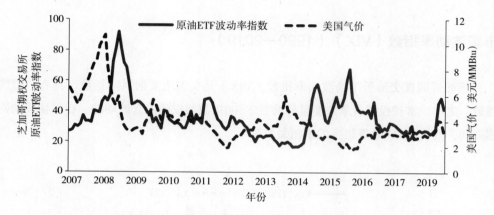

美国气价与市场波动率指数OVX（2007—2019）

资料来源：芝加哥期权交易所，美国能源信息署，Oil Sage。

第 **13** 章

能源替代竞争与可持续
发展的平衡

全球能源消费结构

油气行业面临三种挑战，既要满足不断增长的能源需求，又要满足日益清洁的能源需求，还要面对新能源在一次能源消费结构中的竞争和电气化在二次能源消费结构中的挑战。

石油公司的转型也提上了日程，例如，2018年3月，挪威国家石油公司改名去油化。天然气在能源转型中扮演了双重角色。一方面，是清洁能源，替代其他化石能源。另一方面，本质还是化石能源，是被替代的对象。天然气没有自己主导的地盘，要么与其他能源竞争，要么开发新应用领域（增加需求），或者通过技术突破带来成本降低和新应用领域。替代能源的成本影响了气价的顶部和底部的形成。

全球能源结构（1900—2040）

全球一次能源消费结构走向低碳化，可再生能源的比重迅速提高。能源格局多元化。2040年，煤炭、石油、天然气和非化石能源将四分天下。化石燃料继续提供世界上大多数能源，煤炭、石油、天然气三三而治。

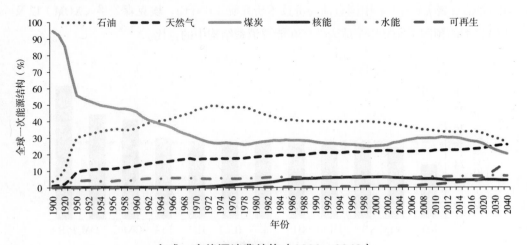

全球一次能源消费结构（1900—2040）

资料来源：BP，Oil Sage。

全球能源结构（2017—2040）

全球能源结构中，石油和煤炭占比下降，水能和核能基本持平，天然气和可再生持续增长。

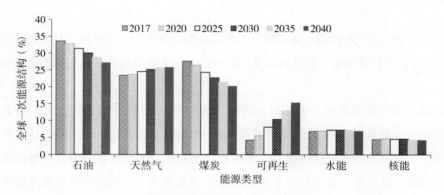

全球一次能源消费结构（2017—2040）

资料来源：BP，Oil Sage。

国际机构预测天然气占比能源消费结构（2035）

壳牌（RDS）、世界能源理事会（WEC)、BP、石油输出国组织（OPEC）、IHS咨询、麻省理工学院（MIT）、日本能源经济研究所（IEEJ）、国际能源署（IEA）、美国能源信息署（EIA）、中国石油经济技术研究院（CNPC)、埃克森美孚（XOM）以及PIRA咨询均预测了2035年全球天然气在能源消费结构中的占比。

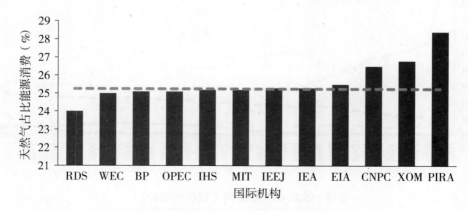

国际机构预测天然气占比能源消费结构（2035）

资料来源：沙特国王研究院，各机构报告，Oil Sage。

全球区域一次能源消费结构（2040）

从区域来看，2040年中国天然气消费占一次能源消费结构中的比例，将低于美欧以及全球比例，主要是受中国自然资源禀赋、交通方式和电气化的影响。

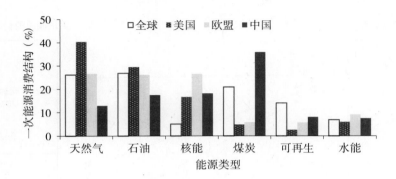

全球主要区域一次能源消费结构（2040）

资料来源：BP，Oil Sage。

一次能源格局演变的速度及领域（2017）

达到能源消费结构占比1%之后，可再生能源要到10%左右还需20年，大概2035前后。

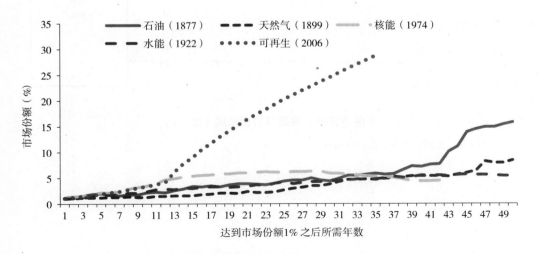

一次能源格局演变的速度及领域（2017）

资料来源：BP，Oil Sage。

美国能源供应来源与消费领域（2018）

在供应端和需求端，能源都是相互替代与竞争。

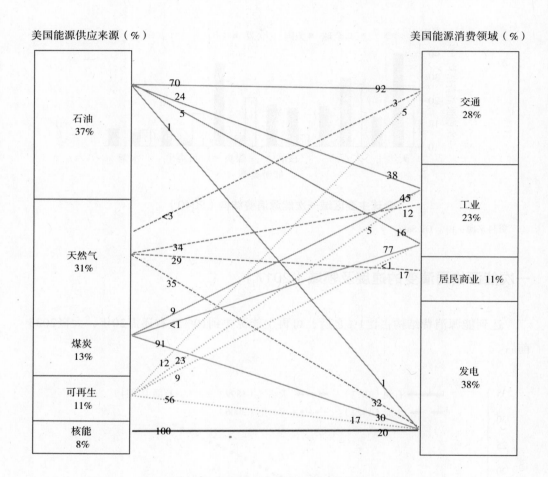

美国能源供应来源（%）

美国能源消费领域（%）

美国能源供应来源与消费领域（2018）

资料来源：美国能源信息署，Oil Sage。

中国能源消费结构（1995—2040）

从占一次能源消费比例看，中国天然气在一次能源消费结构中的比重一直较低。2000年以来，随着天然气消费的快速增长，天然气占比上升。

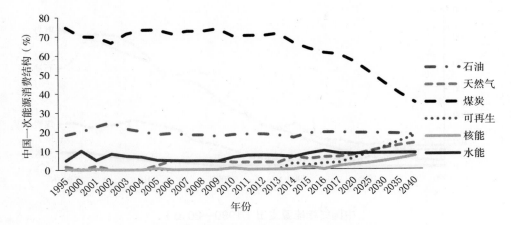

中国一次能源消费结构（1995—2040）

资料来源：BP，Oil Sage。

中国能源消费结构（2016—2050）

2016年至2050年，天然气和电力在中国能源消费结构中占比不断上升。

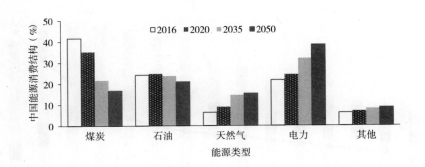

中国能源消费结构（2016—2050）

资料来源：中国石油经研院，Oil Sage。

中国终端能源支出（1990—2016）

全球终端能源支出中，占比最高的是石油。而中国终端能源支出中，占比最高的是电力。国内外的这种鲜明对比，凸显了电气化在中国的影响。

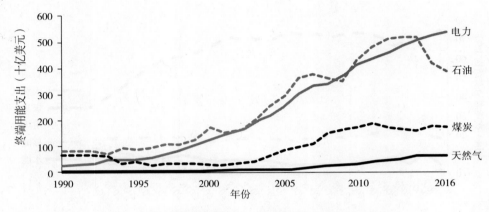

中国终端能源支出（1990—2016）

资料来源：国际能源署，Oil Sage。

电能占比世界终端用能（1980—2050）

世界终端用能中，用于电动车、电冰箱、手机电池等的电能占比将超过50%。

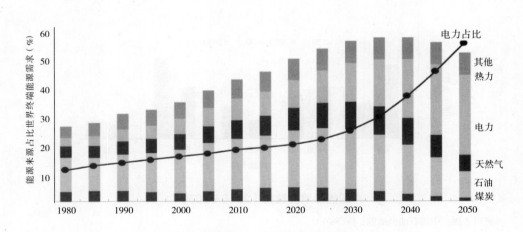

电能占比世界终端用能（1980—2050）

资料来源：国家电网能源研究院，Oil Sage。

发电燃料来源

天然气既是重要的一次能源，也是重要的发电燃料。

燃气发电在各国总发电量占比（2016）

2016年，燃气发电在世界总发电量的占比为22.8%，在美国占比30%左右。

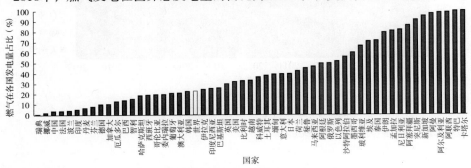

燃气发电在各国总发电量占比（2016）

资料来源：世界银行，Oil Sage。

全球发电燃料来源（2000—2040)

天然气在全球发电燃料中的占比上涨空间有限。

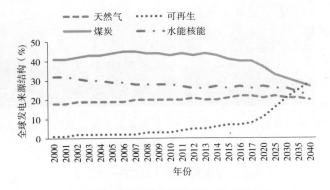

全球发电燃料来源结构（2000—2040)

资料来源：BP，Oil Sage。

美国发电燃料来源（2007—2017）

美国燃气发电量不断上升，突破总发电量的30%。

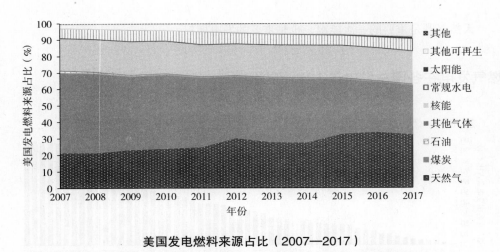

美国发电燃料来源占比（2007—2017）

资料来源：美国能源信息署，Oil Sage。

美国发电燃料来源（2007—2050）

2050年之前，美国燃气发电在总发电量的占比不断攀升至40%的水平。

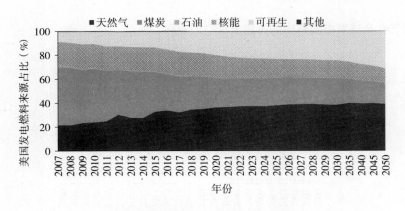

美国发电燃料来源（2007—2050）

资料来源：美国能源信息署，Oil Sage。

中国发电燃料来源（2000—2050）

中国发电燃料来源中，可再生和天然气占比上升。

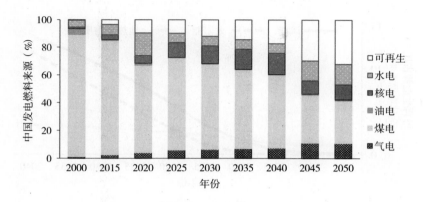

中国发电燃料来源（2000—2050）

资料来源：国际能源署，中国石油经研院，Oil Sage。

清洁能源

　　中国能源学者洪涛认为，由于各国能源政策取向不同，其对清洁能源的定义亦有差异，既有按照能源使用对环境的影响程度来划分的，也有将能源的清洁利用本身就当作清洁能源定义的。即便是前者，各国对环境的影响程度也有不同认知。美国清洁能源概念包括了水能、风电、太阳能、核能、地热、生物质等，但是不包括天然气。欧洲清洁能源概念包括了水能、风电、太阳能、地热、生物质、氢能等，但是不包括天然气、核能。中国清洁能源概念包括了天然气、水电、风电、太阳能、地热、生物质能和核电等。虽然国内外对于清洁能源的定义有所差异，但都是围绕满足人类可持续发展目标而去的。

可再生能源在全球电源中占比（1995—2040）

太阳能和风能以及地热生物质引领可再生能源电源的发展。

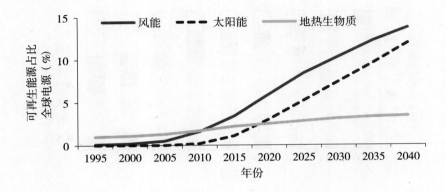

可再生能源在全球电源中占比（1995—2040）

资料来源：BP，Oil Sage。

可再生能源在区域电源中占比（1995—2040）

欧盟在推动可再生能源发电方面一马当先，可再生能源普及率高。

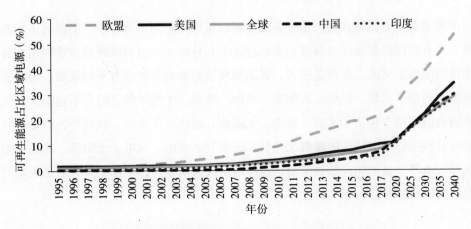

可再生能源在区域电源中占比（1995—2040）

资料来源：BP，Oil Sage。

可再生能源在区域电源中占比（1995—2040）

全球各区域可再生电源占比均有上升。

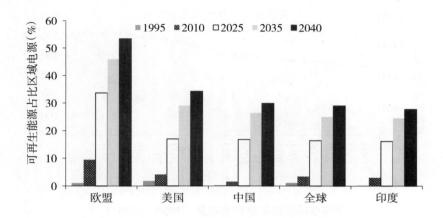

可再生能源在区域电源中占比（1995—2040）

资料来源：BP，Oil Sage。

核电占比国家总发电量（2017）

全球核电约占总发电量的11%左右，各国发展态势各不相同。

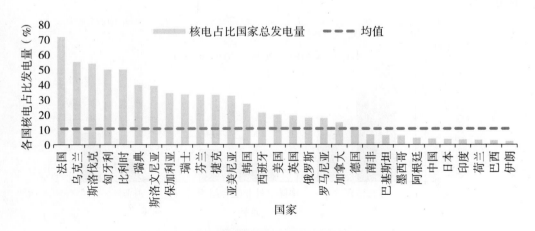

核电占比国家总发电量（2017）

资料来源：国际原子能机构，国际能源署，Oil Sage。

全球核能装机容量和发电量（1999—2050）

核能潜在的应用领域在医疗，与石油向医药发展有相似之处。

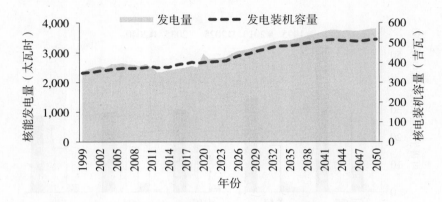

全球核能装机容量和发电量（1999—2050）

资料来源：国际原子能机构，国际能源署，美国能源信息署，Oil Sage。

全球区域核电发电量（1990—2040）

全球核电稳步增长，如果不算中国，其在能源结构中的比重是下降的。中国引领核电增长。

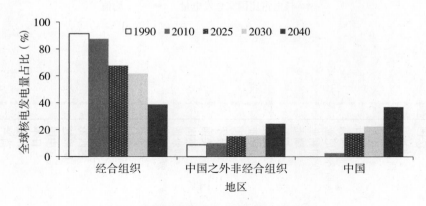

全球区域核电发电量（1990—2040）

资料来源：BP，Oil Sage。

全球区域核电消费量（2000—2040）

俄罗斯、中国和印度推动全球核电消费量，而美国和欧盟下降。

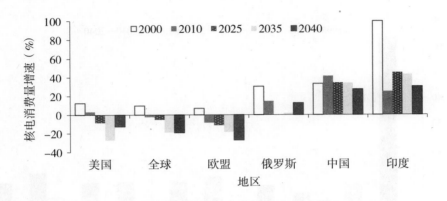

全球区域核电消费量增速（2000—2040）

资料来源：BP，Oil Sage。

全球水电装机容量和发电量（2015—2040）

巴西和中国推动全球水电装机容量和发电量的增长。

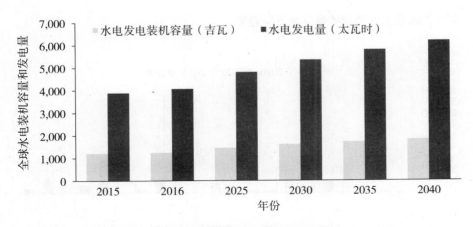

全球水电装机容量和发电量（2015—2040）

资料来源：国际能源署，Oil Sage。

全球区域水电发电量增幅（1995—2040）

全球水电稳步增长，但在能源结构中的比重下降，与中国增长态势不一样。

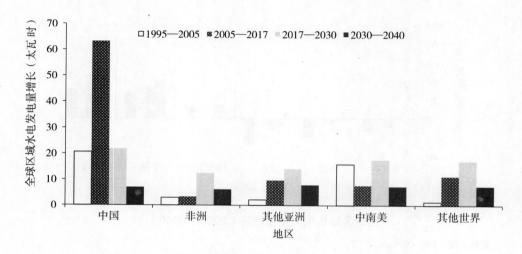

全球区域水电发电量增幅（1995—2040）

资料来源：BP，Oil Sage。

全球区域水电消费增速（2000—2040）

全球各区域水电消费增幅呈现下降趋势。

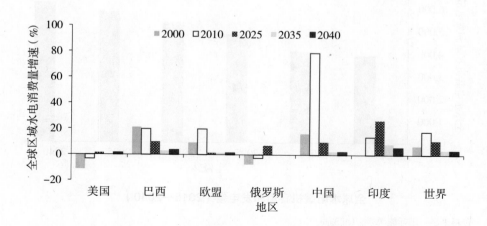

全球区域水电消费增速（2000—2040）

资料来源：BP，Oil Sage。

全球太阳能光伏装机容量和发电量（2006—2040）

由于技术进步、规模经济、争先恐后的实践，可再生能源电力成本持续降低。太阳能遵循了非常成熟的学习曲线，其成本随着发电装机容量增长而迅速下降。

全球太阳能光伏装机容量和发电量（2006—2040）

资料来源：国际能源署，Oil Sage。

全球光热能装机容量和发电量（2015—2040）

全球光热能装机容量和发电量增速较快。

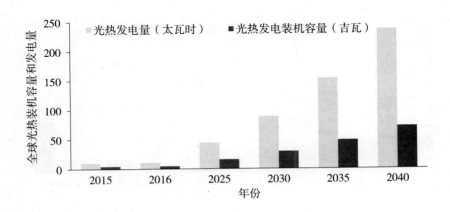

全球光热能装机容量和发电量（2015—2040）

资料来源：国际能源署，21世纪可再生能源政策网络（REN21），Oil Sage。

全球风能装机容量和发电量（2006—2040）

全球风能装机容量稳步上升，并入电网成本下降迅速，但是弃风和生态环保问题尚待解决。

全球风能装机容量和发电量（2006—2040）

资料来源：国际能源署，21世纪可再生能源政策网络（REN21），Oil Sage。

全球海洋能装机容量和发电量（2015—2040）

全球海洋能装机容量和发电量增速较快。

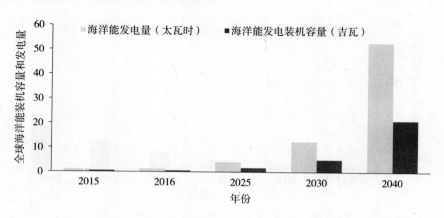

全球海洋能装机容量和发电量（2015—2040）

资料来源：国际能源署，Oil Sage。

全球地热能装机容量和发电量（2015—2040）

全球地热装机容量快于发电量。如果未来能源供给充足，能否快速大规模商业开发是一大挑战。

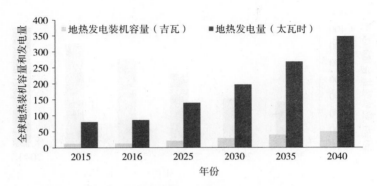

全球地热能装机容量和发电量（2015—2040）

资料来源：国际能源署，Oil Sage。

全球生物燃料产量（1990—2018）

薪柴、饲料、食物等植物能源，占比从工业革命前1830年的90%以上，下降到1900年的50%（与煤炭交集）、1955年的近30%（与石油交集）、1970年的近20%（与天然气交集），到2010年的15%，以新一代生物质能源的形式，止住下降趋势，开始上升。受益于全球政策推动，以燃料乙醇和生物柴油为主的生物燃料在终端燃料市场占比不断升高，但是还需彻底解决腐蚀和天气挑战等问题。

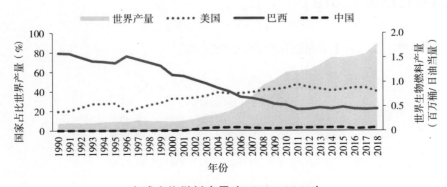

全球生物燃料产量（1990—2018）

资料来源：BP，Oil Sage。

全球生物质装机容量和发电量（2015—2040）

全球生物质装机容量快于发电量。

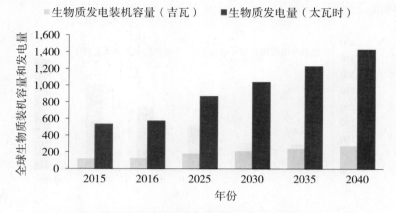

■生物质发电装机容量（吉瓦）　■生物质发电量（太瓦时）

全球生物质装机容量和发电量（2015—2040）

资料来源：国际能源署，Oil Sage。

氢能

氢气列为元素周期表的首位，是结构最简单的原子，是相对原子质量最小、最轻的化学元素。

氢元素存在形式（2019）

自然界里，氢元素主要是以化合物的形式存在。

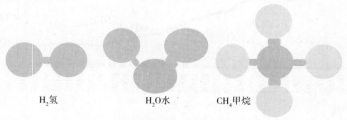

H_2氢　　　　H_2O水　　　　CH_4甲烷

氢元素存在形式（2019）

资料来源：壳牌，Oil Sage。

能源热值对比（2019）

在能源化工燃料中，氢气的热值仅次于核能。

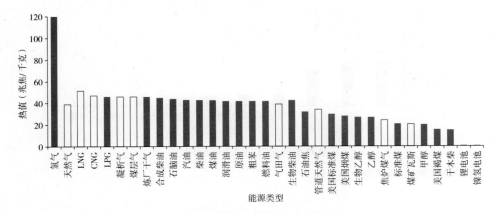

同等质量的能源热值对比（2019）

资料来源：壳牌，Oil Sage。

氢气占比终端能源需求（2015—2050）

欧盟燃料电池和氢气联盟预测，在2050年前，氢气在全球终端能源消费占比可达20%。

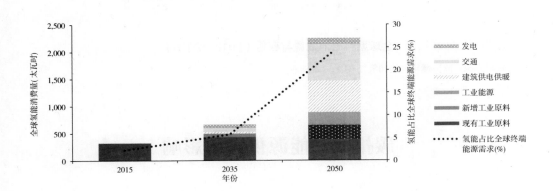

氢气占比终端能源需求（2015—2050）

资料来源：欧盟燃料电池和氢气联盟，Oil Sage。

全球加氢站（2017—2018）

全球加氢站主要在日本、美国和欧洲。

全球加氢站（2017—2018）

资料来源：国际加氢站协会，Oil Sage。

全球燃料电池数量与容量（2012—2018）

投资热情和技术创新推动了全球燃料电池的发展。

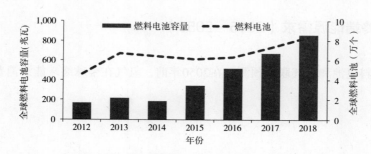

全球燃料电池数量与容量（2012—2018）

资料来源：欧盟燃料电池和氢气联盟，Oil Sage。

碳排放对能源供需的影响

天然气相对于煤炭和石油来说的低碳优势推动了天然气的兴起。归根结底天然气还是化石能源，依旧摆脱不了"肮脏燃料"的名声。天然气在美国是广义清洁能源，欧美语境狭义的清洁能源是脱碳能源。

气候计划对天然气需求的影响（1965—2050）

气候变化对油气行业的影响深远。二氧化碳在大气中的浓度限值，构成了化石能源经济增长自身难以逾越的极限。相对于工业革命的1750年，到2100年，全球温度上升2℃是公认的气候红线。如果超过2℃，许多地区将面临灾难。目前，全球平均气温为15℃左右。如果要实现不超过2℃目标的计划，相关机构预测2040年，天然气需求需要降低到3.2万亿立方米以下，2050年降低到2.8万亿立方米以下。但是，2℃目标的实现挑战重重，如果难以实现，那么天然气需求很可能高于之前的理应需求预测。

气候变化2℃应对计划对天然气需求的影响（1965—2050）

资料来源：国际能源署，挪威石油，Oil Sage。

世界气候变化2100年2℃目标（2018）

有关机构预测，2100年相对于1750年，如果各国都不作为，那么气温会上升4.5℃。如果继续维持现状，那么气温会上升3.6℃。如果执行巴黎协定，那么气温会上升2.7℃，仍高于2℃。

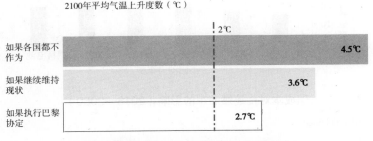

世界气候变化2100年2℃目标（2018）

资料来源：气候行动追踪组织，Oil Sage。

碳成本对传统化石燃料发电的影响（2015—2050）

2050年，如果增加100美元/二氧化碳排放吨，碳成本对传统化石燃料发电的影响显著。

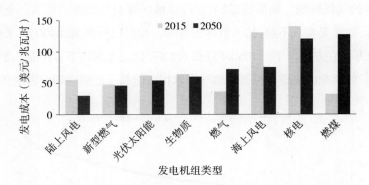

碳成本对传统化石燃料发电的影响（2015—2050）

资料来源：BP，Oil Sage。

碳成本对传统燃油车的影响（2015—2050）

碳排放规定，毫无疑问会加大燃油车的成本。2050年，如果增加100美元/二氧化碳排放吨，碳成本对传统燃油车的影响相对有限。

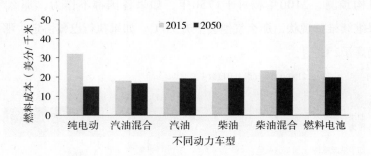

碳成本对传统燃油车的影响（2015—2050）

资料来源：BP，Oil Sage。

交通用能与电气化

电气化推动二次能源（电）与一次能源（煤、油、气）的竞争。

电气化在交通领域对油气的冲击（2019）

作为高铁、地铁、电动车的受益者，消费者深有体会电气化对交通油气的冲击。

城际间，电气化**高铁**交通半径1500千米或6小时以内，对公路交通冲击
- 高速公路里程，至2015年，12万千米；至2020年，16万千米
- 高铁里程，至2015年，1.9万千米；至2020年、3.0万千米
- 电气化机车替代火车内燃机车。原来柴油消费800多万吨

市区和郊区，交通用油受到**电动车**的冲击。续航里程不再是问题，**200~300千米**

共享单车，解决最后一公里出行 **1~3千米**

大中城市市区内，地铁**2~40千米**

城区内，**电动二轮三轮车** **1~5千米**

园区内，电动摆渡车 **2~5千米**

中小城市市区内，电动**代步车** **5~10千米**

交通领域的电气化（2019）

资料来源：Oil Sage。

交通领域用电量变化（2016—2018）

在电气化不断冲击油气行业的背后，是电力行业自身的危机感。电力行业也在找出路，找增长点，在交通用能领域冲击石油天然气。

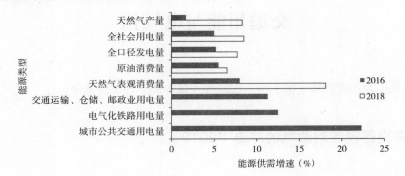

交通领域用电量变化（2016—2018）

资料来源：中国国家统计局，Oil Sage。

美国交通用能结构（2010—2050）

2018年，美国石油的70%是用于交通，而交通用能的92%来自石油。由于美国消费习惯、基础设施、地域环境等原因，电动车和车用气的影响相对小。

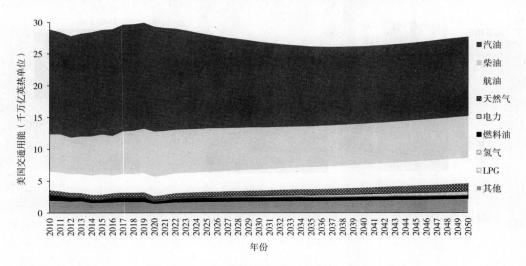

美国交通用能结构（2010—2050）

资料来源：美国能源信息署，Oil Sage。

全球交通用能比例（2000—2040）

BP预测，2040年全球交通用能中，石油占84.4%，天然气占4.8%，电力占4.2%。

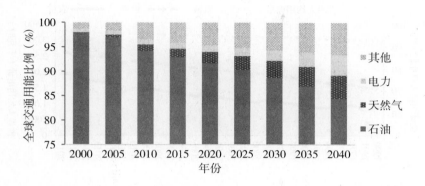

全球交通用能比例（2000—2040）

资料来源：BP，Oil Sage。

国际机构预测全球电动车市场份额（2040）

2040年，电动车占比全球乘用车比例，从15%到54%，基准值在25%~30%。

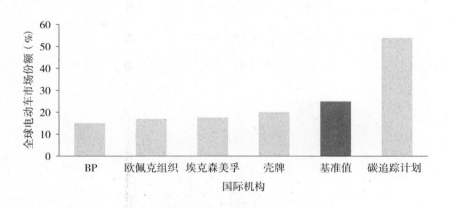

全球电动车市场份额（2040）

资料来源：机构报告，Oil Sage。

全球用电人口比例及人均用电量增幅（1990—2016）

1990年至2016年，全球用电人口和人均用电量均上升较快。

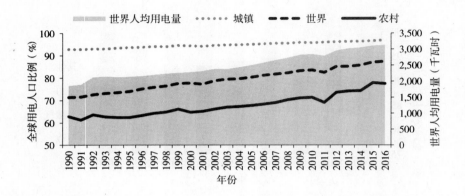

全球用电人口比例及人均用电量增幅（1990—2016）

资料来源：世界银行，Oil Sage。

第 **14** 章

替代与竞争：终端用能价格

气价与替代能源价格相互影响，保持相对的动态平衡关系，一旦某一能源价格出现变化，就会打破彼此之间的关系，价格随之变化，直到达成新的动态平衡。能源替代性增加了天然气需求弹性和价格波动率。

天然气销售产业链价格

全球天然气批发价格（2018）

除了政府定价和气源竞争等因素之外，主要LNG进口国的批发气价往往也高。

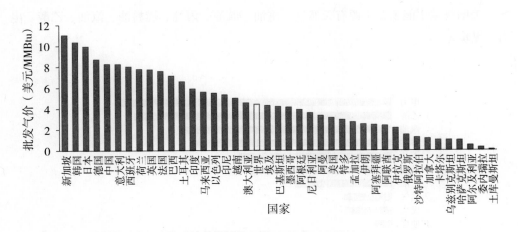

全球天然气批发价格（2018）

资料来源：IGU，Oil Sage。

图解天然气

美国终端天然气价格（1985—2018）

美国终端天然气价格中，车用气和居民用气价格相对较高。

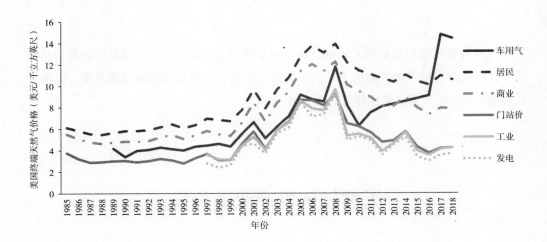

美国终端天然气价格（1985—2018）

资料来源：美国能源信息署，Oil Sage。

美国终端用能价格（2018）

美国终端用能主要来源有天然气、重油、航油、丙烷、燃料油、汽油、乙醇、电力、煤炭等。

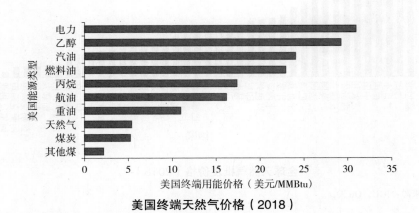

美国终端天然气价格（2018）

资料来源：美国能源信息署，Oil Sage。

中国终端能源价格（2017）

中国终端用能中，煤炭成本相对低，又不断清洁化，对油气形成了很大的挑战。

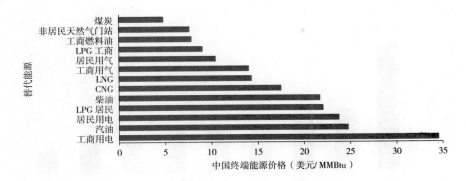

中国终端能源价格（2017）

资料来源：高盛研究，Oil Sage。

交通用能替代竞争价格

美国车用气价格（1989—2050）

2013年之前，天然气价格与车用气价格的相关性较高。

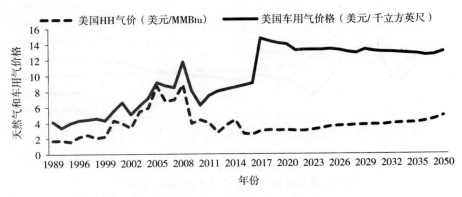

美国天然气价格与车用气价格（1989—2050）

资料来源：美国能源信息署，Oil Sage。

美国替代燃料零售价格（2019）

交通用气主要与氢能、LPG、乙醇、汽柴油、生物燃料、LNG、CNG和电动车等替代竞争。

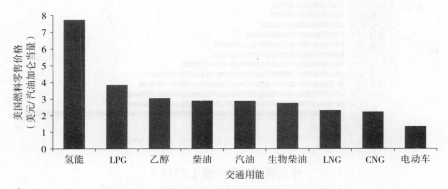

美国车用气与替代燃料零售价格（2019）

资料来源：美国能源信息署，Oil Sage。

美国交通用能替代能源价格（2008—2050）

美国交通用能主要来源有丙烷、乙醇、汽油、航油、柴油、重油、天然气和电力等。

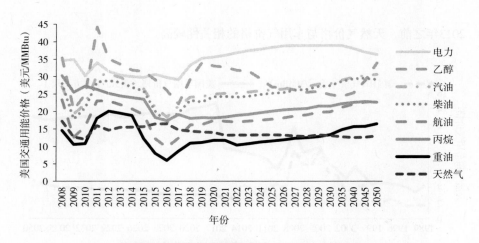

美国交通用能替代能源价格（2008—2050）

资料来源：美国能源信息署，Oil Sage。

美国终端汽油价格（1976—2020）

美国终端汽油价格与天然气价格相关性较强。

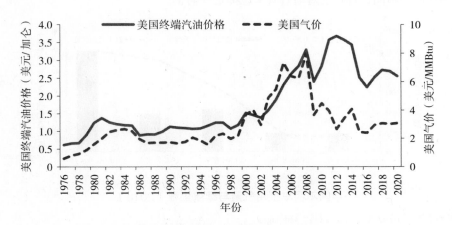

美国气价与终端汽油价格（1976—2020）

资料来源：美国能源信息署，Oil Sage。

美国交通柴油价格（1979—2020）

美国车用柴油价格和气价相关性强。

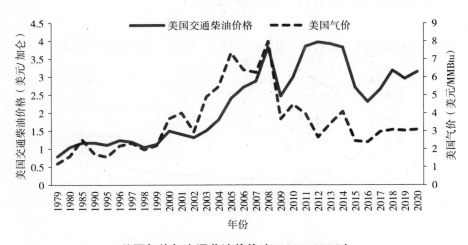

美国气价与交通柴油价格（1979—2020）

资料来源：美国能源信息署，Oil Sage。

中国不同车型用气量与续航里程（2018）

CNG车使用压力罐，LNG车使用低温罐，不能用容量直接比。如果不考虑两者压缩比和热值的不同，直觉上对消费者来说都是一辆车。

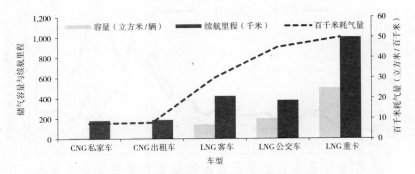

中国不同车型用气量与续航里程（2018）

资料来源：中国石油天然气报告，Oil Sage。

发电替代竞争价格

燃气发电是天然气的重要应用领域。天然气与燃料油、重油、天然气、煤炭、可再生和核能竞争。

美国发电用能替代能源价格（2008—2050）

美国发电用能来源有燃料油、重油、天然气、煤炭、可再生和核能等。

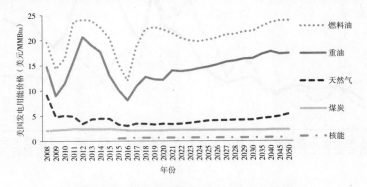

美国发电用能替代能源价格（2008—2050）

资料来源：美国能源信息署，Oil Sage。

全球发电项目投资成本（2018—2050）

到2050年，天然气发电项目度电投资成本竞争力相对降低。

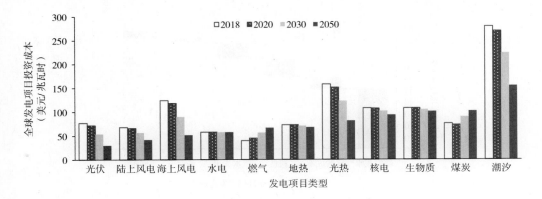

全球发电项目度电投资成本（2018—2050）

资料来源：能源情报，Oil Sage。

美国电厂运营成本（2007—2017）

美国天然气在电厂运营总成本中的占比不断下降，提高了与燃煤电厂和核电的竞争力。

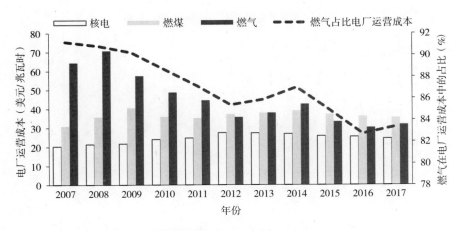

美国电厂运营成本（2007—2017）

资料来源：美国能源信息署，Oil Sage。

美国新建联合循环燃气发电成本（2018）

燃料成本在美国新建联合循环燃气发电成本占比最高。

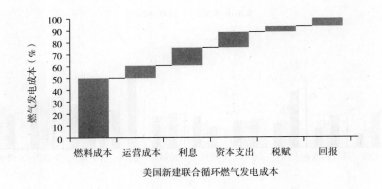

美国新建联合循环燃气发电成本（2018）

资料来源：美国能源信息署，Oil Sage。

气价与燃气发电用气量

·美国气价与发电用气量（2002—2019）

用气价格上升到一定程度，会影响发电用气量。

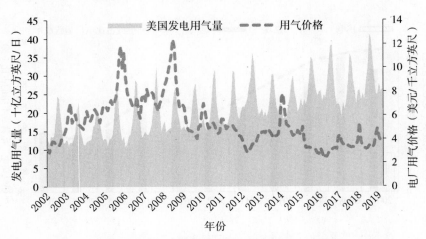

美国气价与发电用气量（2002—2019）

资料来源：美国能源信息署，Oil Sage。

·美国气价与发电用气量敏感性分析（2019）

发电用气价格低到一定程度，用气容量难以消纳，价格就很难再降。如果美国气价不断上升，美国燃气发电用气量呈现下降趋势，支撑了美国气价的上限。

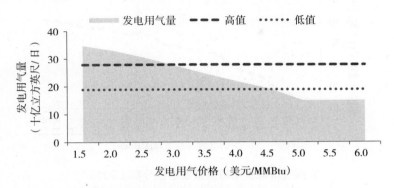

美国气价与发电用气量敏感性分析（2019）

资料来源：美国能源信息署，Oil Sage。

气价与煤价

发电是需求中弹性系数较大的，燃气发电价格决定美国短期气价。煤炭行业调整影响了煤价。

·美国发电气价和用煤量（2008—2019）

气价不断上升，用煤量会增加，当用煤总量上升有限，支撑了美国气价的上限。

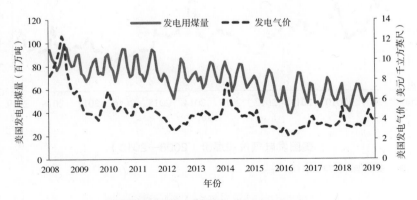

美国发电气价和用煤量（2008—2019）

资料来源：美国能源信息署，Oil Sage。

·美国气价与发电用煤量敏感性分析（2019）

美国气价上升，会推动发电用煤量的增加，支撑了美国气价的上限。

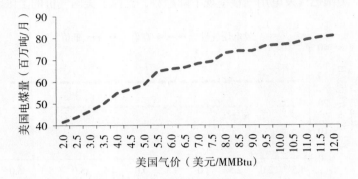

美国气价与发电用煤量敏感性分析（2019）

资料来源：美国能源信息署，Oil Sage。

·美国发电气价和煤价（2008—2019）

美国煤电置换价位支撑了气价上限。

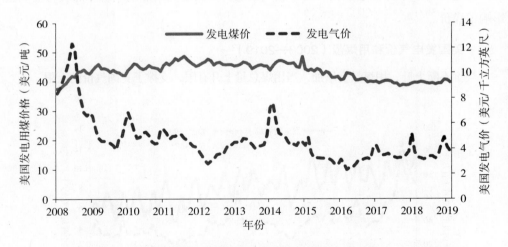

美国发电气价和煤价（2008—2019）

资料来源：美国能源信息署，Oil Sage。

·美国气价与煤价（2014—2022）

美国气价与煤价相关性较强，相互替代竞争。

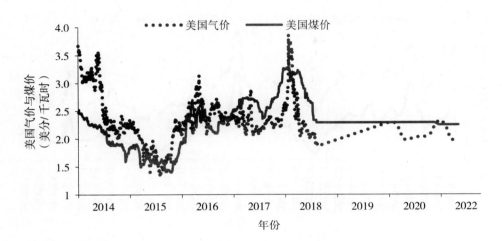

美国气价与煤价（2014—2022）

资料来源：美国能源信息署，Oil Sage。

·美国气价和燃煤电厂煤炭价格（2007—2050）

美国电厂煤价与美国气价相关性较强。

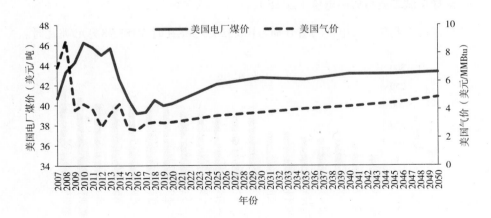

美国气价和燃煤电厂煤炭价格（2007—2050）

资料来源：美国能源信息署，Oil Sage。

·美国气价与燃煤电厂煤价价差（2009—2019）

2009年至2019年，美国气价与燃煤电厂煤价价差均值在1.82美元/MMBtu。

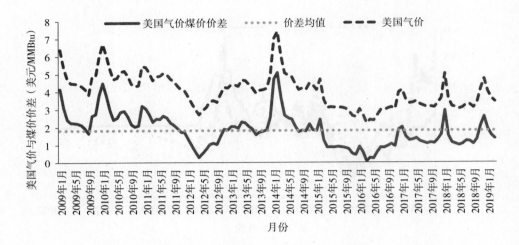

美国气价和燃煤电厂煤炭价格价差（2009—2019）

资料来源：美国能源信息署，Oil Sage。

气价与电价

美国的电价波动与气价波动相关性较强。

·全球区域工业与居民电价（2018）

全球区域工业与居民电价均值分别为100.32美元/兆瓦时和187.98美元/兆瓦时。

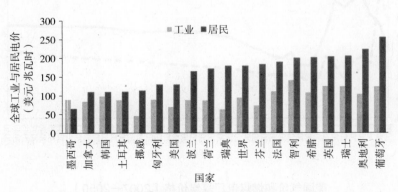

全球区域工业与居民电价（2018）

资料来源：国际能源署，Oil Sage。

·美国气价与燃气电厂销售价格（1990—2050）

上网电价构成了气价的上限。

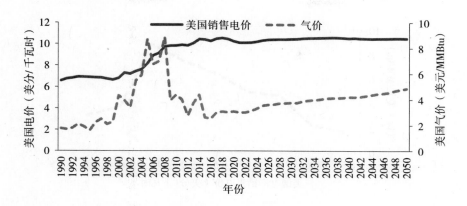

美国天然气价格与燃气电厂销售价格（1990—2050）

资料来源：美国能源信息署，Oil Sage。

·美国东部气价与电价敏感性分析（2008—2019）

美国东部气价与电价的相关性强。美国电厂销售电价对气价影响大，支撑了气价上限。

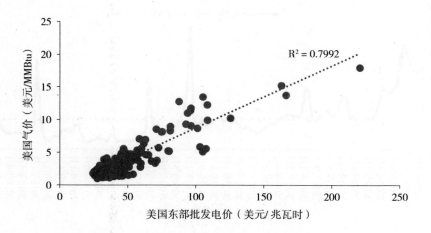

美国东部气价与电价敏感性分析（2008—2019）

资料来源：美国能源信息署，Oil Sage。

· **美国气价与电价敏感性分析（2019）**

美国电厂销售电价对气价影响大，支撑了气价上限。

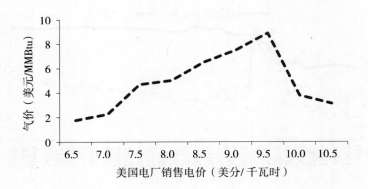

美国气价与电价敏感性分析（2019）

资料来源：美国能源信息署，Oil Sage。

· **美国气价与电价价差（2008—2019）**

美国电价与气价价差影响了燃气发电量和电厂盈利。

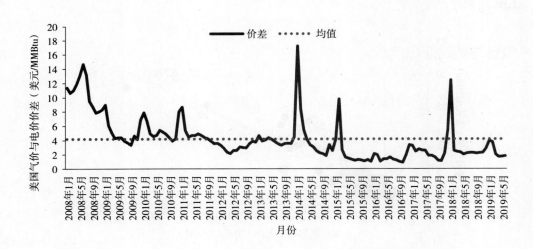

美国气价与电价价差（2008—2019）

资料来源：美国能源信息署，Oil Sage。

· 美国气价与电价点火价差（2019）

点火价差（spark spread）是各交易点每日现货气价和电价的差价，测算燃气电厂盈利水平，往往比炼厂裂解价差波动范围大。

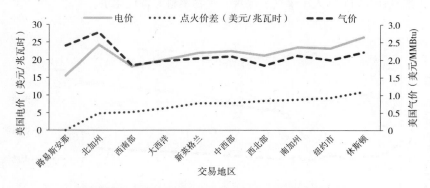

美国气价与燃气电厂点火价差（2019年6月14日）

资料来源：美国能源信息署，Oil Sage。

居民用能替代竞争价格

美国居民采暖费用中，天然气成本可占2/3。

气价与美国居民气价（1967—2020）

美国天然气价格与美国居民用气价格相关性较强。

气价与美国居民气价（1967—2020）

资料来源：美国能源信息署，Oil Sage。

美国居民用能替代能源价格（2008—2050）

　　美国居民用能主要来源有丙烷、燃料油、天然气和电力等。天然气价格最低。在中国，天然气还与LPG、人工煤气、煤炭、生物燃料等替代竞争。

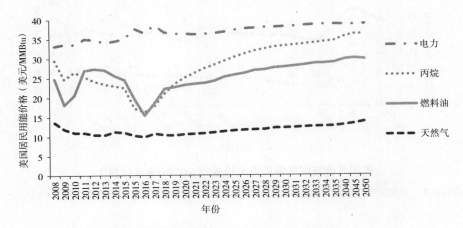

美国居民用能替代能源价格（2008—2050）

资料来源：美国能源信息署，Oil Sage。

美国居民电价（1967—2020）

　　美国居民电价不断上涨，与气价相关性较弱。

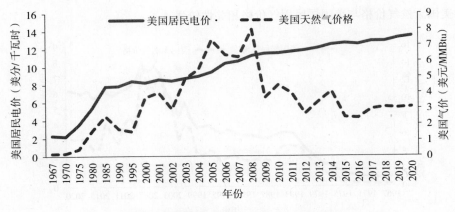

美国气价与居民电价（1967—2020）

资料来源：美国能源信息署，Oil Sage。

美国终端取暖油价格（1979—2020）

美国气价与取暖油价格相关性较强，相互替代。

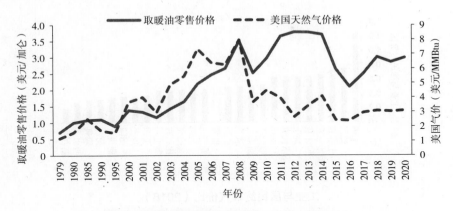

美国气价与终端取暖油价格（1979—2020）

资料来源：美国能源信息署，Oil Sage。

美国居民丙烷零售价格（1990—2020）

美国气价与居民丙烷零售价格相关性较强。

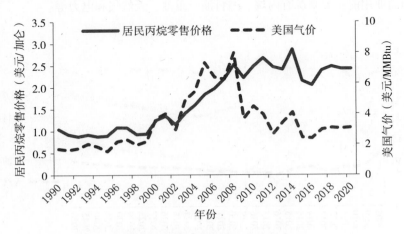

美国气价与居民丙烷零售价格（1990—2020）

资料来源：美国能源信息署，Oil Sage。

工业与居民终端气价比（2018）

经济合作与发展组织（OECD）国家工业与居民终端气价比均值为0.48。

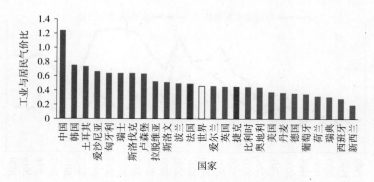

工业与居民终端气价比（2018）

资料来源：国际能源署，中国国家统计局，Oil Sage。

美国商业用能替代能源价格（2008—2050）

美国商业用能主要来源有丙烷、燃料油、重油、天然气和电力等。

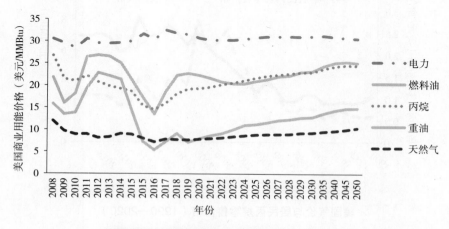

美国商业用能替代能源价格（2008—2050）

资料来源：美国能源信息署，Oil Sage。

美国工业用能替代能源价格（2008—2050）

美国工业用能来源有丙烷、燃料油、重油、天然气、煤炭、其他工业煤、煤制油和电力等。在中国工业燃料领域，天然气主要与燃料油、水煤气、焦炉煤气、动力煤、液化石油气、人工煤气、煤制油和电力等替代竞争。

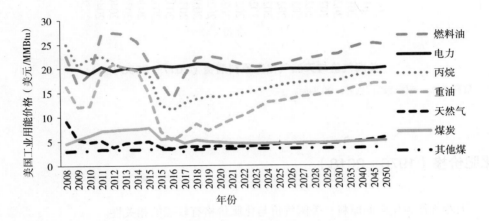

美国工业用能替代能源价格（2008—2050）

资料来源：美国能源信息署，Oil Sage。

化工原料

在化工领域，天然气的替代能源包括煤炭、石油、天然气液等。

天然气化工原料消费（2017—2050）

天然气作为化工原料，未来美国消费量增幅缓慢，低于气价增幅。

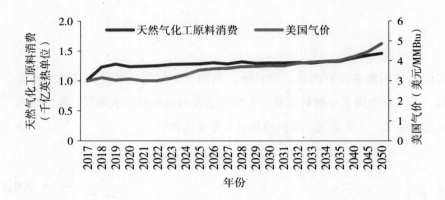

美国气价与天然气化工原料消费（2017—2050）

资料来源：美国能源信息署，Oil Sage。

化肥价格（1976—2018）

天然气作为化肥的原料，美国气价与化肥价格有较强的相关性。

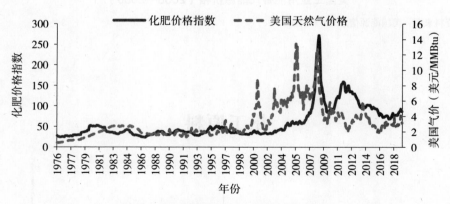

美国气价与化肥价格（1976—2018）

资料来源：国际货币基金组织，Oil Sage。

第 **15** 章

季节性和天气因素

油气商品的长周期特点导致了市场交易和价格会受到季节性因素影响，例如春节、国庆和调休等中国节假日、美国夏季出行和冬季采暖。也包括社会因素带来的季节性，例如美国感恩节购物和中国双十一购物等。

气价季节性

天然气价格季节性明显。3月是美国冬季供暖的最后一个月份，而4月是美国天然气补库存季节的开始，价差通常大。由于冬季天气变化无常，3月4月的天然气期货价差交易被称之为"寡妇制造机"（Widow maker），常常有投资者在3月4月价差交易中看错方向而倾家荡产。

美国HH价格的月度季节性（1976—2018）

天然气价格月度季节性明显。自1976年以来，在不同价格周期，1月涨多，波动率高，2月3月跌多，4月5月6月涨多，波动率较低，7月跌多，8月9月震荡，10月11月涨多，12月涨多，波动率最高。

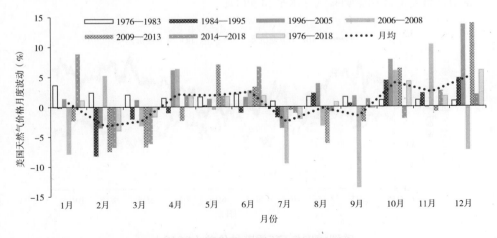

美国天然气价格月度波动（1976—2018）

资料来源：美国能源信息署，Oil Sage。

美国天然气价格的小周期（1976—2018）

　　油气价格，70%在趋势中，30%在转折中，有大周期和小周期。天然气价格波动也体现了生产经营和库存的周期。自1976年以来，在不同价格周期，第1周至第7周涨多，第8周至第22周跌多，第23周至第34周震荡，第35周至第46周跌多，第47周至第52周涨多。

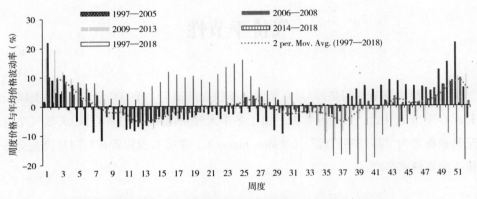

美国天然气周度价格与年均价格波动率（1976—2018）

资料来源：美国能源信息署，Oil Sage。

欧洲NBP与TTF季节性价差（2018）

　　季节性价差的波动影响储气库水平和进口量。

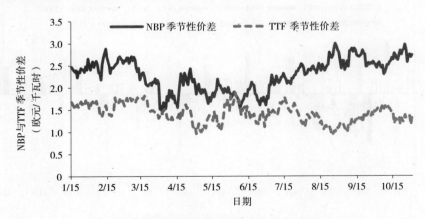

欧洲NBP与TTF季节性价差（2018）

资料来源：洲际交易所，Oil Sage。

需求季节性

美国天然气需求季节性

·天然气终端消费季节性（2001—2018）

天气变化对美国天然气需求有显著影响。天然气需求和价格通常有两个季节性的驼峰，一个是夏季空调用电高峰，另一个是冬季取暖高峰。

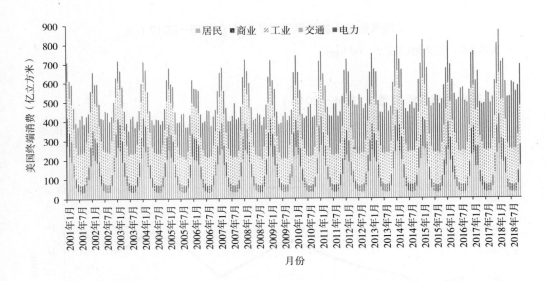

美国天然气终端消费季节性（2001—2018）

资料来源：美国能源信息署，Oil Sage。

·用气量季节性（1976—2019）

美国居民、商业和发电用气的季节性强，影响了气价的季节性。

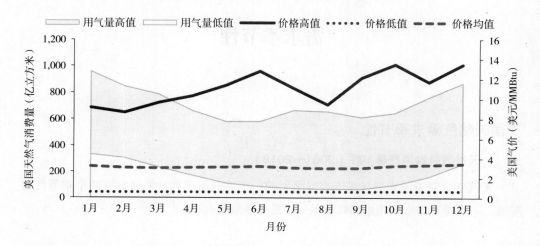

美国气价和天然气用气量季节性（1976—2019）

资料来源：美国能源信息署，Oil Sage。

·居民用气量季节性（1994—2019）

城市燃气最重要的特点是，需求季节性波动性，有峰谷差，例如，民用气的季节性大，冬季采暖季，夏季空调。

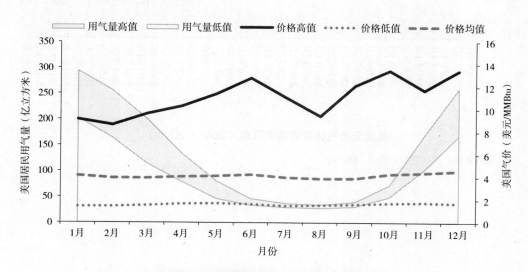

美国居民用气量季节性（1994—2019）

资料来源：美国能源信息署，Oil Sage。

·**商业用气量季节性（1994—2019）**

由于冬季采暖季、节假日出行、夏季空调等影响，商业用气季节性波动大。

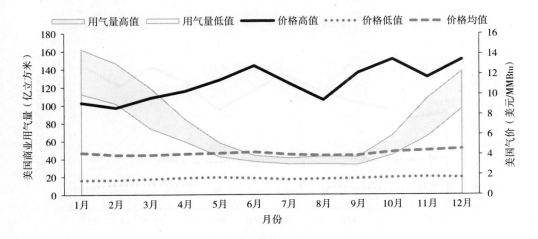

美国商业用气量季节性（1994—2019）

资料来源：美国能源信息署，Oil Sage。

·**工业用气量季节性（2001—2019）**

主要受检修、节假日、需求季节性等影响，工业用气量不均匀。

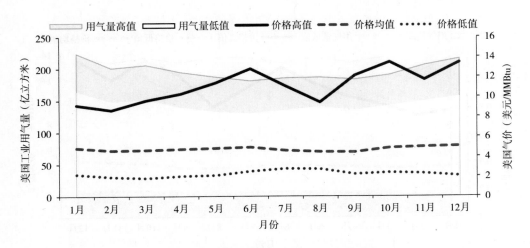

美国工业用气量季节性（2001—2019）

资料来源：美国能源信息署，Oil Sage。

·燃气发电用气量季节性（2001—2019）

美国天然气消费和电力需求季节性特征明显，夏季发电用气量大。

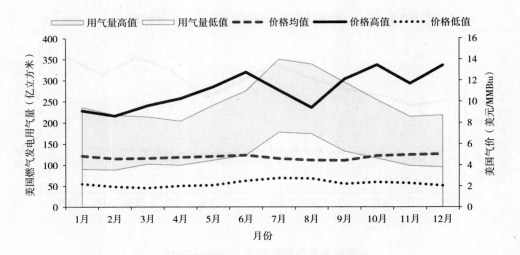

美国燃气发电用气量季节性（2001—2019）

资料来源：美国能源信息署，Oil Sage。

·车用气量季节性（1997—2019）

美国车用气需求全年相对平稳。

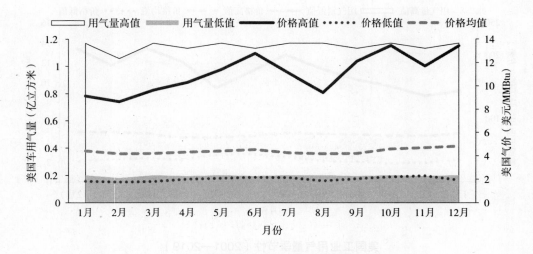

美国车用气量季节性（1997—2019）

资料来源：美国能源信息署，Oil Sage。

中国天然气需求季节性

·中国天然气消费季节性（2005—2019）

中国天然气供需总体是平衡的，但存在区域性、季节性和消费不均匀性。

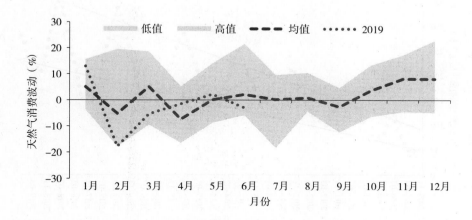

中国天然气消费季节性（2005—2019）

资料来源：中国国家发展改革委，中国国家统计局，Oil Sage。

·中国华北日消费量峰谷差（2008—2018）

每年11月15日至次年3月15日，中国北方大部分地区处于采暖季，天然气需求处于高峰时期，天然气消费量峰谷比值高。

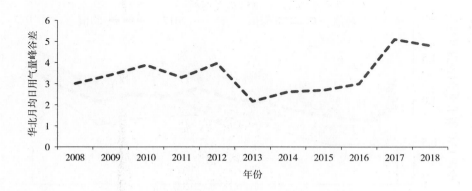

中国华北天然气日消费量峰谷差（2008—2018）

资料来源：中国石油报，Oil Sage。

·**中国采暖用气与非采暖用气增速（2009—2019）**

中国地域广阔，区域季节性差异大，采暖用气增速高于非采暖用气增速。

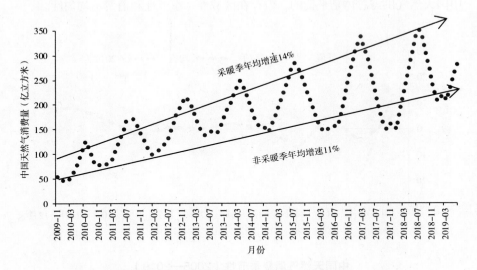

中国采暖用气与非采暖用气增速（2009—2019）

资料来源：中国国家统计局，Oil Sage。

·**中国LNG需求季节性（2007—2017）**

LNG价格波动的季节性主要来自LNG需求的季节性，正常波动在30%～50%。槽车运输容易受天气影响，供应保障相对较低。

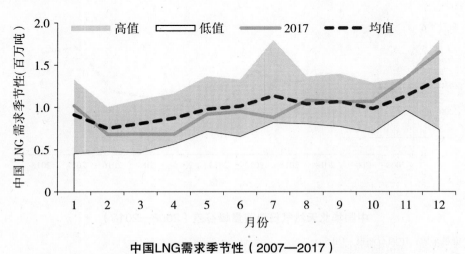

中国LNG需求季节性（2007—2017）

资料来源：隆众，Oil Sage。

天气气温与自然现象

　　天气对季节性天然气需求和气价的影响显著。据东京煤气估算，气温每降低一度，可多卖200万立方米天然气。据北京燃气估算，温度每降低一度，可影响300万立方米气量，而一个寒流，可降低温度7℃~8℃。预测天然气需求时，不要和天气对着干。

美国采暖度日数（2009—2019）

　　采暖度日指数（heating degree days，简称HDD）是一天温度最高值和最低值的平均值，与65℉（开空调和烧锅炉的基准温度）的差，当是负数时，即为HDD，与历史均值相比，采暖度日指数（HDD）值越高，意味着供暖需求越大。一天温度最高值和最低值的平均值，与65℉的差，是正数时，即为制冷度日指数（cooling degree days，简称CDD），与历史均值相比，制冷度日指数（CDD）值越高，意味着制冷需求越大。

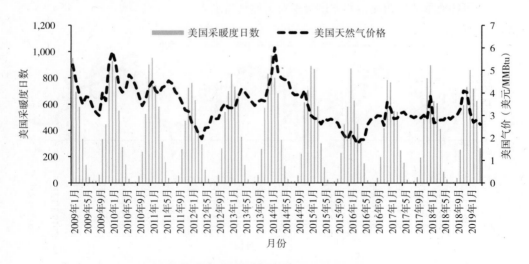

美国气价与采暖度日数（2009—2019）

资料来源：美国能源信息署，Oil Sage。

美国采暖度日数和制冷度日数（2017—2018）

美国天然气价格波动与天气变化有直接关系。

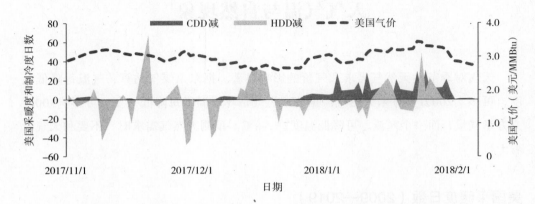

美国气价与采暖度和制冷度日数（2017—2018）

资料来源：美国爱科气象公司，美国能源信息署，Oil Sage。

中国三地气温（2016—2020）

中国各地季节性明显，北方供暖季对天然气需求大。

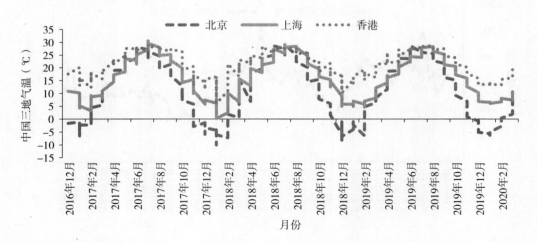

中国三地气温（2016—2020）

资料来源：中国国家气象局，Oil Sage。

飓风与美国墨西哥湾天然气产量（1960—2018）

美国墨西哥湾有700多座油气作业平台。在飓风季节（从6月到11月底，但是集中在8月和9月），市场对产量、液化量与气化量、加工量、消费量、航运受到飓风的影响都是有预期。油气价格是否飙升是相对于预期的好坏。在飓风期间，飓风关停产量占墨西哥湾天然气总产量年均1.93%，可高达30%。

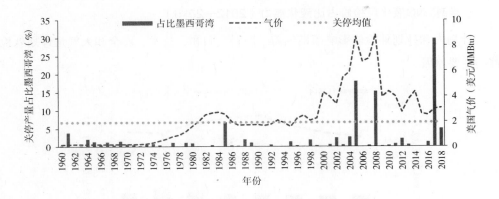

关停产量占美国墨西哥湾天然气总产量比例（1960—2018）

资料来源：美国安全和环境执法局，美国能源信息署，Oil Sage。

美国自然灾害导致人员损失比例（1900—2016）

美国各种自然灾害导致人员损失主要来自龙卷风和对流风暴等自然现象。

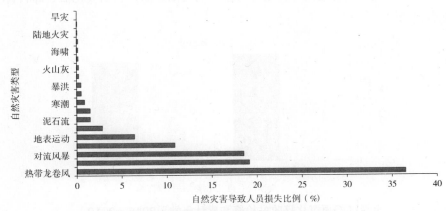

美国自然灾害导致人员损失比例（1900—2016）

资料来源：Statista德国数据公司，Oil Sage。

设施检修

设施计划内或临时检修或停产都会影响短期油气价格。企业为了维持较高的毛利和价差，也会安排检修。很多设施三五年一大修，每次大修停产一个月或更久。

LNG设施检修

·全球LNG液化厂检修占比液化能力（2012—2019）

计划内和计划外检修影响短期供需。原料气问题、技术、安全和天气是计划外检修的主要原因。

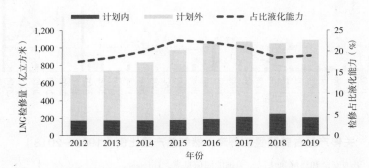

全球LNG液化厂检修占比液化能力（2012—2019）

资料来源：国际能源署，Oil Sage。

·全球LNG再气化接收站检修影响（2018—2019）

LNG再气化接收站计划内和计划外检修影响短期供需，包括气化器、卸料臂、压缩机和管线等。

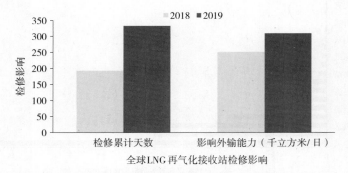

全球LNG再气化接收站检修影响

全球LNG再气化接收站检修和累计天数（2018—2019）

资料来源：公开资料，Oil Sage。

·中国陆上液化工厂检修减产（2014—2018）

由于各种原因而停产或检修，特别是在供暖季节，陆上液化工厂进行减产，和价格有很大关系。

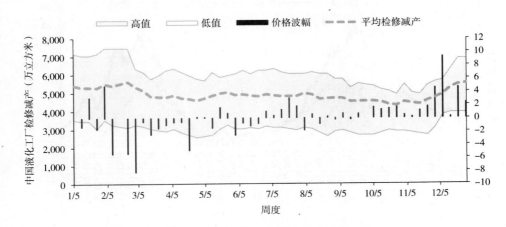

中国陆上液化工厂周度检修损失（2014—2018）

资料来源：隆众，Oil Sage。

美国火电机组检修

·美国电厂数量（2007—2017）

美国燃煤电厂数量不断下降，燃气电厂略有增加。

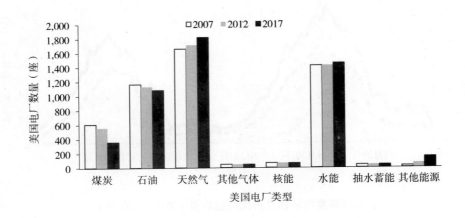

美国电厂数量（2007—2017）

资料来源：美国能源信息署，Oil Sage。

· **美国燃气发电检修及占比装机容量（2014—2020）**

美国燃气发电检修集中在春秋季节。

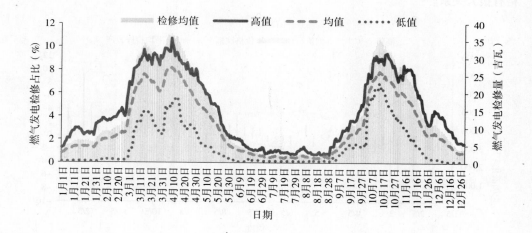

美国燃气发电检修及占比装机容量（2014—2020）

资料来源：美国能源信息署，Oil Sage。

· **美国燃煤发电检修及占比装机容量（2014—2020）**

美国燃煤发电检修集中在春秋季节。

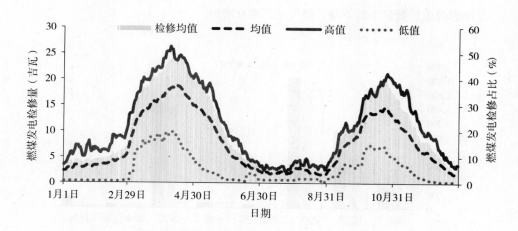

美国燃煤发电检修及占比装机容量（2014—2020）

资料来源：美国能源信息署，Oil Sage。

美国核电机组检修

核电检修是分类的。不同技术路线可能略有差异。不同机组也不同。十年大修工期60天左右。平常在30天左右。

·美国核电机组每日检修量（2014—2019）

美国核电和气电竞争，成本有优势。核电机组的检修影响电力供需。目前，美国有63座核电站和99个反应堆，供应全国电力的20%。

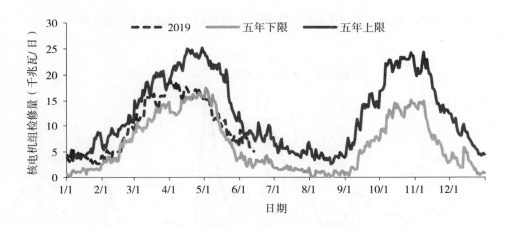

美国核电机组每日检修量（2014—2019）

资料来源：美国能源信息署，Oil Sage。

·美国核电机组计划外检修次数（2000—2018）

美国核电机组计划外检修年均74次左右。

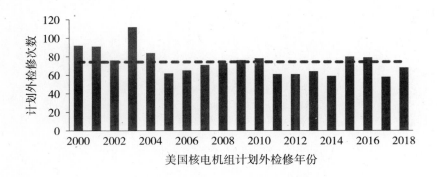

美国核电机组计划外检修次数（2000—2018）

资料来源：美国能源信息署，Oil Sage。

美国天然气管道检修减产（2019）

2019年6月，美国本土48州天然气管道检修影响的产量输送大约占0.26%。

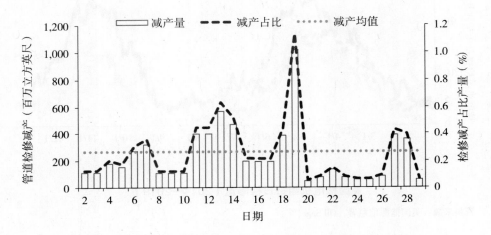

美国本土48州天然气管道检修减产（2019年6月）

资料来源：美国能源信息署，Oil Sage。

第 **16** 章

系统运营的平衡

天然气是个系统工程。从供应的角度，系统运营的平衡涉及管道、接收站、液化工厂、运输、调度、储气库、战略储备等。在天然气研究中，需要关注产业链条价值、规模、进度是否协调一致，特别是天然气产业环节当中LNG的储存和装载、运输，接收站（包括储罐和再气化设施）和供气主干管网的建设是否存在瓶颈约束。影响系统平稳运行的因素很多，一般情况下，系统技术和管理不容易频繁出问题。管道等基础设施和LNG交付等出问题的概率更高。天然气需求呈现不均匀性（季节性）和波动性，导致天然气价格波动性大。天然气供需本身是长周期，交易体现为多笔连续性和持续性。这些特性均决定了天然气是系统工程，加上天然气在能源替代竞争中的困境，使得天然气运营系统的平衡愈发重要。中国国家管网公司的成功运营很大程度上取决于其系统运营的平衡情况。

油气管道安全风险因素（2019）

各种管道安全风险因素会导致供应中断，各类事故危害程度和发生概率不同。

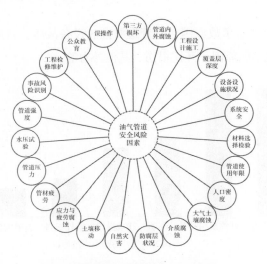

油气管道安全风险因素（2019）

资料来源：Oil Sage。

美国天然气管道严重事故（2005—2018）

相对于其360多万千米配售管道和50多万千米集输管道，美国天然气管道严重事故率相对较低。

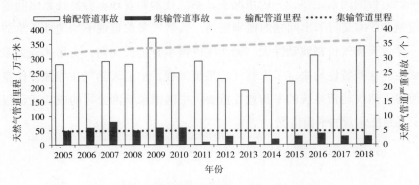

美国天然气管道严重事故（2005—2018）

资料来源：美国交通部，Oil Sage。

美国天然气管道严重事故原因（2005—2018）

美国天然气管道严重事故原因包括管道腐蚀、设备故障、自然灾害、管件材料事故、违规操作、其他不明原因、开挖损伤、其他外力等。

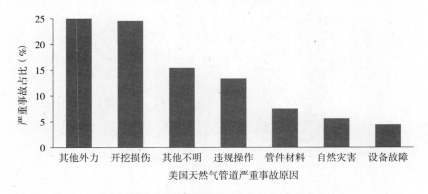

美国天然气管道严重事故原因

美国天然气管道严重事故原因（2005—2018）

资料来源：美国交通部，Oil Sage。

中国油气管道泄漏原因（2003—2018）

2009年之前，中国油气管道泄漏的主要原因是打孔盗油盗气，之后是焊接和产品质量缺陷。

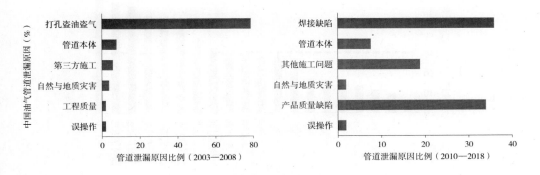

中国油气管道泄漏原因（2003—2018）

资料来源：公开资料，Oil Sage。

中国北方长输管道负荷率（2014—2018）

目前，中国长输管道负荷率相对较高，如果压力过高过快，有损耗管道的风险。

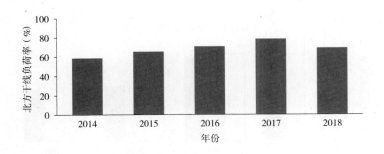

中国北方长输管道负荷率（2014—2018）

资料来源：公开资料，Oil Sage。

中国LNG海运往返天数（2018）

LNG海运耗时，运距长，中国LNG进口海运往返天数均值为31天。

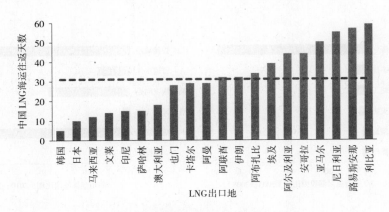

中国LNG海运往返天数（2018）

资料来源：国际能源署，Oil Sage。

LNG应急采购周期（2010—2040）

随着气源和参与主体的多元化及船运市场的灵活性，LNG进口商应急采购周期在缩短。

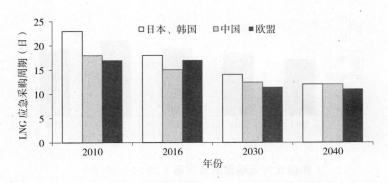

LNG应急采购周期（2010—2040）

资料来源：国际能源署，Oil Sage。

能源化工产品爆炸极限范围（2019）

　　易燃可燃气体或液体蒸汽放散到空气中，在爆炸极限范围内，遇火源易爆炸。爆炸极限范围下限越高越安全，高于爆炸极限上限，则不会爆炸。安全性取决于人为安全意识、管控方法和流程得当。

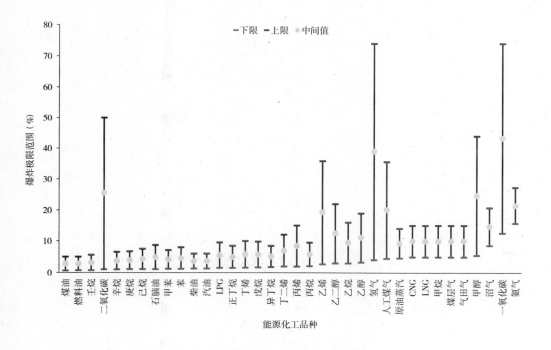

能源化工产品爆炸极限范围（2019）

资料来源：《危险化学品安全技术全书》，广东油气商会，Oil Sage。

第 **17** 章

政策、地缘政治的平衡

国际地缘事件

面临日趋复杂的国际形势和国内外的重重挑战，各国越来越多重视能源安全的保障，甚至以牺牲经济发展速度为代价。世界贸易成本和能源化工交易成本可能增加。相对于油价，国际地缘事件对气价的直接影响要小很多。

全球主要地缘事件与气价（2018）

很多影响油价的地缘政治等因素也直接或间接地影响气价。

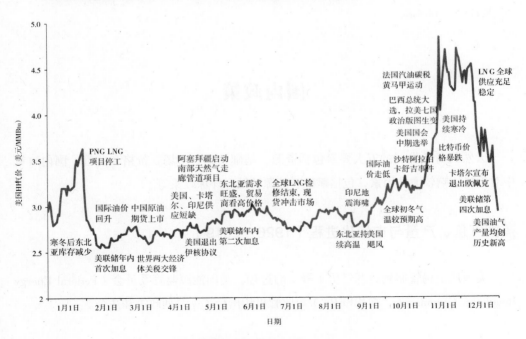

全球主要地缘事件与气价（2018）

资料来源：公开资料，Oil Sage。

企业面临合规的约束和治理的成本（2019）

　　合规成本与监管约束是维护整个运行体制体系的必要成本，体现了监管与市场的关系。从企业的角度，HSE、标准规范、经营、法律、反垄断、反贿赂、金融、合规、IT网络、安保防恐、员工诉讼等合规投入和成本都将不断上升。

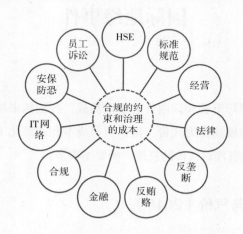

企业面临合规的约束和治理的成本（2019）

　　资料来源：Oil Sage。

国内政策

　　天然气行业发展的五大要素包括资源、基础设施、市场、价格和监管。国内政策中对价格影响较大的因素，包括赋税、能源补贴、环保政策等。

美国气价、产量与市场化进程（1926—2019）

　　美国从市场管制到放开经历了漫长的过程，美国能源监管委员会（Federal Energy Regulatory Commission，简称FERC）等监管机构出台了一系列政策和法令。

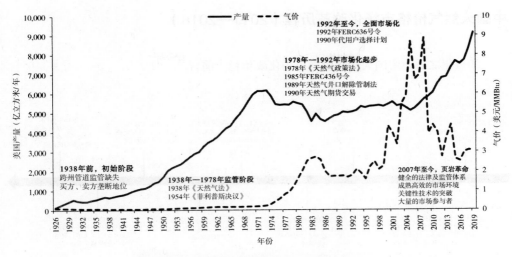

美国气价、产量与市场化进程（1926—2019）

资料来源：美国能源信息署，Oil Sage。

欧洲气价、消费量与市场化进程（1988—2018）

欧美天然气市场差异化大。欧洲天然气市场改革开始于1988年，欧盟（European Commission，简称EC）和相关国家出台了一系列政策和法令。

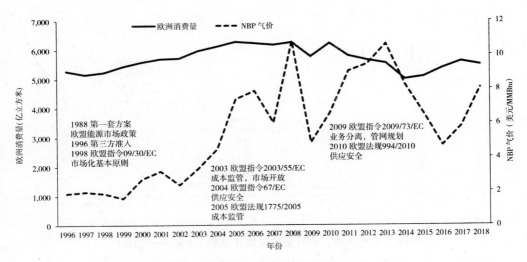

欧盟气价、消费量与市场进程（1988—2018）

资料来源：欧盟，国际能源署，Oil Sage。

中国天然气价格市场化改革历程（2011—2018）

2011年之后，中国天然气价格市场化改革稳步前行。

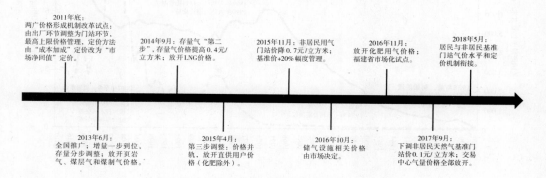

2011年底：
两广价格形成机制改革试点；
由出厂环节调整为门站环节，
最高上限价格管理，定价方法
由"成本加成"定价改为"市
场净回值"定价。

2014年9月： 存量气"第二
步"，存量气价格提高0.4元/
立方米；放开LNG价格。

2015年11月： 非居民用气
门站价降0.7元/立方米；
基准价+20%幅度管理。

2016年11月：
放开化肥用气价格；
福建省市场化试点。

2018年5月：
居民与非居民基准
门站气价水平和定
价机制衔接。

2013年6月：
全国推广：增量一步到位，
存量分步调整；放开页岩
气、煤层气和煤制气价格。

2015年4月：
第三步调整：价格并
轨，放开直供用户价
格（化肥除外）。

2016年10月：
储气设施相关价格
由市场决定。

2017年9月：
下调非居民天然气基准门
站价0.1元/立方米；交易
中心气量价格全部放开。

天然气价格市场化改革历程（2011—2018）

资料来源：中国国家发展改革委能源所、Oil Sage。

中国天然气产量、消费量与市场化进程（1965—2018）

中国天然气市场发展经历了早期阶段、起步阶段和发展阶段。

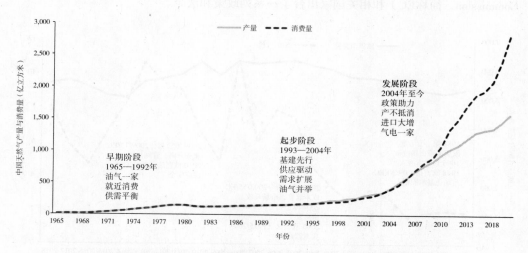

中国天然气产量、消费量与市场化进程（1965—2018）

资料来源：隆众、Oil Sage。

中国国产气就近消费与长输气量（2000—2018）

中国国产气产量不断增加，而产地就近消费的国产气比例在下降。

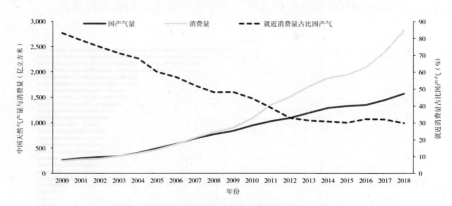

中国国产气就近消费与长输气量（2000—2018）

资料来源：中国国家发展改革委、Oil Sage。

能源税赋

财税政策等的改变无疑会影响油气价格。天然气更多是成本的传导，以气态或液态。没有像是石油那样转换到成品油或化工产品，附加值的增加较少。

国家税收占GDP比例（2017）

国家税收占比GDP的世界均值为16.85%。

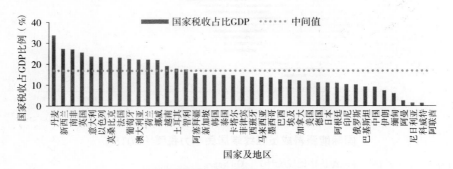

国家税收占GDP比例（2017）

资料来源：世界银行，Oil Sage。

国际能源署成员国终端居民天然气税赋（2018）

IEA成员国居民用气税前价格很接近，多数国家税赋在10%~60%之间。

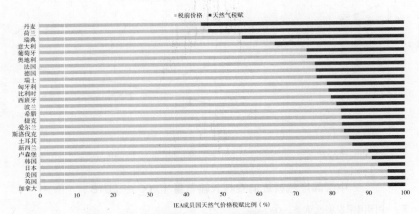

国际能源署成员国终端天然气价格税赋（2018）

资料来源：《英国国际能源价格比较统计》，Oil Sage。

国际能源署成员国终端居民电力税赋（2018）

同样面对终端消费者，各国税前电力价格和税赋的差异较大。

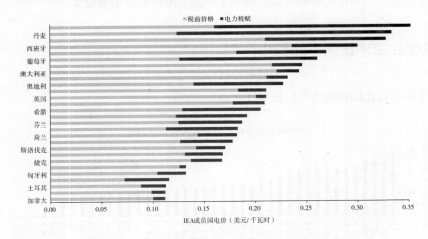

国际能源署成员国终端居民电力税赋（2018）

资料来源：《英国国际能源价格比较统计》，Oil Sage。

全球区域能源补贴（2017）

天然气补贴占比高的国家包括阿联酋、巴基斯坦、俄罗斯等国。石油补贴占比高的国家包括马来西亚、尼日利亚、印度等国。

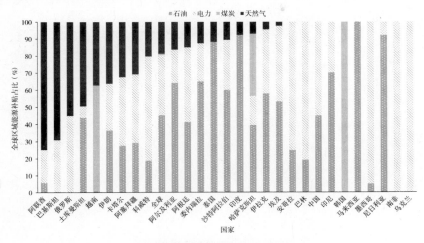

全球区域能源补贴（2017年）

资料来源：国际能源署，Oil Sage。

油气开采外部环境成本（2019）

油气外部成本核算主要考虑其开采、运输、加工与消费环节中水资源耗减、水污染、大气污染、土壤污染、固废污染、油气泄漏、塑料污染及CO_2排放等带来的环境成本。

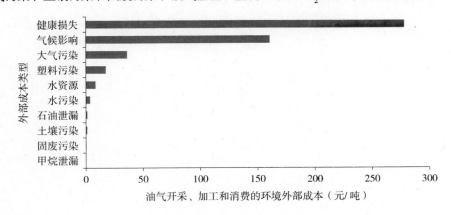

油气开采外部环境成本（2019）

资料来源：自然资源保护协会，Oil Sage。

第 **18** 章

任何油气冲击、意外、黑天鹅事件

全球风险趋势关联图（2019）

在油气行业最需要全球契约合作精神的时候，全球化、网络化带来的负面效应不断显现，值得各方反思。应对全球治理所需的成本也是不可控、很难预见的。全球风险错综繁杂，增加了黑天鹅事件和突发事故频发的概率。

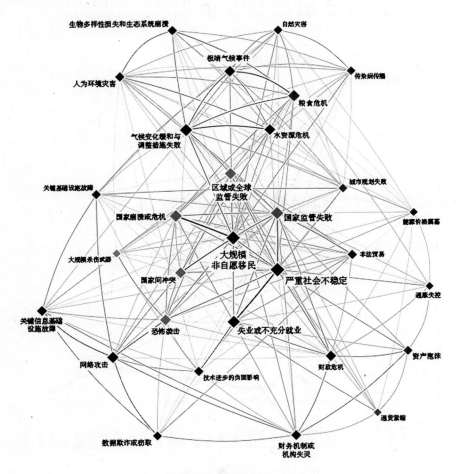

全球风险趋势关联图（2019）

资料来源：世界经济论坛，Oil Sage。

全球安全风险（2006—2018）

海盗等海上事件或陆上安全事件都会影响天然气运输。

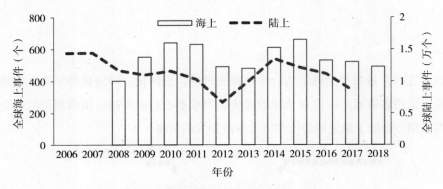

全球安全风险（2006—2018）

资料来源：化险，Oil Sage。

全球贸易形势

全球能源净进口占比能源消费（1960—2018）

全球能源净进口占比能源消费有所上升，美国下降。

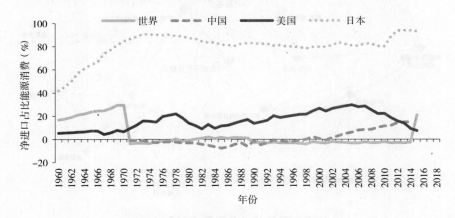

净进口占比能源消费（1960—2018）

资料来源：世界银行，Oil Sage。

全球区域加权关税税率（2017）

关税影响能源进口成本，全球加权关税税率均值为2.59%。

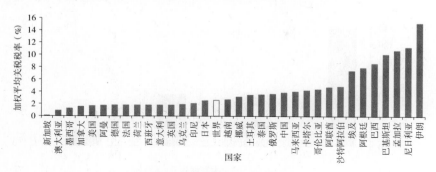

各国加权关税税率（2017）

资料来源：世界银行，Oil Sage。

中国能源化工进出口

2006年，中国成为天然气净进口国，从澳大利亚开始进口LNG。2010年，进口管道气。

中国能源化工产品进口量占比消费量（2018）

2018年，中国能源化工产品进口量在其消费量的占比范围大。

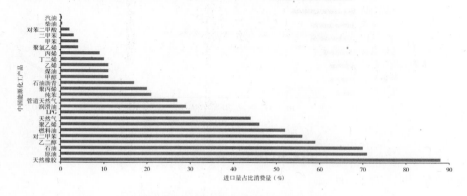

中国能源化工产品进口量占比（2018）

资料来源：中国海关总署，中国国家统计局，隆众，Oil Sage。

美国出口中国商品价值（2017—2018）

美国出口到中国的大宗商品包括大豆、原油、天然气液和LNG等。

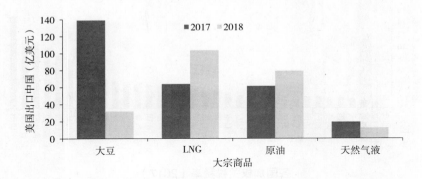

美国出口中国商品价值（2017—2018）

资料来源：美国商务部，美国能源信息署，中国海关总署，Oil Sage。

中美出口结构对比（2017）

2017年，化工产品占美国对中国出口量的10%。预计未来，美国原油、天然气、乙烷和丙烷等天然气液到中国的出口量会不断增长，可能会改变区域能源市场格局。

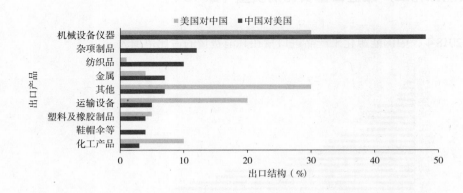

中美出口结构对比（2017）

资料来源：中金研究部，Oil Sage。

中国占比美国能源产品出口（2017）

2017年，中国占比美国能源产品出口最多的是原油和LNG，没有乙烷。

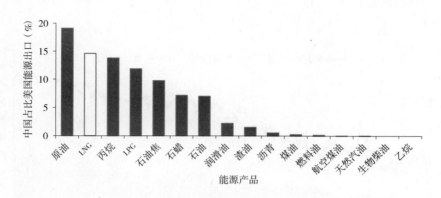

中国占比美国能源产品出口（2017）

资料来源：美国能源信息署，Oil Sage。

美国占比中国能源化工产品进口（2017）

2017年，美国占比中国能源化工产品进口最多的是丙烷。

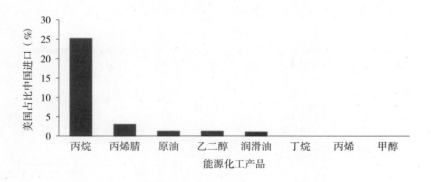

美国占比中国能源化工产品进口（2017）

资料来源：美国能源信息署，石油和化学工业规划院，Oil Sage。

中国天然气对外依存度（2005—2019）

2006年，中国开始进口天然气。如果石油天然气对外依存度均高，能源供应安全风险就可能指数化上升。

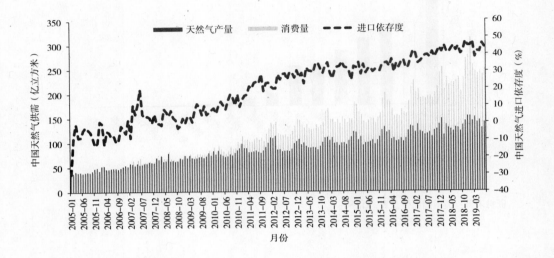

中国天然气对外依存度（2005—2019）

资料来源：中国国家统计局，隆众，Oil Sage。

第**19**章

中国天然气和LNG市场供需与进口

中国供需总体形势

中国天然气供需基本平衡，气荒和荒气现象时而并存。

中国在全球大宗商品消费占比（2016）

中国在全球天然气消费占比不到10%，但是增量潜力大，对国际市场影响大。

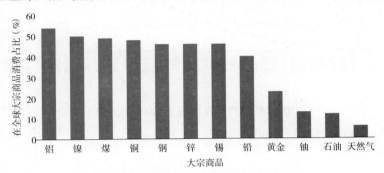

中国在全球大宗商品消费占比（2016）

资料来源：华尔街日报，彭博资讯，Oil Sage。

中国天然气供需总体形势（1965—2050）

2006年之后，中国天然气产量和需求比不断下降，进口量上升。

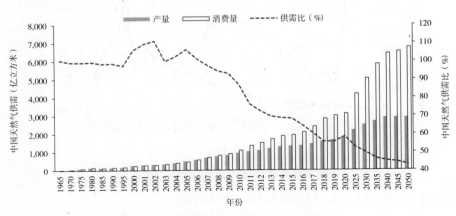

中国天然气供需总体形势（1965—2050）

资料来源：中国国家统计局，BP，Oil Sage。

中国天然气产量及增幅（1949—2050）

1949年以来，中国天然气勘探开采力度不断加大，天然气产量不断增长。

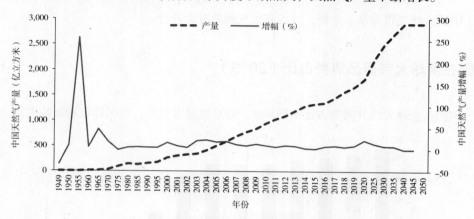

中国天然气产量及增幅（1949—2050）

资料来源：中国国家统计局，美国能源信息署，BP，Oil Sage。

中国天然气需求及增幅（1965—2050）

2000年之前，中国天然气消费缓慢增长。2000年以来，消费量多年两位数增长。

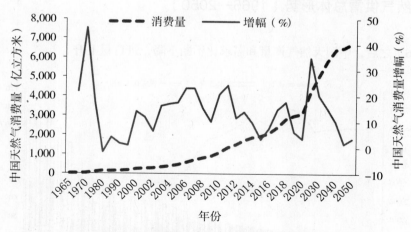

中国天然气需求及增幅（1965—2050）

资料来源：中国国家统计局，美国能源信息署，BP，Oil Sage。

中国LNG消费量及增速（2015—2018）

基础设施不足、环保加码、社会参与热情高和需求增加推动了中国LNG消费增长。

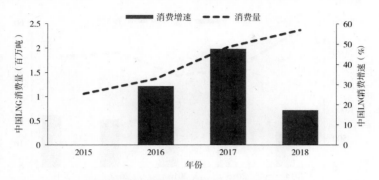

中国LNG消费量及增速（2015—2018）

资料来源：隆众，中国石油经济技术研究院，Oil Sage。

中国天然气进口趋势

中国天然气供应来源多元化

中国天然气供应包括国产常规天然气、非常规页岩气、煤层气和煤制气及国外进口管道气和LNG。

·中国天然气供应来源（2000—2040）

中国天然气供应来源主要来自国产气、进口管道气和进口LNG。

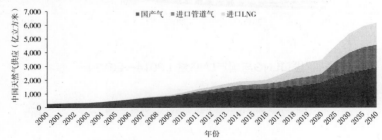

中国天然气供应来源（2000—2040）

资料来源：BP，Oil Sage。

·中国陆上液化工厂供应（2014—2018）

供应方式灵活和需求增长等因素推动了陆上LNG液化工厂补充管道天然气。

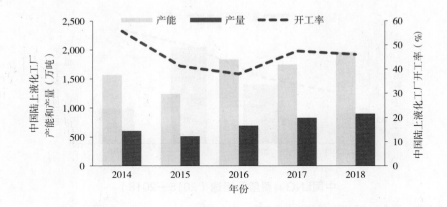

中国陆上液化工厂供应和开工率（2014—2018）

资料来源：中国国家统计局，隆众，Oil Sage。

·进口LNG与国产LNG量（2014—2018）

随着中国LNG进口不断增加，接收站液态销量高于国产LNG量。

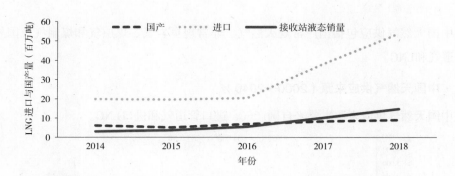

进口LNG与国产LNG量（2014—2018）

资料来源：中国海关总署，Oil Sage。

中国天然气进口总体形势

·中国LNG进口来源国（2018）

2018年，中国LNG进口主要来自澳大利亚、卡塔尔和马来西亚等20个国家。

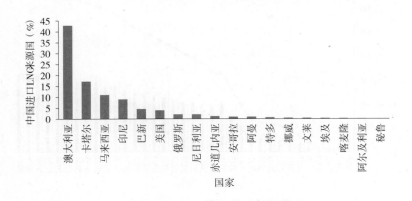

中国进口LNG主要来源国（2018）

资料来源：中国海关总署，国际液化天然气进口商联盟组织，Oil Sage。

·中国LNG短期与现货进口来源国（2018）

中国LNG短期与现货直接进口主要来自澳大利亚、美国、卡塔尔等15个国家和新加坡、法国等6个再转港国家。

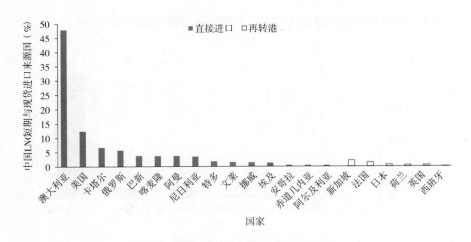

中国LNG短期与现货进口来源国（2018）

资料来源：中国海关总署，国际液化天然气进口商联盟组织，Oil Sage。

·中国天然气进口量（2006—2040)

中国进口天然气逐年上升。

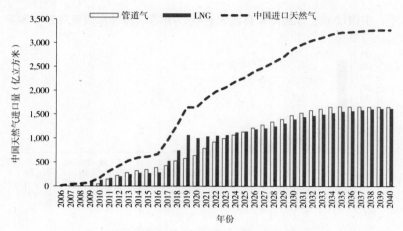

中国天然气进口量（2006—2040）

资料来源：中国国家统计局，中国海关总署，Oil Sage。

中国管道气进口总体形势

2009年底，中亚管道建成投产，中国从土库曼斯坦进口管道气。2013年7月，中缅管道投产。

·中国进口管道气累计量（2010—2018）

2010年，中国首次进口管道气以来，土库曼斯坦供应量占到82.21%。

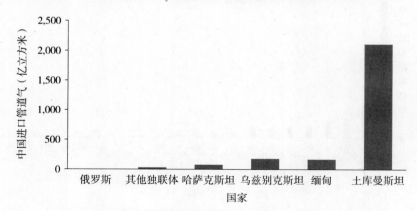

中国进口管道气累计量（2010—2018）

资料来源：BP, Oil Sage。

中国LNG进口（长约、短期、现货）

短期与现货LNG补充了长约，特别是在冬季供暖季，支持应急保供。

·中国进口LNG累计量（2006—2018）

自2006年首次进口LNG以来，中国LNG进口主要来自澳大利亚、卡塔尔、马来西亚等20个国家。

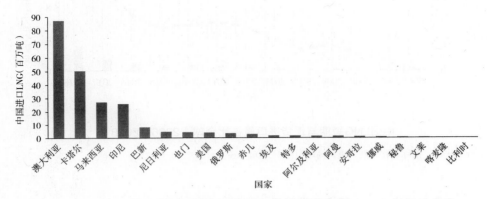

中国进口LNG累计量（2006—2018）

资料来源：国际液化天然气进口商联盟组织，Oil Sage。

·中国LNG进口量占比全球（2006—2018）

中国LNG进口量在全球LNG进口量比例不断上升。

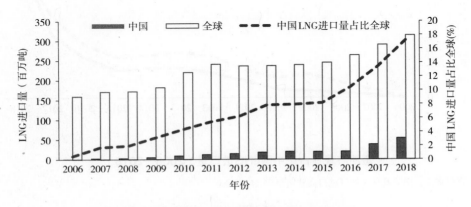

中国LNG进口量占比全球进口量（2006—2018）

资料来源：中国海关总署，Oil Sage。

· 中国LNG短期与现货进口量占比全球（2006—2018）

中国LNG短期与现货进口量占比全球不断上升。

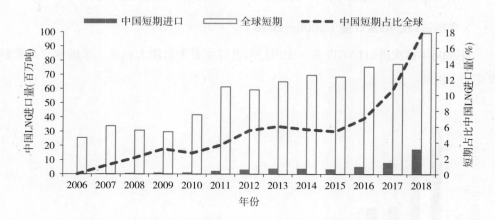

中国LNG短期与现货进口量占比全球（2006—2018）

资料来源：国际液化天然气进口商联盟组织，Oil Sage。

· 短期与现货占比中国LNG进口量（2006—2018）

LNG短期与现货进口量占比中国LNG进口量不断上升。

短期与现货占比中国LNG进口量（2006—2018）

资料来源：国际液化天然气进口商联盟组织，Oil Sage。

中国天然气进口来源国

·中国从美国进口LNG（2016—2018）

中国进口美国LNG呈增长趋势。

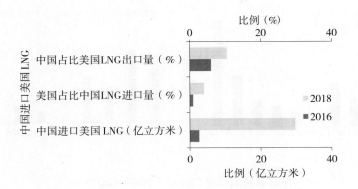

中国进口美国LNG（2016—2018）

资料来源：中国海关总署，BP，Oil Sage。

·中国从拉美进口LNG（2009—2018）

由于资源量、地缘局势等因素，中国从拉美进口LNG规模尚小。

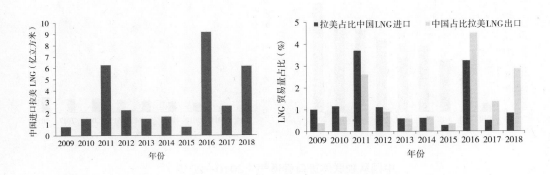

中国进口拉美LNG（2009—2018）

资料来源：中国海关总署，BP，Oil Sage。

·中国从独联体进口LNG（2009—2018）

随着新项目投产，中国从独联体进口LNG量逐步增加。

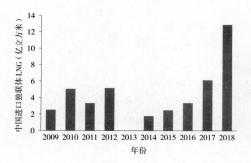 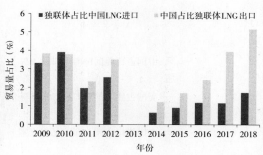

中国从独联体进口LNG（2009—2018）

资料来源：中国海关总署，BP，Oil Sage。

·中国从独联体进口管道气（2010—2018）

中国管道气进口主要来自独联体国家。

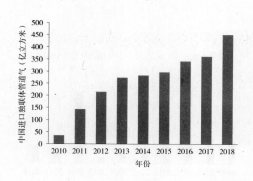 

中国从独联体进口管道气（2010—2018）

资料来源：中国海关总署，BP，Oil Sage。

· 中国从中东进口LNG（2007—2018）

中国从中东进口LNG增速放缓。

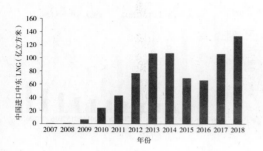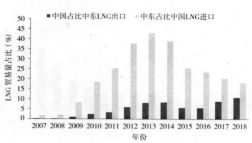

中国从中东进口LNG（2007—2018）

资料来源：中国海关总署，BP，Oil Sage。

· 中国从非洲进口LNG（2007—2018）

中国从非洲进口LNG规模尚小。

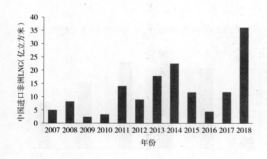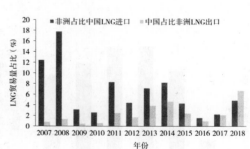

中国从非洲进口LNG（2007—2018）

资料来源：中国海关总署，BP，Oil Sage。

· 中国从亚太进口LNG（2006—2018）

中国从亚太进口LNG不断增加。亚太在中国LNG进口中占比呈下降趋势。

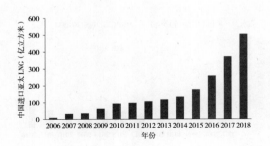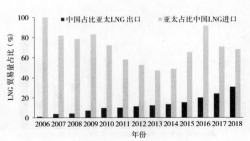

中国从亚太进口LNG（2006—2018）

资料来源：中国海关总署，BP，Oil Sage。

· 中国从亚太进口管道气（2013—2018）

中国从亚太（缅甸）进口管道气不断增加。亚太在中国管道气进口中占比呈下降趋势。

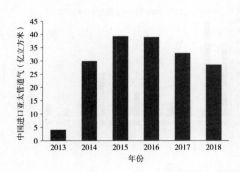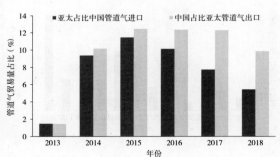

中国从亚太进口管道气（2013—2018）

资料来源：中国海关总署，BP，Oil Sage。

·中国从欧洲进口天然气（2009—2018）

欧洲LNG出口量中的中国占比和中国进口LNG量中的欧洲占比，均不到10%。

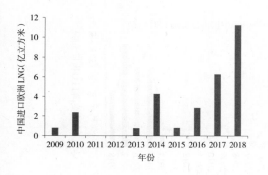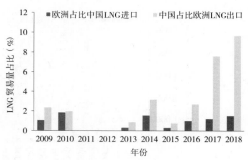

中国进口欧洲LNG（2009—2018）

资料来源：中国海关总署，BP，Oil Sage。

中国天然气液（NGLs）进口

·美国天然气液（NGLs）出口中国（2002—2017）

美国乙烷和丙烷等天然气液出口到中国的潜力大。

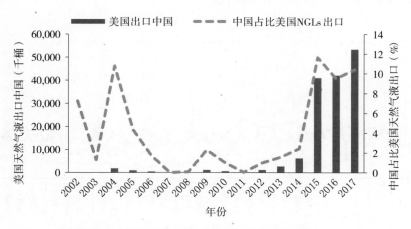

美国天然气液（NGLs）出口中国（2002—2017）

资料来源：中国海关总署，美国能源信息署，Oil Sage。

·美国LPG出口中国（1994—2018）

中国丙烷脱氢等项目推动了美国出口LPG到中国。

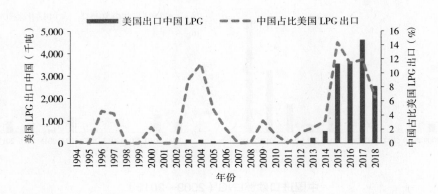

美国LPG出口中国（1994—2018）

资料来源：中国海关总署，美国能源信息署，Oil Sage。

中国天然气进口价格

·国际油气价格与中国天然气进口量波动（2009—2018）

中国天然气进口量与国际价格相关性较强。

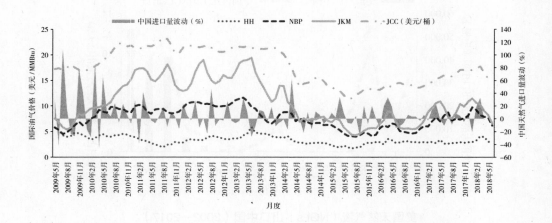

国际油气价格与中国天然气进口量波动（2009—2018）

资料来源：中国国家统计局，隆众，Poten & Patners，Oil Sage。

·中国天然气进口来源及均价（2017—2018）

2018年，中国天然气进口均价为2,823.2元/吨，天然气进口量为9038.5万吨，其中，进口管道气占比40.5%，来源国包括土库曼斯坦等四个国家。

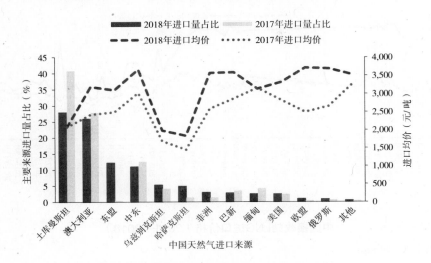

中国天然气进口主要来源及均价（2017—2018）

资料来源：中国海关总署，国际液化天然气进口商联盟组织，Oil Sage。

·中国LNG进口价格与油气价格（2006—2019）

中国LNG进口价格与Brent油价相对比Henry Hub气价的走势更接近。

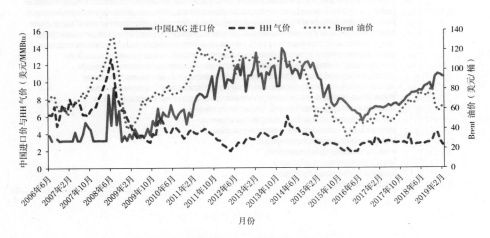

中国LNG进口价格与国际油气价格（2006—2019）

资料来源：美国能源信息署，中国海关总署，洲际交易所，Oil Sage。

· 中国接收站LNG进口价格（2011—2018）

中国不同接收站LNG进口价之间差异也很大。

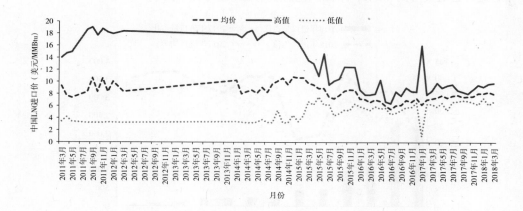

中国接收站LNG进口价格（2011—2018）

资料来源：Oil Sage。

中国不同气源供应成本（2018）

中国国内外供应气源众多，供应成本差异也比较大。

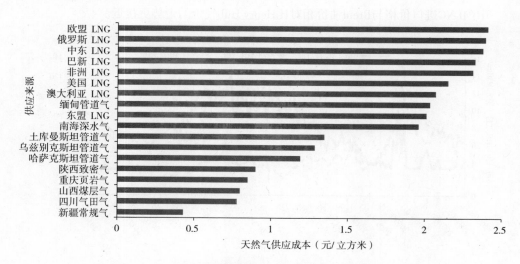

中国不同气源供应成本（2018）

资料来源：中国海关总署，公司报告，Oil Sage。

第 **20** 章

能源与金融行业专家经典观点与经验分享

作为一个独立章节，本书作者邀请了30位能源与金融行业重量级专家分享他们的经典经验、行业观点或真知灼见。排名不分先后，按专家分享观点在书中出现顺序排列。

- 对油气行业或市场某方面的点评和看法；
- 对能源行业、市场、气价等方面的认知、体会、方法论、经验；
- 对金融和期货市场的看法；
- 对价格指数和交易中心的建立的看法或经验分享；
- 对贸易或交易工作成败得失的分享和建议；
- 更多想与读者分享的话。

经典观点与经验分享之第1章 天然气价格与特性

·侯创业（中国石油天然气销售东部公司总经理）

天然气已成为当今时代主力能源，潜力最大，成长性最好。同时，天然气业务又是一个产业链。涉及到产、运、储、销、用多个领域。形成了一个完整的价值链。关联到人民生活，社会发展和环境建设。期望更多的朋友利用好天然气方面的知识和本领，造福社会，造福人民。

经典观点与经验分享之第2章 基本面的平衡：供应

·周吉平（世界石油理事会副主席、中国石油天然气集团有限公司原董事长）

历史上发生过两次能源大转型，推动了第一次和第二次工业革命，但大量化石能源使用造成了对人类生存环境的极大威胁。第三次能源革命正是在这样的大背景下应运而生的。目前，全球处于第三次能源转型阶段，低碳乃至无碳将是未来人类在能源领域很长一个阶段的发展目标。清洁低碳化是全球能源转型的必然趋势，也是人类赖以生存的必然选择。

各国因所处的社会经济发展阶段不同、资源禀赋差异、技术优势不同，正在以不同方式、不同规模、不同速度推进能源转型，但都是朝着同一个方向行进。时代变化万千，国际合作推进全球化发展是历史前进的必然趋势，对于能源发展更是如此。

石油天然气生产和消费市场往往处于不同地区，石油天然气贸易通过航运、管道和公路运输等方式形成了巨大的交易网络，全球范围的流动性是油气行业发展的生命力。现代石油工业从诞生之日起，就伴随着国际化发展。世界石油工业发展史表明，没有任何一个国家仅仅依靠自身的力量就发展起来石油天然气工业，国际合作是这个行业发展的本质要求。

有数据显示，到2050年世界人口将会增长至100亿，全球GDP预计将超过200万亿美元规模，经济总量增长会消耗更多能源。虽然可再生能源等新能源发展迅速，但尚不具备支撑世界经济发展的规模，传统化石能源正在被新能源替代，而占比却十分有限。电能汽车、氢能汽车发展迅速，在政策强力支持下，增量巨大，但全面替代仍需时日。在未来一段时间内，化石能源仍将是主导。

在一些欠发达国家和地区，石油天然气等传统化石能源仍将是解决能源贫困、推动欠发达国家工业化进程的关键。传统化石能源在解决能源使用分布不均、能源贫困问题中会发挥更加积极的作用。

能源转型期出现的新旧能源更替，需要更加关注由于传统能源大幅减少而新能源供应不足带来的新能源安全问题。全球范围内广泛的能源合作将有助于各国共同应对新的能源安全风险。

能源转型是不同转型同时发生的共同转型，需要不同的解决方案。天然气不仅是通往未来能源的桥梁，"天然气+可再生能源"融合发展更是未来能源发展的方向，是当前全球能源转型最可行的方案。可再生能源的波动性、间隙性，需要天然气调峰电站配套；可再生能源时空分布的碎片化特征适合"天然气+可再生能源"的分布式能源体系；整合电热冷气等多能互补的集成能源体系需要天然气与可再生能源融合发展。

全球能源的清洁低碳转型，既需要非化石能源发展，也需要化石能源的清洁化发展。以低碳化、无碳化为特征的新一轮能源转型，需要先进技术、管理理念、知识经验等全方位的国际交流与合作，才能有效配置资源实现转型目标。

从发展前景看，主要有三方面的期待。一是中国能源转型推动全球能源转型。二是通过全球化合作进一步消除能源贫困。三是国际化发展将助力全球能源转型。

·戴彤（中国海油天然气销售公司副总经理）

中国海上天然气供应和市场的发展起步于渤海，发展壮大于南海。自20世纪90年代，已有近30年的发展历史。国内海上天然气从1992年的年供应量0.4亿方，到2014年突破100亿立方米，再到2018年达到128亿立方米，取得了长足发展。中国海油始终坚守"我为祖国献石油"的责任，加大海上天然气的勘探开发力度，努力拓展天然气市场，持续增加海上天然气的供应，为国家的经济建设和环境保护做出积极贡献。截至目前，中国海油已形成海上天然气与LNG互补优势，积极参与国内天然气供应，并保持了良好的供气记录。2018年，中国海油在国内实现天然气销量505亿方（含2642万吨LNG），市场占比约18%。

相比于陆上天然气，海上天然气具有其自身的鲜明特点。例如，一以贯之、坚定不移地践行市场化销售原则，点对点就近登陆销售，签订照付不议长约锁定市场，严格按照合同规定执行购销合同等。

具体而言之：

第一，海上天然气的销售始终坚持市场定价。中国海油成立于改革开放初期，建立之初国家就为中国海油定下了市场化运作的总基调，并且在发展中得到了坚决的贯彻和执行。中国海油的海上天然气价格均按照市场原则与客户协商谈判确定，在充分考虑下游用气承受能力和上游开发成本、参考市场水平的情况下，实现合理价值，为公司的可持续发展和国家能源供应保障发挥积极作用，也为客户的稳定用气提供坚实保障。

第二，海上自然环境复杂，气候条件多变，作业难度大，对技术和装备要求较高。海上油气田，特别是深海油气田的勘探、开发、建设和生产，其技术难度、投资和风险都远高于陆上项目，对参与海上油气开发企业的综合能力要求较高。中国海油作为中国最大海上油气勘探开发企业，通过30多年的不懈努力，在技术创新、资金实力及风险管控能力上取得了长足的进步。中国海油秉持高质量发展战略，通过持续的降本增效，努力将海上项目的天然气成本控制在合理水平，以保证海上天然气具有市场竞争力。

第三，中国海油的海上天然气基本都是就近登录的点对点供应和销售，通过上中下游密切的沟通和协调来实现天然气的平稳供应，因此市场的稳定性对海上气田的安全生产至关重要。随着西气东输（一线、二线和三线）、川气东输、陕京（一线、二线、三线和四线）等国内陆上长输管道供气格局的建立，以及LNG项目在沿海的多点布局，一定程度上对海上天然气的市场带来挑战，也给海上天然气的稳定生产带来了压力。而且，随着中国海油逐步推进深海及远海油气资源开发，未来海上天然气的供应模式也将随之发生变化和调整。但我们认为随着国家管网公司的成立，陆地管道可以更好地实现互联互通，基础设施也更加开放和透明，国内海上天然气将迎来陆上管道联网所带来的更大的市场机会。

总而言之，随着将来天然气管道和LNG接收站的公平开放、市场参与主体的增加，国内天然气市场化程度将越来越高，天然气交易中心的交易量及参与者规模也将不断扩大，获取天然气资源的即时性将日益增强，占比较高的成熟用户出于决策的便利性和使用的灵活性考虑，将更倾向于购买现货资源，因此市场交易中的短约、现货交易数量占资源量比重会逐渐加大。天然气市场成熟后，随着期权及其他锁价、锁量手段越来越多，市场上卖方（上游、供应商和贸易商）对于照付不议长约的依赖程度也将逐步降低。

中国海油坚持绿色低碳发展战略，将持续推动和实现海上天然气的滚动开发和增储上产，努力供应更多的清洁能源，为保障国家能源供应安全、满足人民美好生活需要做出不懈的努力与贡献。

经典观点与经验分享之第3章 基本面的平衡：需求

·杨雷（国家能源局油气司副巡视员）

国际能源署预测，到2040年，全球天然气需求将比2019年增加45%，在所有化石能源品种中，天然气是增长最快的，而且是唯一占比继续上升的传统能源。2040年之前全球天然气需求将每年平均增加1.6%，高于能源平均增速。这意味着天然气在能源消费结构中的占比会越来越大。预测到2030年左右，天然气的占比将会超过煤炭。预测到2040年，天然气的占比将超过25%。

其中一个重要趋势是天然气在工业领域的增长将会更加显著。过去十年中，由于成熟市场的充足供应、新兴市场的燃料转换以及福岛核事故后核能发电量的减少，天然气发电占全球天然气消费量增长的将近一半。2011—2017年天然气消费增长中，发电占比达到47%，而工业占比仅为25%左右。2017—2023年天然气发电占天然气消费增长比重将降到不足25%，工业用天然气占比将超过40%。工业将取代发电成为全球天然气消费增长的主要驱动力。在工业领域的应用，天然气除了可以作为燃料外，越来越多地作为石化产品和化肥的原料。在美国，当地丰富的天然气供应鼓励在化工和其他工业部门进一步使用天然气。近年来这种变化几乎是反转式的，而且未来的趋势非常明显。对这种变化趋势的认识，是关系到未来朝哪个方向开拓天然气市场的关键点。

需要指出的是，这种趋势在未来更长期的预测中有很大的不确定性。受能源转型、天然气发电技术升级及成本降低、天然气发电发挥调峰优势等等因素的影响，未来也许天然气发电会有第二个春天。

·刘志坦（国家能源集团国电科学技术研究院常务副院长）

2013年发布的《大气污染防治行动计划》提出，要经过五年努力，控制煤炭消费总量，总体改善全国空气质量。为实现行动计划目标，加快清洁能源替代利用成为重要选择，其中以天然气为燃料替代燃煤锅炉是主要方式（"煤改气"）。

如何科学推进"煤改气"工程？如何正确评估"煤改气"项目环保收益？对上述问题进行思考和研究具有十分重要的现实意义。

我国工业锅炉数量多、锅炉设备陈旧、单机容量小（平均容量8.09吨/台）、能耗高、效率低、污染物排放量大，加之分布分散、治理难度大，是主要的污染物（烟尘、二氧化硫、氮氧化物）排放源。在我国煤炭消耗结构中，虽然分散燃煤小锅炉的煤炭消耗总量占比不大，但其污染物排放总量占比很大。

同时，由于工业锅炉多分布在城镇人口密集的居住区和工业区，排放高度低，燃煤品质差、煤炭洗选率低、治理效率低，且煤炭消费中心往往远离资源中心，以上因素均导致燃煤锅炉污染物排放强度高，环境影响大。据初步测算，其对城市大气污染贡献率高达45%~65%。

由于天然气属于优质的清洁能源，具有利用率高、污染物排放少等优点，使得"煤改气"（无论是"分散气"替代"分散煤"还是"集中气"替代"集中煤"）均具有明显环保效益。

"煤改气"可以分为狭义和广义两类：狭义的"煤改气"仅指用天然气锅炉替代分散燃煤锅炉实现供热；广义的"煤改气"不仅包括天然气锅炉替代分散燃煤锅炉，还包括天然气热电联产替代分散燃煤锅炉和小燃煤热电机组（装机在5万千瓦以下，能耗指标较高、环保指标较差的机组）供热。本文采用的是广义概念。理论上有四种"煤改气"方式可供选择：

分散天然气供热（下称"分散气"，包含分散天然气锅炉和楼宇式分布式项目）替代分散燃煤锅炉供热（下称"分散煤"）；燃气热电联产集中供热（下称"集中气"，包含区域分布式项目）替代"分散煤"；"分散气"替代燃煤热电联产集中供热（下称"集中煤"）；"集中气"替代"集中煤"。

上述四种方案在现实中是否可行应从安全、技术、环保和经济性四个维度加以综合考虑，其中：

"分散气"替代"集中煤"虽有一定环境收益，但需要建设大量分散的天然气锅炉才能满足原有供热能力，成本很高，在理论上可行，但在现实环境中很难操作，因此不建议实施。

　　"集中气"替代"集中煤"取决于"集中煤"的设备现状,要视具体情况。如果设备相对较新、能效较高,环保治理水平较好,替代的必要性不大,不建议实施。如果机组小、能耗高且环保水平低,在气源有保证,经济承受能力强的地区可视情况考虑实施。

　　"集中气"替代"分散煤"首先安全性更高。燃煤锅炉由于容量小、效率低、布置分散,且运行水平较差,存在较大的安全隐患。燃气热电联产电厂技术先进,管理水平高,该技术在全球被广泛应用,被证实是安全可靠的;其次更环保。燃气电厂采用清洁能源天然气作为燃料,不需造成扬尘的大型运煤车辆和煤场,不会产生灰渣、粉尘。天然气的主要成分是甲烷,排放的烟气中SO_2含量较低。此外,燃气电厂一般采用低氮燃烧技术,有利于进一步降低排放烟气中NO_x浓度,部分电厂在安装脱销装置后,更有效降低了烟气中NO_x浓度;第三,经济可行。为分析集中气替代分散煤的经济可行性,如采用费用—效益分析法进行对比计算可得出结论:分散燃煤锅炉年均效益费用差值为864万元,小于燃气热电联产供热部分年均效益费用差值1184万元。说明:按目前的燃料价格和环保排放收费标准,集中燃气供热经济性优于分散煤供热。因此,在当前条件下,"集中气"替代"分散煤"更安全、环保,并且在经济上也可行。

　　"分散气"替代"分散煤",可将"分散气"分为楼宇式分布式和分散燃气锅炉两类进行分析。楼宇分布式具有技术先进、效率高、供热成本相对较低等优点,但存在初期投资大,对建设条件要求高,报批和建设程序复杂等缺点;分散燃气锅炉初期投资小,但效率相对偏低,供热成本高。在安全性、环保性等方面,两类分散气均明显优于"分散煤",但笔者采用费用—效益分析法进行对比计算后认为,在当前条件下其经济性还不可行。但敏感性分析显示,当煤价上涨、气价降低或者排污收费提高到某一程度时,采用楼宇分布式和燃气锅炉替代"分散煤"经济性将可行。

　　可见,"集中气"替代"分散煤"是当前相对最可行的煤改气方案。

　　在当前边界条件下,"分散气"替代"分散煤"不经济。笔者根据经济测算和实地调研发现:虽然"分散气"替代"分散煤"更先进、安全和环保,但在当前环境下,经济性难以保障。因此只能在某些特殊或重要场合实施,不宜全国大面积推行。

　　"集中气"替代"分散煤"经济可行,应是"煤改气"的主要方式。经比较,在当前条件下"集中气"较"分散煤"更环保,且经济上可行。因此,实施"煤改气"的主要技术路径应是以"集中气"替代"分散煤"和"集中煤"。

　　为科学合理推进我国"煤改气"有序进行,我建议:

第一，应加强统筹规划，科学合理实施"煤改气"工程。要加大调研和分析，根据全国不同地区的具体情况，因地制宜、统筹规划，分区域制定"煤改气"的实施策略，科学合理推进"煤改气"工程，不能一哄而上，盲目实施。要统筹考虑热负荷、气源供应、环境容量及经济发展水平等因素，选择合适的替代路径。同时，应把"煤改气"和"煤改电"等其他方式统筹考虑，视情况选择合适方式。

第二，应优先发展天然气热电联产，稳步有序实施"煤改气"工程。由于"集中气"替代"分散煤"具有排放少、效率高等优势，环保、经济效益明显，同时对保障地区热力供应、电网气网双调峰、优化能源结构都有积极意义，是当前最可行的"煤改气"方式，应优先发展。目前，北京基本完成"煤改气"工程。今后随着"俄气"等新的天然气气源引入和用量扩大，在东北、华北省会城市及天津等大型城市，应稳步有序实施"煤改气"。同时，南方等非居民供热地区在产业结构调整，转变发展方式等进程中也应积极推进"集中气"替代"分散煤"，实现绿色、可持续发展。

第三，应制定优惠鼓励政策，支持促进实施"煤改气"工程。由于实施"煤改气"工程，会在一定程度上加大用户的用热成本，因此为顺利推进"煤改气"，当地政府应积极制定并出台相应优惠鼓励政策，如给予供热企业一定税收、用地优惠，以适当降低供热固定成本。此外，还可通过市场机制将释放出来的环保空间和碳排放空间用以交易，以弥补用热企业"煤改气"后的损失。

经典观点与经验分享之第4章 基本面的平衡：需求领域

· 李雅兰（北京燃气集团董事长、中国城市燃气协会执行理事长、国际燃气联盟2021—2024年主席）

30年来，城市燃气用气人口从不足5000万增长到6亿人，城市天然气消费量从不到60亿立方米增长到1227亿立方米，液化气从170万吨增长到2007年最高峰时的1467万吨，人工煤气从近70亿立方米增长到2009年最高峰时的361亿立方米。城镇燃气管网里程从不足2万千米增长到70万千米。

在城市燃气的推动下，中国的天然气消费量从30年前的144亿立方米增长到近2400亿立方米。30年前城镇炊事燃气普及率只有16.5%，今天，城镇炊事燃气普及率已经提高到96%。北京天然气年消费量突破160亿立方米，成为全球第二大天然气消费城市。目前有近40家城市燃气上市公司，市值超过6000亿元。通过市场并购、整合提高了行业集中度，昆仑、华润、港华、新奥、中燃等企业集团市场占有率超过60%，城市燃气行业进入集团化、规模化时代。

2018年10月26日，在东京举行的IGU主席竞选中，中国成功当选IGU2021—2024年主席，我们将全面参与，并主导全球能源治理。在促进国际交流、提升国际影响力方面，抓住中国成为IGU主席国的契机，加强国际交流、深度参与全球能源治理。

·刘贺明（中国城市燃气协会理事长）

城镇燃气是能源消费的重要组成部分，目前，全国城镇燃气的消费量已达到1573亿立方（含液化石油气、人工煤气折算成天然气），其中天然气消费量占全国天然气消费量的50%，迎来了天然气时代。

我国天然气市场已形成上中下游产业链。天然气上中下游唇齿相依，在改革过程中，各个环节缺一不可，不仅要研究每一个环节，更要从整个产业链进行研究，城市燃气协会也会积极参与，同为我国的能源发展贡献力量。

我国天然气市场化改革的过程中仍存在资源短缺、设施短缺，管道设施等不够完善等问题，储气库建设需要加快提速、上中下游需进一步互联互通、改革仍待继续深化。

中国城市燃气协会成立于 1988 年 5 月。截至2018年底，中国城市燃气协会共有618 家会员单位，会员覆盖全国30个省、自治区和直辖市。中国城市燃气协会在我国城市燃气发展历程中发挥了重要的桥梁纽带作用，对行业的改革和发展起到了积极的促进作用。中国城市燃气协会以"服务企业发展，当好政府参谋，促进行业自律"为宗旨，秉承"创新、协调、绿色、开放、共享"的发展理念，积极推动燃气行业科技创新、促进安全和服务水平的提升、促进行业公平竞争、促进燃气行业高质量发展。

经典观点与经验分享之第5章 基本面的平衡：库存

·朱健颖（港华燃气集团高级副总裁）

随着我国天然气消费量的不断提高，储气的要求和储气的基数越来越大，建设储气设施有前景。

港华建储气设施最早源于2009年，当时气源紧张，我们城市燃气面临的冬季调峰压力很大。城市燃气用得最多的是LNG储罐，成本也是最高的；其次是沿海大型LNG储罐；第三位是盐穴；最经济、成本最低的是油气藏储气库。我们研究，除了我们这个层次的储气设施以外，能不能有其他的储气方式。那个时候，国家还没有下游5%的储气责任政策，但是我们想这种设施是肯定需要的。

金坛储气库项目经过了一个漫长的过程，前前后后十年的时间。2011年，获中华煤气立项。2012年，我们与合作方，盐化签订了租赁建设商业运行的合资方式。打井是盐化的日常工作，而建设地上设施是港华燃气企业的强项。2013年，获省发改委核准批复。2014年11月开工，2017年顺利完工，2018年10月31日投运，注气约8000万立方米，供气能力约3500万立方米。2019年，储气量达到1.6亿立方米，将近8000万立方米外输能力。2019年，开始二期15口盐穴的建设，计划在2023年全部完成。一期二期加起来是25口穴，可以达到10亿~11亿立方米的总储气量，工作气量是6亿多立方米。我们在做第三期的规划，希望总储气能力达到17亿立方米。

作为港华储气中心，金坛盐穴储气库对储气指标的完成和集团的储气调峰发挥着重要的作用。

江苏省是全国天然气消费量最大的省份，而且金坛储气库接近沿海，又是用气中心，所以未来市场的形成、价格的形成，交易中心可能关注的点就在这块。国外有Henry Hub，未来是不是可以形成金坛Hub？所以，我们希望通过努力，能够给中国天然气市场注入活力，使得这个市场开放越来越快，越来越好，祝我们的天然气事业发展得更加迅猛和优质。

经典观点与经验分享之第6章 基本面的平衡：供应链基础设施

·陈新华（新奥集团原首席战略官、国际燃气联盟协调委员会副主席、北京国际能源专家俱乐部总裁）

天然气是一种清洁、高效、多用途的能源品种，能够与可再生能源形成良性互补。国家已经将天然气定位为主体能源，将其在一次能源的消费比例从目前的7.8%提高到2030年的15%。

然而，我国天然气基础设施不足，天然气需求主要依靠政策驱动，市场化定价机制尚未形成，制约了天然气消费能力的进一步提升。

我国应一方面加大天然气基础设施投资，完善天然气长输管道、分支管道以及城市管网的建设，加强管网间的互联互通，提升储气库储气能力，解决季节性用气需求不平衡，另一方面应采用市场化手段，探索形成合理的天然气定价机制。

国家管网公司的成立是影响中国乃至全球天然气市场格局的重大举措。国家管网公司应制定高效的运营机制，降低运营成本，强化调度能力，真正让消费者受益，获得改革的红利。

· 郭焦锋（国务院发展研究中心资源与环境政策研究所所长助理、研究员）

着力推动建立健全基础设施服务运价机制，有效落实"管住中间、放开两头"要求，科学合理地制定、实施基础设施运输等服务价格机制。一是有助于构建统一开放、竞争有序的天然气市场体系，推动上游勘探开发领域加快放开，吸引更多的市场主体参与投资；推动下游利用领域有序竞争，规范市场竞争秩序。二是有助于形成天然气上中下游科学的价格机制，做到真正管住中间的自然垄断环节价格，由政府制定价格；推动两头的竞争性环节价格彻底放开，由市场竞争决定价格。三是有助于第三方公平准入规则得到真正实施，消除少数企业利用管网的垄断地位谋取垄断利益，推进参与市场主体公平地使用管网等基础设施。

着力推动"厂网分离、网调分离、网售分离、输配分离"四个分离，构建统一开放、竞争有序的天然气市场体系。通过将主要石油公司的天然气勘探开发业务与管网输送业务分离、调度交易与管网输送业务分离、管网输配业务与销售业务分离、管网输送业务与配送业务分离，做到分离后的各个业务板块法律独立，设立自主经营自负盈亏、产权明晰的企业法人主体，其中分离的调度交易业务应单独设立不以盈利为目标的公共设施服务型企业。这将有助于形成上中下游产业链各环节之间、各环节内部企业相互竞争的市场格局，建立由若干大企业和众多中小企业组成的多元竞争的市场结构，形成公开公正、平等竞争的市场局面。

着力推动设立独立的天然气管网公司，真正落实"管住中间"的改革原则。将原有的多元化经营的主要石油公司的管道运输业务单独剥离出来，设立国家天然气管道公司，其经营范围主要包括长输管道等基础设施的投资、建设和运维（不含上游的勘探开发和下游的销售业务等），整合并统一运营管理主干管道、分支管道、省级管道及重要的储气库和LNG接收站，按照现代企业制度原则组建混合所有制企业，以"1加N"模式组建由基础设施建设与区域天然气管道运维企业组成的企业集团，以管资本为主加强资产监管。

着力推动建立中国天然气市场交易体系，先行先试尽快推出LNG期货交易，研究建设全国性和区域性天然气交易中心。2018年3月26日原油期货在上海期货交易所国际能源交易中心成功上市。原油期货的成功上市，标志着中国期货市场已基本具备对外开放的基础。借鉴原油期货的成功经验，切实落地基础设施第三方公平准入政策、制定统一的天然气计量计价标准、扩大保税仓储市场，以LNG为突破，依托环渤海等沿海地区较多的接收设施进行交割，适时将LNG扩展至管道天然气，在北京建立"国际平台、竞价交易、保税交割、人民币计价"的天然气期货市场和中长期交易市场。

·杨光（深圳燃气集团副总裁）

2019年2月，中共中央、国务院印发了《粤港澳大湾区发展规划纲要》。粤港澳大湾区是由香港、澳门两个特别行政区和广东省广州、深圳、珠海、佛山、惠州、东莞、中山、江门、肇庆九个地级市组成，总人口达7000万人，GDP约10万亿元，基本接近东京湾区的水平，是中国开发程度最高、经济活力最强的区域之一。2018年，整个粤港澳大湾区天然气消费总量约230亿立方米，占全国天然气消费总量的8%左右。

LNG不仅为粤港澳大湾区提供了丰富的天然气供应，同时也是储气调峰的主力。从深圳的角度来看，2018年天然气用气量37.8亿立方米，其中城市燃气约9.6亿立方米。为保证天然气供应稳定，深圳燃气建设了求雨岭、华安等储气库，库容10万立方米，能够保障深圳城市燃气23天的用气需求（按2018年城燃日均260万立方米计算），可以满足城市燃气销售量5%的要求。参股的广东大鹏（股比10%）、中国石油深圳LNG（24%）等权益储气能力将超过29万立方米（大鹏6.4万立方米，迭福22.6万立方米），这些项目落实后，城市燃气的储气能力将达到50天左右（按照2025年深圳城市燃气用气量16亿立方米，日均430万立方米计算），深圳的储气能力可达到国际先进城市水平。

粤港澳大湾区是中国最早引进LNG的区域之一，中国大陆第一座LNG接收站——广东大鹏LNG就位于深圳市。随后全国相继建成了20多座LNG接收站，同时储气设施建设也不断加强，目前全国储气量约占消费量的4%，与世界12%的平均水平仍有一定差距。但随着全国储气设施项目的大力兴建，天然气供应和储气能力将进一步得到强化，但我们也会有一些担忧，接收站产能是否会出现过剩的局面？所以我们也应该认真思考，在共享经济的时代，储气设施的共建共享的模式是不是会更有利于天然气的发展。为此，我有三点建议：

第一，开放LNG码头，推进共建共享。2019年，广东大鹏LNG已正式开始对股东方开放，其中粤港股东方享有大鹏接收站代加工权益100万吨。5月22日，电力团队开始进气，7月以后，城燃团队也可以实现购买现货。基于该模式，股东方可以在夏季LNG价格比较低的时候购买一些现货，支撑企业在第二、第三季度中取得良好发展。

第二，基础设施互联互通。目前粤港澳大湾区已投产4座LNG接收站，周转能力近

1600万吨，3~5年后就可能达到3000万吨。一旦实现基础设施的互联互通，充足的气源接收能力在冬季的时候完全可以外输，进行"南气北送"。同时，随着粤港澳大湾区城市燃气管网的互联互通，未来大湾区11个城市就具备储气能力共享和应急调峰互备的条件。

第三，合作共赢。目前我国天然气在气电方面的占比仍较低，天然气电厂负荷一般在第二、三季度较高，如果此时天然气价格比较合适，将有利于天然气需求的增长。以在粤港澳大湾区为例，一般夏季是用电高峰，冬季的时候是低峰，如在天然气交易中心的框架下设置一些新的产品或交易方式，可以利用接收站的地理位置，组建联合体采购气源，促进企业间的市场合作，将有利于天然气产业结构调整，对电厂用户的削峰填谷也会起到重要作用。

经典观点与经验分享之第7章 贸易的平衡

·金淑萍（中海石油气电集团有限责任公司副总经理）

2018年，我国天然气供应56%来自国产气、44%依靠进口，其中进口LNG占26%、进口管道气占18%。随着天然气成为我国主体能源之一，LNG逐渐从过去的调峰气源变成现在的主力气源之一。作为国内LNG行业的领军企业，中国海油进行了LNG产业链的创新和探索。

第一，推出"进口LNG窗口一站通"业务，实现接收站共享共用。基础设施建设不能一蹴而就，利用现有接收站充分激发市场活力至关重要。在国内首次推出"进口LNG窗口一站通"等业务，实现接收站共享共用，打造公平、公正、公开的交易平台，让更多行业企业更加灵活地参与到市场中。

第二，形成更大的接收站共享平台，与下游客户一起走向国际。中国海油现有10座LNG接收站，预计到2022年数量将增至15座。依托这些接收站，搭建更大的接收站共享平台；同时，抓住国家管网公司成立、第三方公平开放等契机，形成国际采购联盟或协会，与下游客户一起走向国际市场。通过这些产业创新，促进国内市场化，提高国际参与度和影响力。

第三，降低产业链成本，共建共享LNG接收站。为加快基础设施建设，集约使用宝贵的国家岸线资源，满足储气调峰需求、助力产供储销体系建设，降低中间环节成本，与上下游一起共享共建LNG接收站。

第四，力推罐箱多式联运，打通LNG运输新渠道。中国海油正在探索LNG罐箱联运，利用LNG罐箱"宜水宜陆""宜储宜运"、调配便捷、方式灵活的特点，推动LNG罐箱实现船舶及火车的多式联运，形成水路、地面移动供气网络，将LNG"一罐到底"，促进资源保障能力有效提升。

第五，打造绿色交通，助力蓝天保卫战。实行油气价格绑定机制，承诺保供保质保价，稳定行业预期、增强发展信心；联合大型运输企业、装备制造企业、金融机构，共建产业联盟和发展平台，实现合作互利共赢；打造车船用LNG燃料价格指数。

第六，联合交易中心逐步构建中国天然气价格指数体系。从全球市场来看，当前国际天然气价格大部分跟随国际油价波动，而中国作为未来增长潜力最大的买家，尚未形成有国际影响力的价格指数，国际液化天然气（LNG）采购仍处于随波逐流的定价体系中。未来将进一步细化、丰富价格指数体系，构建公开透明的交易市场环境，助推中国天然气市场化改革。

第七，利用数字化技术，以气为媒介构建天然气能源互联网。借助互联网、物联网技术，推进传统能源的数字化变革，逐步打造天然气领域的"阿里巴巴""菜鸟物流""蚂蚁金服"，形成天然气行业"共享联盟"，构建网络化、数字化、智能化的天然气能源互联网生态圈。

第八，推进金融创新，积极推进天然气期货产品的开发与交易。围绕天然气产业链各环节发展需求，创新金融服务，将有利于支持产业快速发展。特别是适时推出天然气期货产品，提升天然气交易的活跃度，平抑天然气市场价格波动。

经典观点与经验分享之第9章 金融市场的平衡

· 张玉清 （国家能源局原副局长）

2003年初，我曾经写过一篇题为《关于加快我国石油天然气行业发展的若干问题思考》的文章，以国家发改委名义发表于国办信息参考，文章提出了"关于探索开办我国原油期货市场"的思考与相关建议。

虽然进口量巨大，但我国一直被动单向地参照国际油价，国内自身供需并不能相应体现对国际原油价格的影响力，这对我国及石油行业的长久发展是不利的，而这一问题单纯依靠油气行业内部的力量恐怕一时难以解决。因此，我认为我国需要研究再次启动开设原油期货交易。

2009年，我在国家能源局石油天然气司任司长期间，上海期货交易所多次找我沟通原油期货一系列相关问题，我们达成一致想法后，很快便组织召开了相关部委、各大石油公司和一些研究机构参加的研讨会。

这次会议上，大家对于"应该加快建设现代石油市场体系，以适应社会主义市场经济发展需要"的观点非常一致。但在建设一个什么样的现代石油市场体系、如何建设现代石油市场体系这些具体问题上，还有不同想法，尤其是提到原油和成品油期货，最初不少人最担心的是"条件是否具备、是否成熟"。

又经历约两年时间的讨论、酝酿和准备之后，2011年4月，我再次主持召开了"原油期货推进协调会议"，正式征求了各个部委司局和石油公司的意见，并就各个部门提出的建议和意见进行了针对性、深入的沟通交流。这次会议效果很好，取得了各部门一致的理解和支持。各部门进一步达成共识，均表示积极支持探讨在我国开设原油期货交易，此后我们又向国务院上报了有关请示。

从原油期货获批到上市有很多工作需要推进，比如配套政策的出台、境外投资者的引入、市场的推广与培育等。坦率地说，在推动原油期货上市的前期过程中，国家能源局做了大量基础工作。前期研究、协调等工作是以国家能源局为主进行的，也得到了有关部门的大力支持；后期国家能源局把工作交接给了证监会，由证监会开展了市场组织及监管规则制定等一系列相关工作。

一般而言，原油期货上市离不开一个发达的原油现货市场。供应主体多元化，贸易相对自由，下游成品油也要市场化。但我国长期以来原油的生产、进出口、炼制主要集中在中国石油、中国石化两大集团，中国海油和中化的产业链也不是那么完整。同时，由于我国的石油体制是从过去的计划经济体制演变而来，这种体制虽然对我国石油天然气工业发展，保障国家石油供应和经济安全发挥了重要作用。但面向未来，要发展现代石油市场体系，要上市原油期货，仍需要突破当时的一些政策条款限制。在各方的努力下，央行、外管、财政、税务、海关、质检、证监会也都出台了相应的配套政策。这些问题的解决及政策的出台，经过了无数次的沟通、交流、调研，好在经过沟通交流总算走出一条路子来。

我想强调的是，原油期货的上市，中国不是早了，而是晚了。我们不可能等到条件完全具备再来干一件事情，只要基本条件具备，其他条件可以在实践中逐步完善。

因此，我们在推进原油期货上市过程中一直坚持一个原则——"不要期望值过高"。也就是说，不要过多讨论我国未来的原油期货能否起到影响国际石油价格的作用。即便达不到预期的目标，对中国而言也不会有太大损失。但如果不开设原油期货交易，就根本无从谈影响力。所以最首要任务是先把市场发展起来，没有市场什么也没有。就像孩子的成长，天天讨论日后上北大、上清华，甚至牛津、哈佛，但是孩子没生出来，讨论再多也没用，先把孩子生出来，先上幼儿园，好好培养能上好的中学，再根据孩子的特点来考虑长远的事情。正是秉持着这样的原则，与有关部门沟通协商原油期货的推进才在更大的范围内取得了共识。

我国还需要不断完善石油系列产品期货，仅有原油期货不行，还要有成品油、天然气期货，要构建一个完善的石油期货市场生态体系，才能更好地服务石油产业发展。目前，国家正大力推进石油天然气产业的改革，相信在我国上市成品油、天然气期货的条件也会越来越成熟。

·孙贤胜（国际能源论坛秘书长）

国际能源论坛设在沙特阿拉伯首都利雅得，成员包括能源生产国、消费国和贸易国，主张促进能源生产国与消费国对话，提高石油天然气市场透明度，保障国际能源市场稳定。

当前，无论油气还是新能源，亚洲在能源消费市场的主体地位进一步凸显。就天然气而言，亚洲地区需求最大，互相竞争容易抬高价格，但如果通过加强合作，建立一个区域天然气交易平台无疑可以起到平衡气价的作用。同时，亚洲国家也应加强自身的能源生产供应，增加对国际气价的内在平抑能力。

中国主导建立一个东北亚的区域天然气交易市场条件最成熟，但中国目前最缺乏这方面的人才和配套政策，在软实力上还需要进一步提升。

·祝昉（中国石油和化学工业联合会信息与市场部主任）

天然气是我国国民经济重要的能源和原材料的组成部分，与国民经济的增长密切相关，近10年来，我国天然气消费以2位数增长，而国内产量的增长远跟不上消费增长，使得我国天然气进口快速增长，对外依存度逐年提高。截止到2018年底，成为第三大天然气消费国，天然气生产1,610.2亿立方米，净进口1,223.3亿立方米，全年表观消费2,833.5亿立方米，同比增长17.3%，对外依存度升高到43.2%。

天然气作为目前最好的清洁能源和优质的化工原料，在美国的页岩气革命后，中国对环保保护意识提高，天然气消费高速增长。据相关研究机构判断，2050年前中国天然气需求将一直保持增长，在2035年前为快速发展时期，天然气需求量将会快速增长到6,200亿立方米，年均增速高达5.5%；此后进入中低速增长，到2050年天然气需求量将进一步增至7000亿立方米。可以预见，未来十年，我国的综合国力大幅度增强，石油天然气消费量仍将快速增长，如果国内产量没有大突破，进口量将不断增加，对外依存度继续攀升。

在消费增长的同时，也暴露出我国在轻质能源上的软肋：

一是价格没有话语权。由于市场成熟程度的不同，全球三大天然气消费地区的定价方法各不相同。美国天然气市场化程度最高，其天然气定价主要基于亨利港天然气期货价格；欧洲的天然气定价或者挂靠NBP（英国国家平衡点）价格指数，或者挂靠原油或成品油价格；亚洲是全球LNG进口的主要区域，但由于天然气市场体系不完善，缺乏权威的天然气基准价格，其定价主要与日本一揽子进口原油价格（JCC）挂钩。定价机制的不同导致三地的天然气价格具有明显的差异，出现了显著的"亚洲溢价"现象，我国采购天然气只能被动接受。同时，中美贸易摩擦的加剧及持久性将对我国天然气需求、价格都会造成重大影响。

二是国内价格没有接轨。扩大天然气消费是我国目前及未来绿色转型发展的重点，国家能源局在出台的指导意见中将天然气占一次能源消费比重从7%提高到2018年的7.5%。其中城市燃用气需求达到1,092亿立方米，同比增长16.5%，占天然气消费比重为39%，但天然气价格没有与国际同步，只有一定幅度上涨。能源的相互替代及价格不同步，使工业用气需求达到905亿立方米，同比增长19.1%，天然气消费出现了淡季不淡的现象。如果进口天然气价格长期倒挂，低价天然气将继续驱动各类消费的强劲增长。

三是储备体系薄弱。受同民用需求变化，天然气消费有较明显的淡旺季，北方城市最高出现过1：11的淡旺季差，天然气生产的连续性与下游消费的波动性，这一矛盾难以调和，虽然我们一直希望通过以天然气为原料的国内生产企业承担起调峰重任，但对于连续生产的化工企业也难以为继，天然气储备体系成为解决供求变化的最佳缓冲体系。目前国内天然气储备主要是建设国家级储备，而企业、城市供气等层面储备明显薄弱，没有良好、充足的天然气储备，保障供应是个不可能完成的任务。

·付少华（上海石油天然气交易中心副总裁）

目前，天然气政府定价已由传统的成本加成定价，改为与油价挂钩方式，正在按照"管住中间、放开两头"的总体思路，推进天然气价格市场化改革。

2013年10月18日，国家发改委和新华社签署《战略合作协议》，加强价格领域的合作，推动石油天然气交易市场的建设，推动市场价格的形成，发挥市场配置资源的决定性作用。

2015年3月4日，上海石油天然气交易中心在上海正式注册成立，2015年7月1日试运行，2016年11月26日正式运行。时任国家发展改革委主任徐绍史表示，上海石油天然气交易中心的建设，既是油气价格市场化改革的重要成果，又是深化改革的重要支撑。交易中心正式运行，有助于加快能源市场化改革的步伐，进一步完善油气价格形成机制，促进我国积极融入国际市场、深化能源国际合作。

为推动天然气市场化交易，2015年11月18日，国家发展改革委发布《关于降低非居民用天然气门站价格并进一步推进价格市场化改革的通知》（发改价格〔2015〕2688号），要求着力做好天然气公开交易工作。非居民用气应加快进入上海石油天然气交易中心，由供需双方在价格政策允许的范围内公开交易形成具体价格，力争用2~3年时间全面实现非居民用气的公开透明交易。天然气生产和进口企业要放眼长远，认真做好天然气公开交易工作；交易中心会员要向交易中心共享非居民用气的场内和场外交易数量和价格等信息；交易中心要规范管理、专业运作、透明交易，不断探索发现价格的新模式、新方法、新手段，尽早发现并确立公允的天然气价格，定期向社会发布，为推进价格全面市场化奠定坚实基础。

2017年8月29日，发改价格规〔2017〕1582号文发布。文件强调要推进天然气公开透明交易。鼓励天然气生产经营企业和用户积极进入天然气交易平台交易，所有进入上海、重庆石油天然气交易中心等交易平台公开交易的天然气价格由市场形成。交易平台要秉持公开、公平、公正的原则，规范运作、严格管理、不断创新、及时发布交易数量和价格信息、形成公允的天然气市场价格，为推进价格市场化奠定基础。

正式运行以来，上海石油天然气交易中心会员数快速增加，交易模式持续创新，交易规模逐年扩大，服务能级和行业地位日益提升。进入2019年，上海石油天然气交易中心各项功能及服务体系更加完善，不仅能提供传统的挂牌、竞价、招标、团购交易，还创新性地推出天然气预售、进口LNG窗口期、天然气串换等交易；价格指数日益丰富；信息服务系统功能更加丰富；企业信用评估体系逐步形成；由国家能源局委托、交易中心自主开发的国家油气管网独立运行支撑平台——"油气管网信息采集和公开系统"将于下半年投入运行。与国内外政府部门、跨国能源企业、金融机构的交流与合作更加广泛深入。

伴随着交易中心天然气交易量的上升和价格发现功能的体现，中国天然气价格形成机制也在发生变化。为更加及时有效、公开透明地反映中国天然气市场价格水平，上海石油天然气交易中心选择了市场化程度高的华东地区，意在打造中国市场LNG价格标杆。华东地区LNG市场化程度最高，下游参与主体众多，LNG液态市场规模超过全国20%。华东地区有五个LNG接收站，分属不同市场主体，接收站储罐罐容条件较好，具备了竞争条件。华东地区在上海石油天然气交易中心交易平台上的LNG液体交易较其他地区活跃，具备了形成中国LNG液体市场标杆价格的基本条件。

经过几年的运行，上海石油天然气交易中心在承接国家天然气价格改革政策落地，反应天然气产业链各市场主体声音，发现问题、推动问题价格方面起到了一定的作用。但随着改革的深入，天然气市场化交易和交易中心的发展也日益面临着更为棘手和更深层次的难点和问题，需要各方同心同力，推动解决。

一是尽管目前我国80%左右气源价格已经放开，但政府门站价格的影响依然强大，特别是销售价格更是完全按照地方政府的定价来执行，导致市场化交易推动难度大。

二是天然气行业需要的产能预售或者说远期销售合约，在现货交易市场面临着监管政策的制约，使得市场化交易难以满足实体经济的需要。天然气供需基本都是依靠短则5年，长则10年、20年的长期协议来保证，但这种供求预售合约却无法在现货交易中心实现。

三是保供成为天然气市场当下头等大事，"一刀切"的做法，导致无论居民用气还是非居民用气，都通过签订线下保供协议来提供。市场配置资源的决定性作用有所弱化。

四是不断上游竞争性市场结构尚未建立，而且近年来出现了一体化供气企业市场份额继续集中的倾向。这种一体化通吃的模式，与成熟市场化国际发展路径背道而驰，也是天然气市场化交易必须面临的新问题。

当然，值得欣慰的是，价格市场化已在路上，趋势不可阻挡，独立管道公司即将成立，将为天然气市场化交易和交易中心的发展注入强大动力。伴随天然气消费规模的快速上升及对外依存度的增加，加之国际天然气价格波动加大、天然气供需难以预测与储运条件的制约，市场配置资源的决定性作用比较逐步实现，中国天然气市场化定价和标杆价格的出现将指日可待。

·熊垠州（重庆石油天然气交易中心副总裁、重庆能源大数据中心）

国家管网公司的成立和《油气管网设施公平开放监管办法》的实施，将垂直一体化的天然气市场变为天然气商品和天然气运输服务两个市场。由此带来的市场主体、交易方式、保供责任、监管政策等都会发生全方位的变化。

无论你地处东部沿海，还是西部内陆，无论你是上游企业，还是下游企业，每一个市场参与者，都应当比以往更加了解政策，熟悉市场，把握形势，恐怕只有做到心中有全局、手中有市场，才能成为新时代的真正赢家。

经典观点与经验分享之第10章 金融市场的平衡：
价差、套利、套期保值和交易策略

·陆丰（上海期货交易所副总经理）

风起云涌的能源转型时代，传统化石能源最有活力和发展空间的非天然气莫属。天然气逐渐摆脱了对原油的依附性，从配角走向主角。把握未来，深刻理解天然气市场和定价，发挥金融市场服务实体经济的功能，请从本书中寻找答案。

·曲建（中国（深圳）综合开发研究院副院长）

大宗商品是用于工农业生产与消费使用的大批量买卖的物质商品，具有显著的商品属性，其定价、交易、仓储、物流对国民经济发展有着至关重要的影响。目前，我国经济总量规模已达全球第二，外贸总量也达到全球第一，国民经济运行特别是工业生产需要消耗大量的农副产品、金属、煤炭、石油化工等大宗商品。我国实行改革开放已有30余年，流通体制改革不断深入推进，基本实现了从计划经济管制向市场形成价格的转变，各类商品交易市场如雨后春笋般发展起来，其中，以互联网和信息化等技术手段，采取创新模式的各类大宗商品电子交易市场发展最为突出，显著提升了实体经济的流通效率、降低社会资金占用和运行成本，为我国经济社会转型升级、维护国民经济稳定高效运转做出了突出贡献。

经过多年的发展，我国大宗商品市场规模不断扩大，品种日益完善，体系不断健全，对实体经济的服务能力日益提升。目前，我国大宗商品交易市场已经基本形成了三个层次：底层是基础现货市场，主要包括各类批发市场、零售市场以及现货电子盘市场，主要有商务部负责监管；中间层是商品场外衍生品市场，主要是大宗商品中远期交易市场及其他各类创新模式的大宗商品电子交易场所，审批主管部门为地方金融主管部门，由证监会牵头的清理整顿各类交易场所部际联席会议制度对其进行规范，商务部也拥有指导监管权限；顶层是期货市场，我国商品期货市场除上海期货交易所、郑州商品期货交易所和大连商品期货交易所，以及新近成立的上海国际能源交易中心，均属于场内市场，由证监会负责监管。

党的十八届三中全会《决定》提出要健全多层次资本市场体系，这是完善现代市场体系的重要举措，也是促进我国经济转型升级的必然选择。同样，在大宗商品交易市场，也需要建立和巩固多层次的商品市场体系，通过加快完善商品市场法规体系，创新期现结合交易模式，进一步丰富交易品种，满足实体经济多样化的交易和风险管理需求，提高我国商品市场的运行效率和国际竞争力。

基础现货市场位于金字塔最底层，功能局限在商品流通，受到时间和空间的限制，交易效率低且影响力有限，同样无法满足实体经济对市场快速反应的需求。而期货市场处于我国大宗商品交易市场体系金字塔顶端，主要承担套期保值和价格发现的功能，商品供求和流通属性有所弱化，且商品期货交易品种不足，标准化程度较高，无法满足市场多层次、多样化的需求。作为中间环节的大宗商品中远期交易市场则刚好弥补了上述两个层次市场的不足，同时可通过开展期现仓单转换实现期现货市场之间从结算清算到仓储物流之间的有效衔接，打通场内套保到场外贸易之间的藩篱，成为期现对接的桥梁。

总体而言，我国大宗商品交易市场的发展与发达国家还存在着不小的差距，表现在国际化程度低、区域性较强、集中度不够、竞争无序等方面。多年来，中国一直试图争取国际商品定价权，为实体经济保驾护航，但是争夺的前提首先是国内价格体系的建立与完善，商品交易品种的丰富以及多层次大宗商品交易体系的建立和繁荣发展。我国实体企业转型升级，离不开大宗原材料定价与购销平台支撑，企业除需求在期货市场进行套期保值之外，更希望参与一个公平、公正、透明，可提供一系列创新增值服务的现货交易平台，不仅可从中获得价格合理、质量稳定的各类大宗商品，还可以获得包括信息发布、支付、清算等交易服务，物流、仓储、检验等交收服务以及供应链融资服务，从而提高交易效率，降低交易成本，实现对企业实体经营的支持。

大宗商品电子交易场所等场外交易市场就属于此类创新交易平台，相对于基础现货市场，属于更高层级的交易场所，但是依然是以服务实体经济为目标的现货交易市场，是实现期现对接的纽带，是我国建设多层次商品市场体系的重要举措。大宗商品电子交易市场通过采用互联网及信息技术，通过与上一层级的期货市场进行仓库互认、仓单互通、信息共享实现有效对接，可解决期货市场这一层级市场的贸易流通功能弱、与现货市场对接不足等问题。

在原油产品领域，我国已在上海推出原油期货产品，从商品市场发展规律看，期货市场是商品市场层次最高、标准化最高的市场，主要满足交易商风险管理的需求。在原油现货市场还未放开的情况下，越过原油基础现货交易和中远期场外交易阶段，直接建立较高级的原油期货市场，缺失了与之配合的场外中远期产品，定然会导致期货市场基础不牢，我国原油期货最终只能成为国际原油市场的陪衬并迅速边缘化。从发达国家的经验看，其场外原油市场非常活跃，存在大量原油以及成品油场外交易产品，其交易规模甚至超过场内交易规模。因此，我国发展原油期货，争夺话语权和定价权，必须同步培育和发展相应的基础现货、现货中远期等其他层次的交易市场，建立期现对接的机制，解决期货市场与现货市场"两张皮"的矛盾，实现"两条腿走路"。

面对国际国内严峻的经济发展形势，支持实体经济发展已然成为各项经济工作中的重中之重。在实体经济领域，为积极争夺商品定价权、降低企业运营成本、避免企业利润被侵蚀，满足实体企业对商品交易的多层次、多样化的需求，必须要求我国加快理顺大宗商品现货交易市场发展的体制机制，全面构建多层次商品市场体系，为实体经济发展保驾护航。

·罗旭峰（南华期货股份有限公司总经理）

2018年3月26日，我国原油期货正式挂牌交易，但在国际定价权方面仍与国际主流交易所有一定的距离。这也使得一些企业远走国外市场进行套期保值时，存在保值亏损的风险，引发关注。

当前，国际经济形势复杂，大宗商品价格波动剧烈，相关产业链的各类企业面临着极大的价格波动风险，从而对企业的正常经营造成了较大的影响。但企业如何通过期货及衍生品进行有效的风险管理操作，从而有助于企业的稳健发展，需要社会各方的积极参与和共同努力，更少不了我国期货及衍生品市场的发展壮大。

首先，我们应进一步促进我国期货市场的功能发挥，尤其是价格发现功能的发挥，使之成为国际大宗商品的定价基准，则中国企业进行套期保值操作可以在国内市场进行交易，无需将头寸暴露在境外交易商和境外交易商的面前，从而可以有效地保护国家利益，保障国家金融安全。

其次，在各类实体企业具有较强的风险管理需求的情况下，我国需要培育出具有较强竞争力和服务能力的本土期货公司，通过国际业务、风险管理业务等，切实服务我国的各类实体企业，从而提升我国企业的整体竞争能力。

最后，尽管我国期货行业已取得了不少成绩，但与高水平开放型经济体的定价和风险管理需求相比，我国期货及衍生品市场的发展程度与国际化水平还远远不够。为此，我们应进一步有序地推进对外开放。要加强顶层设计规划，完善内外合作监管体系，实行多层次对外开放措施。

·朱军红（上海钢联电子商务股份有限公司董事长、隆众资讯董事长）

2015年，世界铁矿石市场的"中国之声"从无到有。就在这一年，国际矿业巨头必和必拓开始采纳中国矿石指数，而这个指数也正是由我们上海钢联提供。现在，国内大部分钢厂、钢铁贸易商、钢材采购商将上海钢联的数据作为合同结算的基准价格的依据，相关指数也成为预测经济发展的指标之一。我们的数据业务不断朝着拥有全球定价能力的方向开展。

上海钢联正在加速在大宗商品领域的布局，将钢铁资讯领域深耕细作的产业经验复制到能源化工领域，进一步加强服务和产品研发能力，不断完善大宗商品的数据体系，更好地为全球大宗商品用户提供优质服务。

经典观点与经验分享之第11章 生产经营的平衡

·郭宗华（陕西省燃气设计院原院长、全国石油天然气标准委员会委员）

价格是一把双刃剑，过高的价格将抑制消费。薄利多销是一个古老的经商之道，仍然适用于天然气产业的发展。其出发点是：40年高速发展积累的环境问题，使清洁能源的大规模利用刻不容缓；中国待气化的50%居民地处城郊和农村，经济承受力最差；工业用户是冬夏均衡用气的大户，高气价使工业产品缺乏国际竞争力，从而影响我国经济的全面复苏；供大于求的局面将很快出现，短则一到二年，长则三至四年，目前夏秋季节已出现滞销情况。

薄利多销刺激消费，消费量翻一到两番都是可能的事情，油企的收入可能更可观，这是直接效益。间接效益更无法估算，工业用气量增多，产品出口竞争力增大，整个国家的竞争力增强，国家财税收入的增长可能是油企提高气价增加收入的好多倍。清洁能源的账站在企业的立场应算长远利益，站在国家的角度应算整体利益。

产业链环环相扣，环开链断财路断。天然气产业链的上中下游和消费者四位一体应该和平共处。公用事业是联系政府和人民感情的纽带，清洁能源是国家肌体的血脉，融合协同发展对各方都有利。

经典观点与经验分享之第13章 能源替代竞争与可持续发展的平衡

·王颂秋（重庆燃气（集团）有限责任公司董事长）

天然气将成为家庭和商业的智慧能源。智慧燃气将建立一种安全、可靠、高效的能源体系。

互联网发展日新月异。互联网的前半段（如果）已经走完，但在城市燃气企业，互联网、物联网、数字化的故事刚刚开始。互联网、大数据应用到燃气领域、应用到人们生活的消费场景、应用到城燃企业生产、经营管理活动中，是城燃企业未来创新发展需要着重考虑的。

城市燃气企业在"云大物移智"时代处于技术爆发阶段。天然气具有清洁、便捷、低碳环保的特点，互联网技术运用将促使行业发展数字化、高效化。提升客户价值、增进客户体验是智慧能源、智慧城市的重要内容。这是天然气、特别是城燃企业在今后长期竞争中立于不败之地的重要法宝。

·王震（中国石油集团经济技术研究院国家高端智库首席专家）

清洁低碳化是全球能源发展大势，发达经济体正处于从油气时代向天然气+可再生能源的时代转型，而中国仍处于以煤炭为主的"高碳时代"，面对日益凸显的能源与环境问题，推动中国的能源转型，实现能源清洁低碳化利用，成为中国能源发展的既定战略。我们需要在调整优化产业结构、控制能源消费总量、改进能源消费结构等多个方面共同发力。天然气是清洁低碳的化石能源，可以成为我国能源转型的主力军，要加快天然气产供储销体系建设、构建有效竞争的市场结构和市场体系、加快天然气价格市场化改革和交易平台建设，打造5A级天然气产业链。

·余皎（中国石油化工集团公司经济技术研究院副院长）

当前，以高效、清洁、多元化为主要特征的能源变革和转型进程正在全球加快推进，能源供需格局正在深刻调整。天然气产业作为现实阶段从高碳能源走向低碳能源的重要"桥梁"，全球消费将稳定增长，尤其在亚太等发展中国家拉动下，预计2025年前后全球天然气消费将超越煤炭，成为第二大能源。天然气的国际贸易活跃度在不断提升，LNG贸易因其灵活性，增长更为迅猛，预计2040年LNG贸易量占比将超过50%，超越管道气成为主要贸易品种。石油公司针对天然气发展，积极优化油气资产结构布局，提升天然气资产比例。2018年全球天然气资产交易额升至900亿美元的历史高位，交易价格水涨船高，大型石油公司的天然气产量占油气产量比重已由2000年的20%左右升至40%左右。

中国作为能源转型最积极的践行者，正在进行一场全方位的、深刻的"能源革命"。天然气肩负能源转型主力军的重任，正驶入快车道，发展得如火如荼。预计未来10年，将是中国天然气产业变革最激烈时期，天然气将发展成为新的主力能源。资源环境约束趋紧的新常态和新型城镇化进程将加快提供发展新动力，天然气需求还将被进一步激发，并将在2040年前一直保持着旺盛的增长，具有广阔的发展空间；国内天然气产量仍将继续保持增长趋势，资源基础为天然气增产提供保障，我国天然气资源探明程度仅19%，勘探开采潜力巨大；油气体制改革将在放宽市场准入、完善管网建设运营机制、落实基础设施公平接入、形成市场化价格机制、完善行业管理和监管等方面深入推进，市场运行将更为公平高效。整个天然气产业链最终将完成市场化进程、形成多元供给体系、实现可持续快速发展，构建起清洁低碳、结构合理、供需协调、安全可靠的现代天然气产业体系。

·许勤华（中国人民大学国家发展与战略研究院副院长、中国能源研究会可再生能源专委会秘书长）

光伏发电是绿色清洁的能源，符合能源转型发展方向，在能源革命中具有重要作用。培育壮大清洁能源产业、支持光伏发电等清洁能源发展是能源生产革命、消费革命的重要内容。促进光伏产业持续健康有序发展、高质量发展是行业的共同责任和目标。

一是抓紧研究光伏发电市场化时间表路线图。统筹考虑非化石能源消费目标、电网消纳能力、财政补贴实力，完善"十三五"光伏发展目标和后几年发展规模，合理把握发展节奏。

二是大力推进分布式市场化交易。不断完善商业模式和运行模式，使分布式市场化交易成为分布式光伏发展的一个重要方向，成为新形势下分布式光伏发展的新突破、新市场。

三是推动减轻企业负担，为光伏企业营造良好的营商环境。我国与国外相比，光伏发电成本的差异主要在非技术成本上。

四是抓紧可再生能源电力配额制度的落地实施。进一步强化各地方政府和售电公司、参与市场交易大电力用户、自备电厂等市场主体对消纳可再生能源的责任，将对促进包括光伏发电在内的可再生能源发展起到十分重要的作用。

五是多措并举扩大消纳，进一步减少弃光限电。着力扩大光伏发电消纳，突出抓好重点地区的消纳问题，确保实现双降。

随着世界能源转型大趋势日益明显，光伏产业已成为各国普遍关注和重点发展的新兴产业。如何进一步规范我国光伏产业发展、推动产业转型升级，促进我国光伏产业迈向全球价值链中高端，需要重点做好以下几点：发布智能光伏产业行动计划、加强行业规范管理、完善公共服务平台建设、坚持"引进来"与"走出去"相结合。

中国光伏企业在近20年的时间里都是在不断克服困难、突破围堵中艰难前进，到今天发展成为从业超250万人、产值近万亿元的国家名片。相信中国光伏人仍然会继续披荆斩棘，砥砺前行。

经典观点与经验分享之第17章 政策、地缘政治的平衡

·朱兴珊（中国石油天然气集团有限公司规划计划部副总经济师）

国家发展改革委等13个部委于2017年6月23日发布的《加快推进天然气利用的意见》提出，逐步将天然气培育成为我国现代清洁能源体系的主体能源之一，到2020年，天然气在一次能源消费结构中的占比力争达到10%左右；到2030年，力争将天然气在一次能源消费中的占比提高到15%左右。这是符合实际和富有远见的，应该坚持。但如何实现这个目标仍有很大难度。其中最关键的问题是终端价格太高和管输、调峰能力不足，最重要的解决途径是市场化改革。成立国家管网公司只是迈出了第一步，相应的政策法规、监管和市场开放必须配套，才能解决这些问题。国家管网公司成立后，首先应考虑加快建设，提升能力，其次才是公平接入，没有富余的容量就没有第三方接入。按照国际惯例，一般根据先到先得原则分配管容，国家管网公司一定要确保之前的运输合同或已占用的容量得到优先保障。应借成立国家管网公司的机会放开价格（管输费除外），理顺天然气产业链各环节价格和价值，体现上游高风险高回报，适当提高天然气生产商的利润，降低管输和终端环节的利润和价格。这样可以大大调动生产商的积极性，提高国内天然气产量，同时减少进口，压低进口气价格。整个天然气产业链就顺了、活了。

我国幅员辽阔，地区差别很大，改革不能"一刀切"，更不能冒进。可以将广东或者江苏这些经济发达、承受力强、供应多源的省作为放开价格的试点先行先试。广东省有省管网公司，可学习英国模式，江苏省没有统一的省管网公司，可以学习美国

模式进行试验，看看实际效果哪一种更好，再形成一套成熟的改革方案。

总之，世界天然气资源丰富，足够满足所有国家的需求。中国天然气发展要保持战略定力，不能被短时的困难干扰，出现问题是我们没有做好，不是不该发展。天然气要大发展，降低成本，提高竞争力是王道，一定要想方设法降低终端价格。除理顺产业链各环节价格外，上游也要通过管理提升和技术创新降低成本，进口商要压低进口气价格。

·赵公正（国家发展和改革委员会价格监测中心处长）

这么多年的地质勘探，我国依然没有改变"缺油少气"的局面，2018年石油进口依存度达到70%，天然气超过了40%。作为相对稀缺的能源，在中国的主要能源价格改革中，天然气既不是最快的，也不是最慢的。快的如煤炭，价格早已放开，慢的如电力，还在做试点。但可以说，天然气价格改革是主要能源产品里最复杂的，也导致当前市场对改革存在一定的"非议"。我个人认为，充分认识天然气价格改革的复杂性，是正确理解当前价格改革政策的关键。

一是天然气用途的多样性。天然气是优质、高效的清洁能源，既可以用来工业发电，又可以用于居民取暖做饭；既可以作为下游化肥等化工产品的工业原料，也可以用于天然气分布式项目，热电冷联供。天然气的多用途特性，在供给不足的情况下，必然会出现相互冲突的情况。2017年发生"气荒"，被迫采取"压非保民"措施，给下游的工业用户带来损失；最近又有了关于"天然气发电"的对错之争。既要建设清洁高效能源体系，实现绿色低碳发展，又要夺取"蓝天保卫战"的胜利，各地各行业都想做大天然气文章。天然气多种用途的特性，例如用于环境的改善、民生的保障，这部分尚难用价格的高低来衡量，决定了价格并不是当前调节天然气资源配置的唯一或者有效手段，这是部分环节价格还没有完全放开的主要原因。

二是天然气价格改革基础的复杂性。中国地域辽阔，天然气资源主要分布在中西部地区，而消费地集中在东部地区，地域上的不匹配加上从计划经济到市场经济的转轨，定价方法的转变，以及天然气用途的多样性，使得原有的价格基础体系极为庞杂繁复，改革难度很大。例如，在批发环节有出厂价格、门站价格；在终端环节，有居民用气价格、非居民用气价格，非居民用气价格，又包括直供用气价格、非直供用气价格，进一步还细分化肥用气、化工用气、发电用气价格；为减少改革阻力，增加存量气价格、增量气价格；按气源，又增加了非常规天然气价格（页岩气、煤层气、煤制气等）、液化天然气价格；近几年，上海、重庆石油天然气交易中心成立后，形成增量气完全市场竞争形成价格，但为了控制炒作，政府增加了上浮最高20%的要求。

在运输环节，政府发布了管道运输价格管理办法、管道运输定价成本监审办法、配气价格监管的指导意见等等，输配价格要由政府管好管到位。在储存环节，储气设施价格从政府定价转为市场形成。在定价方法上，由成本加成法改为市场净回值法，建立起与燃料油、液化石油气等可替代能源价格挂钩的动态调整机制。

如此复杂的价格体系，在世界上任何国家也是不多见的，这必将增加改革的难度。十八大以来的改革基本采取先易后难的思路，"先非居民后居民""先试点后推广""先增量后存量""边理顺边放开"的实施步骤，稳步放"两头"，基本实现了天然气价格改革的快速推进。

三是进口天然气的可获得性和安全性面临越来越复杂的局面。我国天然气资源不多，增产潜力有限。随着中俄东线投入运营，我国将形成中亚西北、中缅西南、中俄东北的进口管道气供应格局，有更多的接收站投入运营，海气东来与管道气相辅相成，为我国提供更加多元化的进口天然气供应。不过，我国已经超过日本成为世界最大的天然气进口国，获取境外经济性高的天然气资源难度在增大，对单一国家的依赖风险也在加大。2017年"气荒"的发生，部分原因就是来自土库曼斯坦的天然气少供问题。从这个角度来看，进口的多元化将导致风险点的绝对增加。任何一个进口渠道出现风险，都会引起整体市场的不稳定、价格的大幅波动。

四是进一步深化国内天然气价格改革的难度在增加。按照"管住中间、放开两头"的总体思路，改革的目标是坚持改革与监管并重，在加快推进天然气价格市场化改革、快速提高气源和销售等竞争性环节价格市场化程度的同时，加强自然垄断环节的输配价格监管，着力构建起天然气产业链从跨省长输管道到省内短途运输管道、再到城镇配气管网等各个环节较为完善的价格监管制度框架。

从改革的空间来看，价格调整的余地在缩小、改革的难度在增加。且不说进口液化天然气存在"亚洲溢价"现象，就是理顺国内市场价格的难度也在增大。从价格的实际走势来看，近几年天然气多数环节的价格都在上涨，累计整体涨价幅度相当可观，下游客户叫苦不迭，天然气经济性备受挑战，使得天然气下游产业的发展和培育显得更为艰难。交通用气方面，城市天然气出租车、重卡、LNG动力船，因经济性和政策性制约，增长出现明显放缓势头。在化工领域，相当一批工厂面临冬季无气停产的情况。在国内的LNG液化厂，在市场需求旺季没有原料可以加工，即使在需求淡季，原料气供应不足，相当一部分工厂处于亏损状况。

目前情况下，如果改革导致天然气价格继续上涨，或者上海、重庆两大定价中心的发展不尽人意，或者锚定进口LNG价格进行国内价格调整，缺乏参考国内市场供需情况的定价方式改革，都可能对整个天然气产业带来不可估量的损失。

经典观点与经验分享之第19章 中国天然气和 LNG市场供需与进口

·张惠贞（Serene Gardiner）（托克集团亚太区高级能源分析师）

根据国际能源署（IEA）的数据，预计到2024年，亚太地区将占到全球天然气消费总增长的一半以上，年均增幅为4%，主要受益于中国大力发展天然气的经济和政策推动，而在2018～2024年预测期内，中国年均增幅为8%。其他快速增长的经济体，如印度、巴基斯坦或孟加拉，预计也将为需求增长做出巨大贡献。然而，在这些对天然气价格高度敏感的市场中，天然气价格的竞争力和可承受性是先决条件。

中国是仅次于美国和俄罗斯的世界第三大天然气消费国，2017年，消费2,370亿立方米，同比增长14.5%，2018年，消费2,800亿立方米，同比增长18.1%。近年来天然气快速增长的一个主要原因是环境政策（空气污染防治行动计划和2018～2020年生效的蓝天保卫战）推动了城市工业用气和住宅供暖用气取代煤炭。其中，许多沿海省份设定了控制煤炭消费的指标。

消费热潮不仅导致天然气总量发生变化，而且也改变了季节性需求趋势。冬季供暖需求接近天然气需求增量的20%，供暖季通常只有4~5个月（在11月～3月期间），主要集中在京津冀及周边"2+26"个城市。中国北方的需求正变得越来越季节性。国产气和进口管道气难以满足需求的大幅增长，因此，液化天然气已成为增长最快的气源。2017年，中国液化天然气的需求增长了46%，2018年增长了41%，达到5,400万吨。

从中国目前的2020年目标来看，需求可能会超过规划的液化天然气码头能力，鉴于项目建设周期较长，在需求高峰期间可能会出现用气短缺。由于其灵活性、实施用时短和成本相对较低，FSRU是一种非常适合在此情况下广泛采用的技术。

典型的FSRU建设成本为新岸上接收站码头的50%～60%。FSRU建设期一般为3年，而相同处理能力的岸上终端却需要4年～5年的建设期。更快速的选择是改装液化天然气船，只需短短12月～18个月就可改装完，也为经济寿命即将到期的老旧LNG船增加了价值。同时，作为可重复使用的资产，这些浮动设施能够自由移动，去满足特定的市场需求，而陆上接收站只能就地固定，是沉没成本。此外，租赁与购买选择权进一步提供了灵活性。

变革的快速时期也是发展LNG交易枢纽和反映亚洲液化天然气供需基本面指数的

黄金时段。预计在未来几年内，新的投产项目将充斥液化天然气市场。随着下游电力、管道物流和天然气市场的自由化，管制措施的逐渐放松，市场参与者的数量也将日渐上升。

预计未来十年内，已是全球第三大天然气消费者的中国，将成为全球最大的液化天然气消费国。中国应努力推动活跃的天然气期货，成为全球天然气基准价格中心之一和领先的液化天然气交易枢纽。这将改善中国在采购谈判中的地位，提升实现合理天然气价格的能力。以国内外环境种种重大的变化为契机，中国可加快脚步乘胜追击，在2020年代的上半阶段建成天然气期货贸易中心。

经典观点与经验分享之第21章 天然气行业大事记与行业基础知识

·何春蕾（中国石油西南油气田公司天然气经济研究所副所长）

我国实施天然气能量计量计价相关问题

天然气能量计量计价因其科学性和公平性而被国际社会普遍采用。国外发达国家天然气能量计量计价体系成熟，发热量测定、流量测量器具与设备、量值溯源等技术标准体系十分完善，天然气产、运、储、销、贸等各环节均采用能量计量计价结算，并严格规定进入长输管道的热值范围。国际上天然气能量计量单位中英热单位（Btu）使用频率较高，也是LNG国际贸易的常用计量单位，而西欧国家普遍采用千瓦时（kWh）。

目前我国并行有体积计量、质量计量、能量计量等天然气计量交接方式，以体积计量计价结算为主，能量计量主要在进口LNG及LNG气化后的大规模气量交接中使用。我国正在迎来天然气发展黄金时期，实施天然气能量计价是与国际接轨，保障天然气市场公平开方进而促进天然气产业健康持续发展的重要条件。国家发展改革委在2019年5月印发的《油气管网设施公平开放监管办法》（发改能源规〔2019〕916号）中明确提出将推行天然气能量计量计价体系，并规定了24个月的过渡期。当前，我国推行天然气能量计量计价已基本具备技术、基础设施和制度等方面的基础条件：一是天然气能量计量标准体系基本建立；二是天然气能量计量溯源体系建设基本完成；三是我国天然气基础设施计量装置基本满足要求；四是已经建立或正在研究制定相关能量计量计价制度；五是市场和社会接受程度较高。因此，应加快制定天然气能量计价实施方案。

　　我国实施天然气能量计量计价主要涉及几大问题，一是计量计价单位的选择。计量单位主要考虑在国家法定能量单位千瓦时和焦耳之间选择。从民众接受程度和与电做比较方面考虑，建议采用千瓦时作为天然气能量计量单位。二是价格转换基准热值的确定。确定基准热值是将目前的体积计价体系向能量计价体系转换的关键，鉴于基准热值的选择直接关乎供需双方的利益，基准热值的选择必须注重客观公正性，建议按照区域或各省（直辖市、自治区）天然气平均热值确定基准热值，然后将目前的各省（直辖市、自治区）综合门站价（元/立方米）转换为能量价格（元/千瓦时），尽可能使供需双方利益不受大的影响。三是统一进入长输管道热值标准问题。为保证下游用户用气气质稳定性，提高管输利用效率和体现管输环节的公平公正性，根据国外经验，目前《天然气（GB 17820—2018）》要求的进入长输管道的天然气高位发热量34MJ/m³的范围太宽泛，建议将进入长输管网的天然气的热值限定在一个较窄的区间范围。四是居民用户采用体积计量、能量结算的方式。居民用户用气点多面广，安装能量计量系统成本较高且实施难度大，参照国外的做法可采用体积计量、能量计价结算的方式。五是加强第三方检定、监督机构的培育。热值测量设备需要定期检定，天然气单位发热量也需要有资质的第三方进行测定和定期向社会公布，所以要发展天然气发热量直接测定、离线累积样品分析、在线气相色谱仪检定、纠纷仲裁等相关业务的第三方权威机构。另外，天然气上中下游产业链长，计量计价环节多，涉及生产企业、运输企业和用气企业各方利益，涉及目前天然气上中下游各企业信息系统、管理机制等方面的调整，且天然气价格和计量分属不同政府部门主管，有效推行天然气能量计量计价还需多方协同努力。

第 21 章

天然气行业大事记与行业基础知识

全球油气行业里程碑（1668—2019）

本书回顾天然气价格百年史和油气行业的发展历程。世界石油市场发展史起源于公元前10世纪之前，埃及、巴比伦和印度等文明古国已开始采集天然沥青，将其用于建筑、防腐、黏合、装饰、制药等方面。公元5世纪之后，石油逐渐开始用于战争和医疗，并且有开井采油的记载。

1668年，人工开挖的第一口油井在英国完成。

1732年，英国斯帕丁第一次提出用煤矿瓦斯在怀特黑文街道提供照明。

1766年，英国卡文迪许从酸和金属反应中制得氢气。

1781年，法国拉窝斯发明天然气流量表。

1799年，法国菲利普获得天然气灯"热灯"的专利权。

1801年，法国菲利普根据天然气与空气混合可以压缩和燃烧的原理，制造出以天然气为燃料的引擎。

1804年，温莎获得英国第一个制造瓦斯的专利。

1807年，伦敦帕尔林荫道的公共街道上使用瓦斯照明。

1812年4月，世界上第一家城市煤气公司，威斯敏斯特瓦斯及焦炭公司，成立。

1815年，威廉·史密斯出版《英国地质图》，成为第一份地层学地质图。

1818年，英国第一次有目的地电解水制氢。

1820年，英国法拉第首次试验成功将天然气转换成液态。

1835年，世界上第一口超千米深井完成。

1838年，查尔斯·莱尔出版《地质学原理》，标志着科学地质学的诞生。

1842年，蒸汽机开始驱动顿钻。

1848年，芝加哥期货交易所（CBOT）成立，标志着现代期货交易的开启。

1848年，世界上第一口油井钻成，在阿塞拜疆巴库阿普歇伦半岛比比埃巴特村。

1854年，基尔和布思实验证明可以通过蒸馏原油制成煤油。

1854年，世界上第一口人工挖取的产油井在波兰钻成。

1856年，世界上第一座炼油厂在罗马尼亚普洛耶什蒂建成，炼出世界上第一桶灯用煤油，从此石油有了工业需求。

1857年，世界上第一个有正规产油统计资料的国家罗马尼亚在南喀尔巴阡山的普拉霍瓦河谷钻成一口油井，当年产油257吨。

1858年，世界上第一个油田在加拿大恩尼斯基林发现并投产。

1859年，世界上第一口油井由德雷克上校在美国宾夕法尼亚州泰特维斯尔村钻成，开启了现代石油工业。

1860年，美国埃格赫特提出，以桶为原油销售的基本单位，按照40加仑计算，另外让利2加仑给买家，形成1桶为42加仑的标准。1872年，石油生产商协会将其通过。1916年，美国国会批准这一标准。

1861年，世界上第一船油轮运输开始，标志着原油贸易的开启。

1862年，世界上第一条原油运输管道建成。

1862年，世界原油产量309.7万桶，其中美国产油305.7万桶，占比98.9%。

1863年，世界上第一条成品油运输管道建成。

1870年，约翰·洛克菲勒在美国俄亥俄州创办标准石油公司（Standard Oil Company）。

1871年，美国宾夕法尼亚州泰特斯维尔石油交易所开业。

1872年，美国从井口到附件工厂修建铸铁管道，运输天然气作为锅炉燃料，天然气开始成为商品。

1873年，开始开发巴库石油，诺贝尔家族进入俄罗斯石油产业。

1873年，世界上第一台制冷压缩机在德国发明。

1874年，美国第一条原油长输管道建成。

1876年，英国伦敦金属交易所（LME）成立，开启金属期货交易。

1879年，美国第一条州际输油管道建成。

1881年，美国第一条输气管道建成。

1882年，爱迪生电力试验成功。

1882年，约翰·洛克菲勒创办了标准石油托拉斯（Standard Oil Trust），包括40家炼油、运输和销售企业，开启了标准石油垄断经营的时期。

1883年，巴库–巴统铁路建成，通过铁路运输巴库石油到黑海之滨的巴统港，出口到西欧。

1885年，宾夕法尼亚州地质家协会发出警告，出现第一次石油即将枯竭论。

1885年，东京瓦斯株式会社（Tokyo Gas）成立，成为日本最早的煤气公司。

1885年，罗伯特·本生发明本生灯，开始把天然气用于烹饪和取暖。

1886年，美国第一条州际天然气管线建成。

1888年，标准石油托拉斯开始进入上游，收购利马油田。

1889年，诺贝尔公司开建巴库–巴统原油输送管道。1905年，建成。全长885千米，直径8英寸，年运输能力100万吨。

1891年，世界上第一条高压天然气管道建成，从美国印第安纳州到芝加哥。

1891年，世界上第一条跨国天然气管道铺设，从加拿大安大略巴特尔铺到美国纽约布法罗，标志着天然气国际贸易的开始。

1892年，世界上第一艘散装油轮"骨螺"（Murex）号经过苏伊士运河，开往远东。

1896年，世界上第一辆汽车由亨利·福特造出。

1900年，世界原油产量2,043万吨，其中，苏联1,068万吨，美国858万吨。

1901年1月，美国第一口万吨井在美国得克萨斯州博蒙特钻成，发现纺锤顶（Spindletop）油田。梅隆家族投资150万美元，建设原油输油管道和阿瑟港炼油厂，1907年建成。

1903年，世界上第一次飞行由莱特兄弟完成。

1905年，俄国革命，巴库油田燃起大火。

1905年，第一次发现地球中存在氦，而且在天然气中最丰富。

1905年，美国宾夕法尼亚州第一次通过注水提高油田采收率。

1908年，波斯发现石油，也是中东石油的第一次发现。

1910年，墨西哥发现石油"金色甬道"。

1911年，第一次世界大战爆发前，石油走上历史舞台。

1911年12月，美国标准石油托拉斯解散，分立为34家公司。

1912年，世界上第一座LNG厂在美国西弗吉尼亚州建成。

1912年3月，库欣地区发现了油田，此后8年时间，库欣油田成为全美最大的油田，1915年5月，石油产量达30万桶/日。

1913年，伯顿的石油热裂化技术获得炼油专利。

1914至1918年，第一次世界大战战场机动化。

1915年，德国地质学家魏格纳出版《海陆起源》一书，开启大陆漂移说。

1915年，世界上第一座地下储气库在加拿大安大略省威伦气田建设。

1915年，第一次提出以液态形式运输天然气的想法。

1916年，世界上第一个大型非伴生气田——门罗气田在美国路易斯安那州门罗市发现。

1916年，世界上第一座枯竭气田储气库康克德建成，在美国纽约州布法罗市。

1917年，布尔什维克十月革命。

1917年，美国俄克拉荷马哈密尔顿建成世界上第一座从天然气中回收天然气液的工厂。

1917年，在美国西弗吉尼亚州建成世界上第一座从天然气中提氦的LNG天然气液化工厂。

1918年，美国第一座钢质储油罐建成，宽约1.52米，高约2.44米。

1920年，第一次世界大战后，世界第二次陷入石油即将枯竭的恐慌之中。

1920年，世界上第一口北极陆上油井诺曼井，在加拿大北极钻探。

1920年，美国第一个石油化工厂建成。

1921年，世界石油产量突破1亿吨，达到10,439万吨。其中美国6,365万吨，墨西哥2,713万吨，苏联378万吨。

1922年，美国堪萨斯州胡果顿城苏华德县发现潘汉德·胡果顿气田，1928年投产，开启美国现代天然气工业的开发。

1922年，委内瑞拉发现大油田。

1923年，菲利普斯公司获得第一个从天然气中提取天然汽油的技术专利权。

1923年，美国在阿拉斯加北坡开始地质调查工作。

1924年，茶壶山丑闻爆发。

1925年，世界上第一条全钢长距离天然气输送管道建成。

1925年，里海第一口海上油井，在阿塞拜疆巴库钻探。

1928年，世界上第一个氢气发动机发明。

1928年，世界第一条焊接的原油管道在苏联建成。

1929年，股市崩盘，经济大萧条即来临。

1929年，世界石油产量突破2亿吨，达到20,354万吨。其中，美国13,579万吨，委内瑞拉2,000万吨，苏联1,368万吨。

1930年，巴林发现石油。

1930年，苏联建成世界上第一条煤层气管道。

1931年，美国建成世界上第一条长距离多用途石油管道。

1931年，意大利投运世界上第一辆天然气汽车。

1931年，世界上第一条千千米以上州际天然气管线建成，输往芝加哥，全长11600千米，管径24英寸，标志着美国天然气跨州贸易的开始。

1931年，油价触底，经济大萧条和需求减少。

1932年，苏联建成第一条成品油长输管道，从阿尔马维尔到特鲁多瓦亚，全长486千米，管径0.305米。

1936年，美国得克萨斯油田建成世界上第一座天然气回注油井工厂。

1936年，世界天然气产量710亿立方米，其中，美国天然气产量630亿立方米。

1936年，希特勒武装莱茵河地区，推动合成燃料计划。

1937年，美国墨西哥湾钻成世界上第一口外海油井。

1938年，科威特发现石油。

1938年，墨西哥将石油公司国有化。

1938年，沙特阿拉伯发现石油。

1938年，世界上第一个外海油田——克里奥尔油田在美国墨西哥湾发现。

1940年，瑞士建成世界上第一个以天然气为动力的发电涡轮的发电站，标志着世界天然气发电技术的开始。

1940年，苏联建成两条天然气管线，供应天然气给斯大林格勒保卫战中的萨拉托夫和古比雪夫，标志着天然气工业化开发的开始。

1941年，世界上第一次铁路机车上使用燃气轮机。

1941年，世界上第一套工业规模的LNG装置在美国俄亥俄州克利夫兰建成，是典型的调峰设施。

1943年，世界天然气产量突破1,000亿立方米，达到1,090亿立方米。其中，美国天然气产量亿995立方米。

1944年，美国东俄亥俄气体公司的LNG储罐爆炸。

1946年，美国肯塔基州第一次利用含水层储气。

1946年，苏联第一次出口天然气，从秋明气田输气至华沙，开启了国际天然气管道贸易。

1946年，世界出现了第三次对石油枯竭的普遍担心。

1946年，苏联第一条天然气长输管道建成（始建于1930年），从萨拉托夫到莫斯科，全长约800千米。苏联把1946年定为其现代天然气工业的诞生年代。

1947年，美国墨西哥湾第一口油井完钻，18英尺水深。

1947年，世界上第一条长距离天然气运输管道建成，从苏联萨拉托夫到莫斯科，全长845千米，年输气量5亿立方米。

1947年，美国堪萨斯胡果顿油气田进行世界上第一次水力压裂试验。

1948年，美国开始从中东进口石油，成为净进口国。

1948年，西方石油七姊妹以美湾原油牌价加减贴水作为石油国际贸易的价格基准。

1949年，美国第一次砂岩油藏水力压裂。

1951年，美国从墨西哥湾使用驳船把天然气通过密西西比河运抵芝加哥炼厂。

1951年，在美国一次能源消费结构中，石油第一次超过煤炭。

1952年，世界上第一口水平井钻探。

1954年，美国墨西哥湾第一条海底输油管道建成。

1954年，世界第一座自升式钻井平台投产。

1955年，美国墨西哥湾第一艘自升式钻井平台在30.5米水深处投入使用。

1956年，阿尔及利亚发现石油。

1956年，法国第一座储气库建成。

1956年，哈伯特提出了"哈伯特钟"假设，预测美国陆上48州石油产量将于1969年达到供应峰值。

1956年，尼日利亚发现石油。

1956年，苏伊士运河危机，出现战后第二次石油危机。

1958年，世界上第一艘专用海上铺管船投入使用。

1958年，加拿大建成TCPL天然气管道，供应天然气给美国和加拿大东部，标志着天然气跨国贸易的开始。

1958年，美国肯塔基建成世界第一个含水层储气库。

1958年，苏联在萨拉托夫建成第一座地下储气库。

1959年，荷兰发现天然气田。

1959年，利比亚发现大油田。

1959年，世界石油产量突破10亿吨，达到100,613万吨，其中，美国37,797万吨，委内瑞拉14,537万吨，苏联12,700亿吨。

1959年1月，世界上第一次越洋LNG船运，成为世界海运史的天然气横渡海洋首例，是世界上最早的LNG贸易，标志着LNG进入了商业化国际贸易阶段。

1960年，德国第一座储气库建成。

1960年，俄罗斯西西伯利亚盆地北部麦索雅哈气田发现世界上第一个天然气水合物气藏。

1960年，欧佩克以沙特阿拉伯轻质原油官价加减贴水作为石油国际贸易价格基准。

1960年，世界上第一次使用燃气轮机发电调峰发电。

1960年9月14日，伊朗、沙特阿拉伯、伊拉克、委内瑞拉和科威特的代表在巴格达开会，决定联合起来共同对付西方的石油公司，宣告成立石油输出国组织（OPEC）。

1962年，世界上第一次采用直径1.42米的天然气管道。

1963年，美国丹佛建成世界上第一个废弃矿坑储气库建成。

1964年，美国建成科洛尼尔成品油管道，日输出量100万桶。

1964年，阿尔及利亚阿尔泽投产世界上第一座商业化LNG液化厂，气源来源于哈西鲁迈勒气田。

1964年6月，世界上第一条专用LNG运输船，"甲烷公主"在英国威格士建成投运，舱容为2.74万立方米，1997年，退役，2003年，船名被新船使用。

1964年10月12日，世界上第一船商业LNG货物，由"甲烷公主"号运抵英国泰晤士河口坎威岛。

1964年，世界上第一个LNG出口国阿尔及利亚向英国供应第一船LNG。

1964年，签署世界上第一份LNG供应合同，合同期为15年，从阿尔及利亚至英国。

1965年，发现萨莫特洛尔油田，地面多为沼泽，采取人工井场丛式钻井，1969年4月，投入开发，1980年，原油产量1.52亿吨。

1965年，法国开始进口LNG，从阿尔及利亚进口第一船LNG。

1965年12月，北海第一个气田——西索尔气田在英国北海海域发现，1967年，投产，直到1975年，供应了英国大部分的天然气。

1965年，发现西索尔气田的半潜式钻井平台"海上宝石"号在动迁中遇风暴沉没，13人死难。

1966年，美国布洛克油田第一次注二氧化碳提高采收率到65%。

1966年，苏联在鄂毕河下游发现世界级气田乌连戈伊凝析气田，1978年4月，投产，1985年，天然气产量2,720亿立方米。

1967年，加拿大在阿萨巴斯卡油砂工厂开始商业性露天开采油砂，加工成合成原油。

1967年，六天战争，苏伊士运河关闭，出现战后第三次石油危机。

1967年，世界上第一条大口径管道——苏联"兄弟"管道建成投产。

1968年6月，在阿拉斯加北坡发现普鲁德霍湾油气田，因自然条件恶劣和生态环境问题直至1977年才投产。

1969年，世界上第一座基本负荷型天然气液化装置在美国阿拉斯加基奈半岛建成。

1969年，美国开始从阿拉斯加基奈半岛出口LNG。

1969年，日本从美国阿拉斯加基奈半岛进口LNG，成为日本和亚洲第一次进口LNG。

1969年，世界上第一个LNG长约购销协议（SPA）由英国与阿尔及利亚签署，为期十年。

1969年，世界石油产量突破20亿吨，达到214,341万吨。其中，美国51,135万吨，苏联32,830万吨，委内瑞拉19,081万吨。

1969年10月，北海第一个油田在挪威北海海域被发现。

1970年，北海发现福蒂斯（Forties）油田。

1970年，西班牙开始进口LNG。

1970年，美国第一座溶解盐穴储气库在密西西比州建成。

1970年代，浮式LNG生产装置的概念设计在挪威提出。

1971年，世界上第一条自航式半潜式平台建成。

1971年，利比亚国有化石油公司成立。

1971年，世界上第一艘超过5万立方米的LNG船"笛卡尔"号投运。

1971年，世界天然气产量突破1万亿立方米，达到10,440亿立方米。其中，美国天然气产量5,876亿立方米，苏联天然气产量2,012亿立方米，加拿大天然气产量590亿立方米。

1973年，阿拉伯禁运开始。

1973年，欧佩克13国原油产量154,945万吨，占世界原油产量55.5%，出口原油137,735万吨，占世界石油贸易量86.9%。

1973年，油价自每桶2.90美元上升至每桶11.65美元。

1973年10月，赎罪日战争，阿拉伯石油禁运，出现战后第四次石油危机。

1974年，阿拉伯禁运结束。

1974年，国际能源署成立。

1975年，美国制定汽车燃油效能标准。

1975年，沙特阿拉伯、科威特、委内瑞拉采油权结束。

1976年，北海石油大发现，生产的原油全部以现货方式销售，促进了石油交易所期货和远期交易的发育。

1977年，阿联酋开始出口LNG。

1977年，世界石油产量突破30亿吨，达到307,703万吨。其中，苏联54,580万吨，沙特阿拉伯46,840万吨，美国46,280万吨。

1977年7月，世界上第一条进入北极地区的输油管道美国阿拉斯加输油管道建成，从北坡普拉德霍湾到阿拉斯加湾瓦尔迪兹港，全长1,281千米，管径48英寸，年输油能力1亿吨。

1978年，全球油轮3,564艘，LNG船41艘。

1978年，世界上第一座动力定位的半潜式钻井平台投入使用。

1979年，三英里岛核电站事件。

1979年至1981年，恐慌使油价从每桶13美元涨至每桶34美元，出现战后第五次石油危机。

1980年，美国天然气加工者协会提议天然气交接计量和结算的发热量准则。

1981年，日本第一艘LNG运输船建成。

1982年，石油输出国组织实施第一次配额制。

1982年，世界上第一个使用水平井开发的油田——亚德里亚海上罗斯波油田投产，第一口水平井日产原油4,000桶。

1982年10月，美国CBOT推出美国长期国债期货期权合约上市，开启期权交易。

1983年，世界上第一条跨洲天然气管道穿越地中海输气管道建成。

1983年3月30日，美国纽约商品交易所（NYMEX）开始原油期货交易。

1985年，苏联建成乌连戈伊气田–中央输气管道系统。

1985年，世界上第一座海上地下储气库建成。

1986年，韩国开始进口LNG。

1987年，世界第一个北极海上油田在美国阿拉斯加投产，高峰产量可达10万桶/日。

1989年，埃克森瓦尔兹号油轮溢油事件。

1989年，澳大利亚开始出口LNG。

1990年，联合国对伊拉克禁运，多国部队派驻中东，战后第六次石油危机。

1990年4月3日，世界上第一笔天然气期货交易在纽约证券交易所成交。

1990年，美国以来第一次动用战略石油储备。

1991年，世界天然气产量突破2万亿立方米，达到20,038亿立方米。其中，美国天然气产量4,808亿立方米，俄罗斯天然气产量5,913亿立方米，加拿大天然气产量1,089亿立方米。

1993年，世界上第一个商业化运营GTL厂在马来西亚建成。

1994年，韩国第一艘LNG运输船建成，之后成为LNG船制造大国。

1995年1月1日，世界贸易组织WTO成立。

1996年11月9日，马格里布–欧洲天然气管道一期工程完工，从阿尔及利亚，经由直布罗陀海峡，到欧洲大陆，年输气量可达100亿立方米。

1997年，卡塔尔开始出口LNG。

2000年，全球LNG贸易达到1亿吨。

2002年，世界上第一艘14万立方米LNG船交付。

2003年2月25日，美国亨利港天然气现货价格达到18.48美元/MMBtu。

2004年，印度开始进口LNG。

2004年1月9日，阿尔及利亚斯基克达液化厂发生烃类制冷系统泄漏，形成蒸汽云，引发爆炸和火灾。

2005年12月13日，美国亨利港天然气期货价格达到15.38美元/MMBtu。

2005年，美国亨利港天然气期货年均价格达到9.01美元/MMBtu。

2006年，世界上第一艘15万立方米LNG船交付。

2007年，第五次对石油枯竭的恐惧，石油峰值论。

2007年，美国页岩气革命。

2008年，阿根廷领先采用FSRU。

2008年，金融危机之后，绿色能源转型暂缓，行业注意力从绿色能源转向廉价能源。

2008年，世界上第一艘16.5万立方米LNG船交付。

2008年，世界上第一条FSRU设施在新加坡由一艘LNG运输船改装而成。

2008年，世界上第一条Q–Max型LNG运输船在卡塔尔交付，装载量为26.6万立方米LNG。

2008年7月11日，油价达到147.27美元每桶的历史最高点。

2008年，美国亨利港天然气现货年均价格达到8.86美元。

2009年，俄罗斯开始出口LNG。

2009年，世界上第一个重力基础结构接收终端（GBS）海上再气化设施在意大利罗维戈亚得里亚海投产，并达到最大外输量。

2010年，世界天然气产量突破3万亿立方米，达到31,693亿立方米。其中，美国天然气产量5,752亿立方米，俄罗斯天然气产量5,984亿立方米，伊朗天然气产量1,501亿立方米。

2010年4月20日，BP公司墨西哥湾漏油事件。

2011年，荷兰第一座LNG再气化接收站在鹿特丹投产。

2011年，世界石油产量突破40亿吨，达到400,794万吨。其中，沙特阿拉伯52,595万吨，俄罗斯51,885万吨，美国34,493万吨。

2012年，俄罗斯巴法连科——乌恰天然气管道建成，管径14.20米，全长1074公里，设计输气量1400亿立方米，输送压力11.8兆帕。

2014年，昆士兰开始出口LNG。

2014年，世界上第一条新造FSRU设施在韩国建成。

2014年，页岩油革命。

2014年9月，油气行业气候倡议组织(OGCI)成立，减少能源、工业及交通运输业的排放。

2015年，埃及开始进口LNG。

2015年，巴基斯坦开始进口LNG。

2015年，石油公司开启能源转型之旅。

2015年12月12日，《巴黎协定》在巴黎气候变化大会上通过，2016年4月22日，在纽约签署。

2015年圣诞节，美国宣布原油出口解禁。

2016年2月，美国从路易斯安那州萨宾帕斯开始出口LNG。

2016年3月，美国开始第一次大规模在区域间装运乙烷，宾夕法尼亚州马库斯胡克新乙烷出口终端开通。

2017年，加拿大LNG罐箱出口开始。

2017年，全球LNG贸易接近3亿吨。

2017年，全球第一艘FLNG船Prelude建成，长488米，宽74米，甲板比4个足球场还大，储存能力为32.6万立方米，可以装下175个奥运规模泳池的水，排水量与5艘航母相同。

2017年，世界上第一个浮式LNG在马来西亚投入商业运营。

2017年，世界上第一条极地自破冰型LNG运输船接收第一批亚马尔LNG项目。

2017年，世界上第一艘专用LNG加注船在韩国建成。

2018年，世界上第一条从LNG运输船改装成的FLNG浮式液化装置。

2018年，全球首列氢能源火车于德国首次投入服务。

2019年，莫桑比克计划2021年开始大规模出口LNG。

中国天然气行业里程碑（1835—2019）

1835年，在中国四川自贡市大安区阮家坝人工钻凿燊海井完成世界上第一口超千米深井，井深1001.42米，既产卤，又产气。

1860年，中国第一家煤制气厂在香港建成。

1861年，在中国台湾发现世界上尚在产的最古老的油气田出磺坑油气田。1876年至1946年累计产油17万吨，天然气5,500万立方米。后发现深部气藏，转而以产气为主，兼产凝析油。

1862年，亚洲最早的煤气公司香港中华煤气有限公司成立。

1865年，中国第一座煤制气工厂在上海建成并开始供应人工煤气，开启了中国城市燃气历史。

1878年，清朝政府在台湾苗栗用顿钻钻井，钻探第一口井，井深120米，日产原油0.75吨，是中国第一次用工业方式生产石油。

1904年，中国第一个气田在台湾发现。

1907年，延长油田第一口探井，延长1井用顿钻出油，日产1.2吨到1.5吨，成为中国大陆第一个油田。建釜制取煤油，当月炼出灯油450千克。

1934年，四川自流井气田有气井592口。

1939年，玉门老君庙1号井出油，井深115.5米，日产约10吨，发现玉门油田。

1939年，在巴县石油沟巴1井首次使用旋转钻机，日产天然气1.5万立方米。

1949年，中国人工煤气销售量为1.39亿立方米。

1949年，中国石油产量12.7万吨（其中油页岩油5.1万吨），原油主要产自玉门、延长、新疆。

1950年代末，海洋石油勘探始于南海，中国海洋石油工业开始起步。

1951年7月1日，利用四川圣灯山气田的天然气制炭黑，生产第一批炭黑。

1955年，新疆准噶尔盆地黑油山1号井出油，发现克拉玛依油田——第一个陆相大型油田。

1958年，中国第一条天然气长输管道在四川盆地铺设，全长20千米，管径159毫米，从永川黄瓜山气田输气到永川化工厂，实现了中国天然气的工业化应用。

1958年，中国第一条原油长输管道建成，全长147.2千米，从克拉玛依市到独山子。

1958年9月，地中4井出油，发现青海油田。

1959年9月，扶27井出油，发现吉林油田。

1959年9月26日，松基3号出油，在松辽盆地发现大庆油田。

1961年4月16日，华八井出油，日产8.1吨，发现胜利油田。

1963年，港5井出油，发现大港油田。

1963年，中国第二条输气管线建成，从巴县石油沟输气到重庆，管径426毫米，全长54.7千米，标志着向工业城市供气的发展阶段，中国开始天然气管道运输。

1964年10月，在四川发现威远气田。

1965年，辽2井出油，发现辽河油田。

1965年，胜利油田坨11井日产原油1134吨，成为中国第一口千吨井。

1965年，中国第一座民用液化气灌瓶站在北京建成。

1965年7月，王2井出油，江汉油田第一口工业井。

1966年，中国第一辆天然气汽车投入。

1967年6月，中国海上第一口工业油流井海1井在渤海西部出油。

1969年，中国在大庆油田利用枯竭油气藏建成2座地下储气库，但是利用率较低。

1970年9月26日，庆1井出油，发现长庆油田。

1971年8月，南5井出油，发现河南油田。

1973年，大庆石油首次出口日本，同时引进日本等国勘探开发设备，包括渤海2号。

1975年，真6井出油，江苏油田第一口井。

1975年7月4日，河北任丘4号井出油，发现华北油田。

1975年9月7日，濮参1井出油，发现中原油田。

1976年4月，中国第一条720毫米管径的长距离输气管线建成。

1976年4月，中国第一口超深井"女基井"在四川武胜县钻探，井深6,011米。

1976年，中国天然气消费量和产量突破100亿立方米。

1978年，中国原油年产量突破1亿吨。

1981年，中日在鄂尔多斯盆地合作进行石油天然气地质普查，这是改革开放后最早的陆上石油对外合作。

1982年12月，发现涠洲10-3油田，1986年8月7日投产，是南海西部公司最早的海上合作油田。

1983年1月，在莺歌海海域，阿科与中海油合作发现崖13-1海上气田。

1984年，沙参2井出油，发现塔河油田。

1984年8月20日，青海柴达木盆地狮20号探井发现狮子沟油田。

1985年，中国海域第一个对外合作油田埕北油田正式投产。

1985年12月21日，华北油田天然气向首都北京输送。

1987年2月，在南中国海珠江口盆地阿莫科发现流花11-1油田。

1988年，中国第一条高速公路——沪嘉高速一期25千米建成通车。3天之后，沈阳到大连的沈大高速两段建成通车。

1988年，中国第一座国产设备加气站在四川荣县建成。

1989年，台参1井出油，发现吐哈油田。

1989年，中国第一艘自行设计建造的FPSO（浮式生产储卸装置）"渤海友谊"号投入生产。

1989年3月，中国第一座CNG充气站在南充市建成。

1989年9月，在珠江口成功钻探第一口海上水平井流花11-1-6井。

1990年，南海珠江口盆地第一个对外合作油田惠州21-1建成投产，两年后成为中国海上第一个年产百万吨油田。

1992年4月，第一口日产千吨井塔中4井出油。

1993年，原油净进口。

1996年，中国海上长输管线崖港线建成，全长778千米，输气能力34亿立方米。

1997年，中国第一条天然气长输管道建成，陕京一线从靖边到北京，全长911千米，输气能力33亿立方米。

1997年9月30日，陕京一线供气北京，中国天然气行业开始发展。

1998年，中国第一个天然气分布式能源项目建成。

1999年，中国第一座大型混凝土全包容LNG低温储罐在上海五号沟LNG事故应急站投产。

1999年，中国第一座内河LNG专用码头在上海五号沟LNG事故应急站投产。

2000年，中国在大港油田利用大张坨凝析气藏建成地下储气库。

2002年，中国第一笔LNG购销合同，由中国海油与澳大利亚签署成功。

2002年，中国第一座LNG加气站在河南建成。

2004年，中国西气东输一线建成，开启了全国性大规模、跨区域销售。

2004年，中国天然气用气人口第一次超过人工煤气用气人口。

2004年，中国第一条LNG专用运输铁路建成运行。

2006年，北京焦化厂停厂，北京人工煤气退出历史。

2006年1月，中国第一条联络天然气管道冀宁联络线建成。

2006年5月26日，中国第一家LNG接收站——广东大鹏正式投产，接收第一船LNG。

2007年，中国第一次LNG罐箱水路运输试验进行。

2008年，中国第一条LNG运输船建成。

2009年，中国第一次进口管道天然气，中国第一条跨境长输管道中亚管道建成投产。

2009年，中国第一条煤层气外输管道建成投产。

2010年，中国石油产量达2.01亿吨。

2010年，中国天然气消费量突破1,000亿立方米。

2010年8月，中国内河第一艘LNG与柴油混合动力双燃料动力改造船拖轮改装投运，拉开了LNG水上应用的序幕。

2011年，中国天然气产量突破1,000亿立方米。

2012年，页岩气成为第172个新矿种。

2012年11月28日，中国第一口实现规模化、商业化开发的页岩气井涪陵页岩气田焦页1-HF井出气。

2013年，中国第一座FSRU接收站在天津投运。

2013年4月，中国第一艘新建双燃料动力散货船投入使用。

2013年8月20日，中国第一条煤制气管道建成投运，从伊宁到霍尔果斯，约70千米，管径1,219毫米，设计压力12兆帕，设计输量300亿立方米/年。

2013年9月，中国第一个水上LNG加注站在南京投入试运行。

2016年，中国天然气消费量突破2,000亿立方米。

2017年，天然气水合物成为第173个矿种。

2019年，国家油气管网公司计划成立。

1立方米天然气可以做什么（2019）

天然气深入日常生活，1立方米天然气可以做很多事。

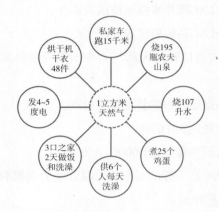

1立方米天然气可以做什么（2019）

资料来源：广东油气商会，Oil Sage。

1桶原油可以做什么（2019）

美国1桶原油可炼制出共计42加仑汽油、柴油、航煤、炼厂气、润滑油、石油焦、沥青和重油等。

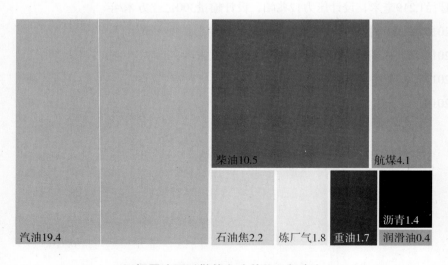

1桶原油可以做什么（单位：加仑）

资料来源：美国能源信息署，Oil Sage。

能源化工产品密度（2019）

密度是指，在真空中，物质单位体积的质量。

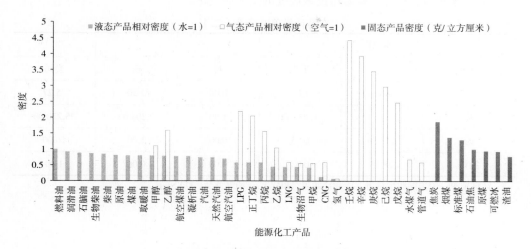

能源化工产品密度（2019）

资料来源：《危险化学品安全技术全书》，广东油气商会，Oil Sage。

交易计量单位换算（一）

热值是指单位体积或单位质量的产品完全燃烧时所发出的热量，可分为高热值和低热值。

交易计量单位换算（一）

计量单位	乘以								
	英热单位	百万英热单位	色姆	千卡	兆卡	焦	千焦	兆焦	千瓦时
英热单位		0.00	0.00	0.25	0.00	1,055.06	1.06	0.00	0.00
色姆	100,000.00	0.10	1.00	25,200.00	25.22			105.59	29.33
百万英热单位		1.00	10.00		252.00				293.07
千卡	3.97			1.00			4.19		0.00
兆卡	3,968.32		0.04	1,000.00	1.00			4.19	0.16
焦	0.00					1.00			0.00
千焦	0.95			0.24					
兆焦	947.82		0.01	238.85					0.28
千瓦时	3,412.14		0.03	859.85	0.86		3,600.00	3.60	1.00

资料来源：美国能源信息署，国际能源署，BP，广东油气商会，Oil Sage。

交易计量单位换算（二）

有别于重量，质量不随着维度或高度的变化而变化。

交易计量单位换算（二）

计量单位	乘以				
	克	千克	吨	磅	盎司
千克	1,000.00	1.00	0.00	2.20	35.27
吨		1,000.00	1.00	2,204.62	35,270.00
磅	453.59	0.45	0.00	1.00	16.00
盎司	28.35	0.03	0.00	0.06	1.00

资料来源：美国能源信息署，国际能源署，BP，广东油气商会，Oil Sage。

交易计量单位换算（三）

体积是指物体所占空间的大小。容积是指木箱、油桶等能容纳物体的体积。一个物体有体积，不一定有容积。在计量时，需要明确具体温度和大气压力。

交易计量单位换算（三）

计量单位	乘以				
	升	桶	加仑（美）	立方米	立方英尺
升	1.00	0.01	0.26	0.00	0.04
千升	1,000.00	6.29	264.17	1.00	35.31
桶	158.99	1.00	42.00	0.16	5.61
加仑(美)	3.79	0.02	1.00	0.00	0.13
立方米	1,000.00	6.29	264.17	1.00	35.31
立方英尺	28.32	0.18	7.48	0.03	1.00

资料来源：美国能源信息署，国际能源署，BP，广东油气商会，Oil Sage。

天然气产业链各环节计量单位（2019）

相对于其他能源，天然气的计量单位众多，说法不一。因此，如何选择最合适的计量单位很重要。

按照热值，而不是体积来计量，更能体现品质的差异。

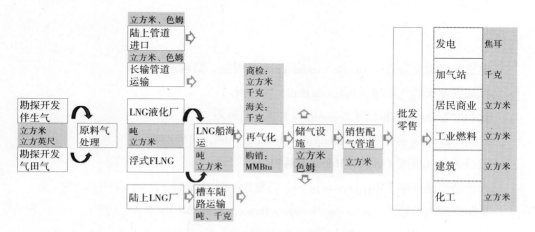

天然气产业链各环节计量单位（2019）

资料来源：公开资料，广东油气商会，Oil Sage。

奥地利虚拟交易点（Austria Virtual Trading Point，简称AT VTP）

保加利亚天然气枢纽（Bulgaria Hub，简称BG）

比利时Zeebrugges枢纽（Zeebrugges Hub，简称ZEE)

比利时Zeebrugge交易点（Zeebrugge Trading Point，简称ZTP）

波兰天然气枢纽（Poland Hub，简称PL）

布伦特原油价格（Brent crude price，简称Brent或布伦特）

采购经理人指数（Purchasing Managers Index，简称PMI）

超级大油气田（super-giant field）

船上交货（Delivered Ex-Ship，简称DES）

大油气田（giant field）

丹麦GTF/ETF枢纽（Denmark GTF/ETF Hub，简称GTF/ETF）

到岸价(Cost，Insurance and Freight，简称CIF）

德国Gaspool枢纽（Germany Gaspool Hub，简称Gaspool）

德国NCG枢纽（Germany NCG Hub，简称NCG）

点火价差（spark spread）

法国PEG枢纽（France PEG Hub，简称PEG）

浮式LNG液化设施（floating LNG，简称FLNG）

浮式储存再气化装置（floating storage and regasification unit，简称FSRU）

浮式生产储卸装置（floating production storage and offloading，简称FPSO）

工业生产指数（Industrial Production，简称IP）

裸空看跌期权（sell naked puts）

裸空看涨期权（sell naked calls）

国际贸易术语解释通则（International Rules for the Interpretation of Trade Terms，简

称Incoterms）

国内生产总值（gross domestic product，简称GDP）

荷兰所有权转移设施（Dutch Title Transfer Facility，简称TTF）

亨利交易枢纽（Henry Hub，简称HH或亨利港）

华白指数或沃泊指数（Wobbe Index，简称华白指数）

火炬燃烧排放（gas flaring）

集输和运输管道（transmission & gathering pipelines，简称集输管道）

加拿大AECO枢纽（AECO Hub，简称AECO）

甲烷排放（methane emissions）

交易量和实际交割量的比值（Churn Rate，简称交易周转率）

交易所交易基金（Exchange Traded Fund，简称ETF）

捷克虚拟交易点（Czech Virtual Trading Point，简称CZ VTP）

居民消费者价格指数（Consumer Price Index，简称CPI）

巨型大油气田（mega-giant field）

离岸价（Free On Board，简称FOB）

罗马尼亚天然气枢纽（Romania Hub，简称Romania）

美国天然气交易所交易基金（United States Natural Gas ETF，简称UNG）

美元/百万英制热量单位（US dollars/million British thermal unit，简称美元/MMBtu）

配售和服务管道（distribution & service pipelines，简称配售管道）

葡萄牙天然气枢纽（Portugal Hub，简称Portugal）

日本清关原油价格（Japan Customs-cleared Crude或者Japanese Crude Cocktail，简称JCC）

闪蒸气（flash gas）

设备组件等无组织的泄漏排放（gas leakage）

生产价格指数（Producer Price Index，简称PPI）

斯洛伐克天然气枢纽（Slovakia Hub，简称SK）

天然气液（natural gas liquids，简称NGLs）

土耳其天然气枢纽（Turkey Hub，简称Turkey）

瓦哈枢纽（Waha Hub，简称Waha或瓦哈）

WTI原油价格（West Texas Intermediate crude price，简称WTI）

乌克兰天然气枢纽（Ukraine Hub，简称Ukraine）

西班牙AOC枢纽（Spain AOC Hub，简称AOC）

西班牙虚拟平衡点（Spanish Virtual Balancing Point，简称PVB）

希腊天然气枢纽（Greece Hub，简称Greece）

新加坡LNG指数（Singapore LNG Index Group，简称SLInG）

匈牙利MGP枢纽（Hungary MGP Hub，简称HU MGP）

压缩天然气（compressed natural gas，简称CNG）

液化石油气（liquefied petroleum gas，简称LPG）

液化天然气（liquefied natural gas，简称LNG）

意大利PSV枢纽（Italy PSV Hub，简称PSV）

英国全国平衡点（National Balancing Point，简称NBP）

有组织的但不燃烧的排放（gas venting）

有组织的逸散排放（fugitive emissions）

远期曲线Backwardation（通常指现货升水、期货贴水，意味着近期价格高于远期价格）

远期曲线Contango（通常指现货贴水、期货升水，意味着远期价格高于近期价格）

蒸发气（boil off gas，简称BOG）

芝加哥期权交易所市场波动率指数（CBOE Volatility Index，简称VIX）

芝加哥期权交易所原油ETF波动率指数（CBOE Crude Oil Volatility，简称OVX）

自由现金流（free cash flow，简称FCF）

埃克森美孚公司（Exxon Mobil Corporation，简称埃克森美孚、ExxonMobil或XOM）

埃信华迈咨询公司（IHS Markit，简称IHS）

安迅思咨询公司（ICIS Global，简称安迅思）

奥纬咨询公司（Oliver Wyman，简称奥纬咨询）

巴克莱银行研究部（Barclays Research，简称巴克莱研究部）

贝克公共政策研究院（James A. Baker Ⅲ Institute for Public Policy，简称Baker Institute或贝克研究院）

贝克休斯公司（Baker Hughes，简称贝克休斯）

重庆石油天然气交易中心（Chongqing Petroleum & Gas Exchange，简称CQPGX或重庆油气交易中心）

大连商品交易所（Dalian Commodity Exchange，简称DCE或大商所）

迪拜商品交易所（Dubai Mercantile Exchange，简称DME）

电力规划设计总院（China Electric Power Planning & Engineering Institute，简称电规总院）

道达尔石油公司（Total S.A.，简称Total、TOT或道达尔）

高盛全球投资研究部（Goldman Sachs Investment Research，简称GS或高盛研究部）

广东油气商会（Guangdong Oil & Gas Association，简称广东油气商会）

国际货币基金组织（International Monetary Fund，简称IMF）

国际煤气联盟、国际燃气联盟或国际天然气联盟（International Gas Union，简称IGU）

国际能源论坛（International Energy Forum，简称IEF）

国际能源署（International Energy Agency，简称IEA）

国际能源宪章（International Energy Charter，简称Energy Charter或能源宪章）

国际天然气储罐和接收站运营商学会（Society of International Gas Tanker and Terminal Operators，简称SIGTTO）

国际天然气信息中心（France Cedigaz，简称Cedigaz）

国际液化天然气进口商联盟组织（International Group of Liquefied Natural Gas Importers，简称GIIGNL）

国际原子能机构（International Atomic Energy Agency，简称IAEA）

国家电网能源研究院（State Grid Energy Research Institute，简称国网能源研究院）

国家能源投资集团有限责任公司（China Energy Investment Corporation，简称国家能源集团）

荷兰GasTerra能源公司（GasTerra B.V.，简称GasTerra）

化险咨询（Control Risks Group，简称化险咨询）

加拿大国家能源委员会（National Energy Board of Canada，简称NEB）

加拿大石油生产商协会（Canadian Association of Petroleum Producers，CAPP）

经济合作与发展组织（Organization for Economic Co-operation and Development，简称OECD或经合组织）

联合国（United Nations，简称UN）

联合国统计局（United Nations Statistics Division，简称UNSD）

联合石油数据库（Joint Organizations Data Initiative，简称JODI）

隆众资讯（OilChem China，简称隆众）

麻省理工学院（Massachusetts Institute of Technology，简称MIT或麻省理工）

麦肯锡能源研究（McKinsey Energy Insights，简称MEI）

美国爱科气象公司（AccuWeather，简称爱科公司）

美国安全和环境执法局（U.S. Bureau of Safety and Environmental Enforcement，简称BSEE）

美国地质调查局（U.S. Geological Survey，简称USGS）

美国供应管理协会（Institute for Supply Management，简称ISM）

美国国家海洋和大气管理局（U.S. National Oceanic and Atmospheric Administration，简称NOAA）

美国环境保护署（U.S. Environmental Protection Agency，简称EPA）

美国剑桥能源咨询公司（Cambridge Energy Research Associates，简称CERA或剑桥能源）

美国交通运输部（U.S. Department of Transportation，简称DOT或美国交通部）

美国劳工统计局（U.S. Bureau of Labor Statistics，简称BLS）

美国联邦储备委员会（Board of Governors of The Federal Reserve System，简称Fed或美联储）

美国能源部（U.S. Department of Energy，简称DOE）

美国能源监管委员会（Federal Energy Regulatory Commission，简称FERC）

美国能源信息署（U.S. Energy Information Administration，简称EIA）

美国彭博资讯公司（Bloomberg，简称彭博资讯）

美国商品期货委员会（U.S. Commodity Futures Trading Commission，简称CFTC）

美国商务部（U.S. Department of Commerce，简称DOC）

美国天然气协会（American Gas Association，简称AGA）

美国银行美林全球研究部（BofA Merrill Lynch Global Research，简称美林研究部)

美国州际天然气协会（Interstate Natural Gas Association of America，简称INGAA）

摩根大通研究部（JPMorgan Chase Research）

摩根士坦利研究部（Morgan Stanley Research）

墨西哥财政部（Ministry of Finance of Mexico）

能源情报集团（Energy Intelligence Group，简称能源情报）

能源智者（Oil Sage）

牛津大学能源研究院（Oxford Institute for Energy Studies，简称OIES或牛津能源研究院）

纽约商品交易所（New York Mercantile Exchange，简称NYMEX）

挪威船级社（DNV GL，简称DNV）

挪威石油公司（Equinor ASA，简称挪石油或EQNR）

欧盟燃料电池和氢气联盟（Fuel Cells and Hydrogen Joint Undertaking，简称FCH JU）

欧盟石油公告（EU Oil Bulletin）

欧洲联盟（European Union，简称EU或欧盟）

欧洲能源交易商联合会（European Federation of Energy Traders，简称EFET）

欧洲能源交易所（European Energy Exchange，简称EEX）

欧洲商品清算所（European Commodity Clearing，简称ECC）

欧盟能源统计（EU Energy Statistical Pocketbook）

普华永道会计师事务所（PricewaterhouseCoopers，简称PwC或普华永道）

普氏能源咨询（S&P Global Platts，简称Platts或普氏）

PIRA能源咨询公司（PIRA Energy Group，简称PIRA）

Poten伙伴咨询公司（Poten & Partners，简称Poten）

气候行动追踪组织（Climate Action Tracker，简称CAT）

全球天然气汽车协会（International Association for Natural Gas Vehicles，简称IANGV）

日本能源经济研究所（Institute of Energy Economics of Japan，简称IEEJ）

韩国能源经济研究院（Korea Energy Economics Institute，简称KEEI）

日本石油协会（Petroleum Association of Japan，简称PAJ）

瑞姆信息公司（RIM Intelligence，简称RIM或瑞姆）

沙特阿卜杜拉国王石油研究院（King Abdullah Petroleum Studies and Research Center，简称KAPSARC或沙特国王研究院））

上海钢联电子商务股份有限公司（简称Mysteel或上海钢联）

上海国际能源交易中心（Shanghai International Energy Exchange，简称INE或上期能源）

上海期货交易所（Shanghai Futures Exchange，简称SHFE或上期所）

上海石油天然气交易中心（Shanghai Petroleum and Natural Gas Exchange，简称SHPGX或上海油气交易中心）

石油和化学工业规划院（China National Petroleum & Chemical Planning Institute，简称石化规划院）

石油输出国组织（Organization of the Petroleum Exporting Countries，简称OPEC或欧佩克）

世界经济论坛（World Economic Forum，简称WEF）

世界能源理事会（World Energy Council，简称WEC）

世界贸易组织（World Trade Organization，简称WTO）

世界银行（World Bank，简称WB或世行）

天然气输出国论坛（Gas Exporting Countries Forum，简称GECF）

新加坡交易所（Singapore Exchange，简称SGX或新交所）

雪佛龙石油公司（Chevron Corporation，简称Chevron、CVX或雪佛龙）

意大利埃尼石油公司（ENI SpA，简称ENI或埃尼）

英国阿格斯咨询公司（Argus Media，简称阿格斯）

英国国际能源价格比较统计（UK International energy price comparison statistics）

英国石油公司（BP PLC，简称BP或英国石油）

英荷壳牌公司（Royal Dutch Shell，简称Shell、RDS或壳牌）

油气行业气候倡议组织（Oil & Gas Climate Initiative，简称OGCI·）

郑州商品交易所（Zhengzhou Commodity Exchange，简称ZCE或郑商所）

芝加哥期权交易所（Chicago Board Options Exchange，简称CBOE）

芝加哥期货交易所（Chicago Board of Trade，简称CBOT）

芝商所（CME Group，简称CME）

中国城市燃气协会（China Gas Association，简称中燃协）

中国电力企业联合会（China Electricity Council，简称CEC或中电联）

中国国际工程咨询有限公司（China International Engineering Consulting Corporation，简称CIECC或中咨公司）

中国国家发展和改革委员会能源研究所（Energy Research Institute of the National Development and Reform Commission，简称ERI或国家发改委能源研究所）

中国国家统计局（National Bureau of Statistics，简称NBS）

中国交通运输部水运科学研究院（China Waterborne Transport Research Institute，简称交通部水运院）

中国交通运输协会（China Communications and Transportation Association，简称中国交协）

中国汽车工业协会（China Association of Automobile Manufacturers，简称CAAM或中汽协会）

中国石化石油勘探开发研究院（Petroleum Exploration and Production Research Institute of SINOPEC，简称PEPRIS或中石化石油勘探院）

中国石油和化学工业联合会（China Petroleum & Chemical Industry Federation，简称CPCIF或石化联合会）

中国石油化工集团经济技术研究院（SINOPEC Economics & Development Research Institute，简称SINOPEC EDRI或中石化经研院）

中国石油集团经济技术研究院（CNPC Economics & Technology Research Institute，简称CNPC ETRI或中石油经研院）

中国石油勘探开发研究院（Research Institute of Petroleum Exploration and Development，简称RIPED或中石油勘探院）

中华人民共和国国家发展和改革委员会（National Development and Reform Commission，简称NDRC或中国国家发改委）

中华人民共和国海关总署（General Administration of Customs，简称中国海关总署）

中华人民共和国住房和城乡建设部（Ministry of Housing and Urban-Rural Development，简称MOHURD或住建部）

洲际交易所（Intercontinental Exchange，简称ICE）

自然资源保护协会（Natural Resources Defense Council，简称NRDC）

参考书目详情请扫描二维码查看或下载。

　　本书的初衷，一是分享我们对石油天然气行业的理解，为读者搭建天然气市场分析框架提供思路和基础数据；二是抛砖引玉，与从业者和研究人员深入交流，激发思想的火花，催生更多、更优秀的研究成果；三是天然气行业相对年轻，相比石油市场研究，天然气市场的研究尚不成熟、气价分析理论框架尚不完善、数据资料不完备，因此书中很多概念和理解都是新的尝试。由于时间和水平所限，书中难免有纰漏和不足之处，恳请读者批评指正。

　　本书以图解形式诠释天然气市场和气价，编辑这些图表是一项繁重的工作，特别感谢石油工业出版社的编辑和排版付出的辛劳。

　　在本书的写作过程中，上百位业内专家学者在百忙之中答疑解惑、提供材料、接受访谈或提出宝贵的意见和建议，在此致以谢意！安丰全、白俊、白枚、曹焱、曹振宁、陈红涛、陈洁、陈锦芳、陈军华、陈绿薇、陈蕊、陈守海、陈卫东、陈新松、陈宇、陈振海、陈梅涛、迟国敬、崔宝琛、崔颖、邓郁松、丁泉、都大永、杜卫东、段兆芳、段言志、范敏、冯丽雯、冯颖、付川、高虎、高华、高世宪、顾元媚、郭海涛、何明、何润民、何文渊、洪加其、洪涛、洪湘雅、胡卫平、黄文生、黄新华、江丹丹、姜磊、姜鑫明、姜勇、景朝阳、柯安平、赖泽武、李冬梅、李俊峰、李书团、李彦、李政霖、李治、林晖、林洁、林长青、刘瀚光、刘建、刘满平、刘明磊、刘洋、刘勇、刘振华、刘知海、龙力、卢向前、卢永真、鲁绪三、陆鹏垠、罗佐县、马良荣、马宁、马深远、马晓辉、潘继平、潘涛、庞广廉、彭知军、亓原昌、齐亚龙、乔林基、庆建春、裘铁岩、曲浩波、瞿辉、冉泽、饶孝柱、任春霞、单联文、单卫国、邵君、申炼、申延平、沈思卓、宋磊、苏勇、孙福街、孙建业、孙亮、田学源、唐红君、肖世洪、汪红、汪志新、王海燕、王晶、王强(正源)、王培鸿、王佩、王濮、王伟、王晓伟、王子健、温家明、吴康、吴清标、吴玥、熊伟、徐博、徐忱、徐东、徐军、徐文满、许江风、杨一平、叶国标、尹强、于震、袁开洪、张滇、张发云、张宏民、张清云、张伟、赵兵、赵林、赵梅、赵喆、朱建军、朱九成、朱彤、朱险峰、庄青。